CRYPTOGAMIE ILLUSTRÉE

OU

HISTOIRE DES FAMILLES NATURELLES

DES

PLANTES ACOTYLÉDONES

D'EUROPE

COORDONNÉE SUIVANT LES DERNIÈRES CLASSIFICATIONS ET COMPLÉTÉE PAR LES RECHERCHES SCIENTIFIQUES LES PLUS RÉCENTES.

Par Casimir ROUMEGUÈRE

1868.

CHEZ LES LIBRAIRES-ÉDITEURS

J.-B. BAILLIÈRE
Rue Hautefeuille, 19
PARIS.

F. GIMET
Rue des Balances, 66
TOULOUSE.

CRYPTOGAMIE ILLUSTRÉE

ou

HISTOIRE DES FAMILLES NATURELLES

DES

PLANTES ACOTYLÉDONES

D'EUROPE

COORDONNÉE SUIVANT LES DERNIÈRES CLASSIFICATIONS ET COMPLÉTÉE PAR LES RECHERCHES SCIENTIFIQUES LES PLUS RÉCENTES.

FAMILLE DES LICHENS

Contenant 927 Figures, représentant, pour chaque genre, la plante de grandeur naturelle et l'anatomie de ses différents organes de végétation et de reproduction, dessinés au microscope composé

Par Casimir ROUMEGUÈRE

1868.

CHEZ LES LIBRAIRES-ÉDITEURS

J.-B. BAILLIÈRE
Rue Hautefeuille, 19
PARIS.

F. GIMET
Rue des Balances, 36
TOULOUSE.

A Messieurs

BORDÈRES, à Cadres (Hautes-Pyrénées).

BORNET (LE DOCTEUR ED.), à Paris.

BUCHINGER (LE DOCTEUR), à Strasbourg.

CAUVET, Docteur ès-sciences, Répétiteur à l'École du service de santé militaire, à Strasbourg.

CLARINVAL, Colonel d'artillerie, à Metz.

DEVALS, Archiviste de la ville à Montauban.

DUBY (LE PASTEUR J. E.), Docteur ès-sciences, à Genève.

DURIEU de MAISONNEUVE, Directeur du Jardin des Plantes, à Bordeaux.

FAISAN (LE DOCTEUR DE), à Montauban.

FÉE (A), Professeur d'histoire naturelle à la Faculté de Médecine de Strasbourg.

FOURCADE (CHARLES), à Bagnères-de-Luchon.

FRANQUEVILLE (le comte ALBERT DE), à Pau.

JOSCH (CHEVALIER ED. DE), à Graz.

GELLIBERT DES SEGUINS, Député de la Charente, Président de la société des sciences d'Angoulême.

GRAF (Ferdinand), à Graz.

HEGELSCHWEILER, le docteur, à Zurich.

HOLZINGER (LE DOCTEUR J. B.), à Graz.

JUDICIS (J.), à Toulouse.

KREMPELHUBER (LE DOCTEUR AUGUSTE DE), à Munich.

LAGREZE-FOSSAT (ADRIEN), avocat à Moissac.

LEJOLIS (AUGUSTE), docteur ès-sciences, secrétaire perpétuel de la société Impériale des sciences naturelles de Cherbourg.

LIMOUZIN-LAMOTHE, Pharmacien, à Montauban.

MAGEN (ADOLPHE) Pharmacien-Chimiste, secrétaire perpétuel de la société des sciences d'Agen.

MOQUIN-TANDON (OLIVIER), à Paris.

MULLER (LE DOCTEUR J.), Conservateur de l'herbier de Candolle, à Genève.

NYLANDER (LE DOCTEUR W.), Directeur du jardin botanique, à Helsingfors.

PARSEVAL (JULES DE), Président de l'Académie de Macon, aux Perrières.

PITTONI de DANNENFELDT (CHEVALIER DE), à Graz.

QUATREFAGES (DE), de l'Institut, à Paris.

RENOU (FÉLIX), avocat, à Nantes.

ROSSIGNOL (ÉLIE), à Montans (Tarn.)

SAINT-SIMON (ALFRED DE), à Toulouse.

STREINZ (LE DOCTEUR WENCESLAS), à Graz.

SYME (JOHN, T.), secrétaire de la société botanique à Londres.

TULASNE (L. R.), de l'Institut, à Paris.

A vous mes amis, à vous mes correspondants, je dédie cette première partie de ma **Cryptogamie Illustrée.**

Je suis superstitieux, je crois aux bonnes et aux mauvaises influences. J'ai surtout foi aux bonnes ; c'est pour cela que j'ai osé placer vos noms en tête de ce volume.

C. R.

Toulouse, 15 Avril 1868.

FAMILLE DES LICHENS.

Introduction à l'étude des Lichens.

« Beaucoup de personnes sont détournées de l'étude des Lichens par la fausse opinion qui s'est répandue, que cette famille est si vaste et d'un abord si difficile que pour y acquérir quelques connaissances solides il faut s'y livrer tout entier et abandonner toute autre étude. Rien n'est plus erroné........ »
FRIES, *Lichenographia Europæa Reformata*, page 8.

« Quand on se sera familiarisé, dans les endroits où les Lichens croissent abondamment, avec les formes et les modifications diverses de ces végétaux et, surtout si l'on a quelque habitude du microscope, la lichénographie n'est assurément pas plus difficile que la plupart des autres parties de la Botanique; on pourrait même dire qu'elle est au contraire une de celles dont la connaissance est la plus accessible. »
NYLANDER, *Synopsis Lichenum*, page 53.

En consultant les fastes botaniques, on voit que l'histoire des Lichens était complétement ignorée avant le XVIIIᵉ siècle. Il faut parcourir le *Genera Plantarum* de Micheli (1729), pour rencontrer les premières analyses de la fructification (1) et arriver à Dillenius pour trouver dans l'*Historia muscorum* (1811), un premier arrangement systématique des espèces. A Linné, qui renfermait ces plantes dans un genre unique (*Genera Plantarum* 1743), succédèrent divers auteurs qui ont illustré la science par leurs découvertes phanérogamiques, mais qui n'éclaircirent nullement la nomenclature des Lichens. Haller (*Historia stirpium Helvetiæ*, 1758), Scopoli (*Flora carniolica*, 1772), Hagen (*Tentamen historiæ Lichenum*, 1782), Wulffen (*Description des Lichens*), Dickson (*Plantarum crypt. Brit.*, 1785), Ehrarth (*Beitrage zur Naturkunde*, 1787), Swartz (*Lichenographia americana*, 1788), s'en tinrent à la forme du thalle et conservèrent un genre unique. Un peu plus tard, Hill (*Hist. of. plants*), Adanson (*Famille des plantes*), Schreber (*Beschreibung der Græser*, 1769-1810), Hedwig (*Theoria generationis plant. crypt.*, 1793), Weber (*Spicil floræ gœttingensis*), et enfin Hoffmann (*Deutschlands flora*, 1791-1804), Humboldt (*Floræ fribergensis species*, 1793), Persoon (*Einige Bemekurgen uber die Flecten*, 1794,) et Schrader (*Nova plantarum genera*, 1797), plus clairvoyants, ont le mérite d'avoir tenté les premiers une classification basée sur la forme extérieure

---

(1) MICHELI reconnaissait dans la classe des lichens des individus femelles accusés par des réceptacles particuliers, appelés aujourd'hui *apothecies*, et desindividus mâles, qui étaient privés de ces organes; mais il attribuait aux deux sexes la faculté de produire des semences. Les organes qu'il décrit sont apparemment les *sorédies*.

de l'apothécie. Le nombre des espèces augmentant, on dut fonder des systèmes de classification basés tantôt sur la forme du thalle, c'était l'œuvre des partisans des anciennes connaissances, tantôt sur l'organisation du fruit, clef nouvelle dont usaient les progressistes. Ce pas remarquable date de la fin du dernier siècle et il est dû au célèbre Acharius, qu'il faut regarder à juste titre comme le père de la lichénologie. Utilisant les observations d'Hedwig sur l'appareil reproducteur des Lichens, et malgré l'imperfection des instruments grossissants de son époque, il indiqua assez parfaitement les gonidies et les spores. Il divisa les Lichens en trois groupes qu'il nomma : *Stereotalami*, *Cenotalami* et *Idiotalami* (*Lichenographia Universalis*, 1810), abandonnant ainsi la voie obscure dans laquelle étaient demeurés ses prédécesseurs et fondant son système sur la situation et la nature du fruit de la plante.

Depuis Acharius, divers auteurs, parmi lesquels il faut citer Sowerby (*English Botany*), Lujken (*Tentamen historiœ Lichenum*, 1809), Westring (*Svenska Lafvarnes furyhistoria*, 1805), Wahlemberg (*Flora Laponica*, 1812)', De Candolle (*Flore française*, 1815), Florcke (*Deutsche Lichenen, gesammelt*, etc., etc., 1815), Turner (*Lichenographia Britannica*, 1816), ont publié des systèmes et des idées de classification reposant sur l'état du thalle et du fruit, mais point suffisamment circonscrits ou approfondis pour limiter des genres durables. Acharius avait jeté un éclair de lumière, les auteurs que nous venons de nommer, s'en appropriaient les rayons, mais ils n'avaient point la pensée de l'analyse interne des organes apparents qui devait plus tard renverser l'ancien système de distribution méthodique.

Walroth (*Naturgesch der flechten*, 1284), Eschweiller (*Systema Lichenum*, 1824), Meyer (*Entsvickel. n. metamorph. der flecten*, 1825), en s'appliquant à la distinction des espèces, des variétés et des formes constantes ou accidentelles souvent confondues entr'elles avant leurs observations, frayèrent une route précieuse pour les cryptogamistes; c'est ainsi qu'ils répandirent du charme sur une étude auparavant aride et rebutante.

Eschweiller établit son système sur la nudité, la vestiture ou la position de l'apothécie, qu'il déclara émergée ou immergée, et il fonda ses genres sur la forme extérieure de cet organe. Meyer se borna à déterminer la consistance du nucleus ou à en constater l'absence, et il créa une méthode artificielle uniquement basée sur la forme extérieure de l'apothécie, selon qu'elle se présentait sous la forme de fruit pulvérulent, medulleux ou hyméniforme.

El. Fries, à son tour, qui avait été élève d'Acharius, vint améliorer cette partie de la botanique, en la présentant sous un jour différent. Dans la *Lichenographia Europœa reformata*, publiée en 1831, il divisa les lichens en deux ordres principaux, selon que les apothécies lui apparurent closes ou ouvertes ; il établit des groupes naturels d'après la forme du disque, d'après sa durée, la nature de sa marge, la situation et la consistance du nucleus. Sa division des lichens en *gymnocarpes* et en *angiocarpes*, importante pour son époque, est depuis longtemps considérée comme plus spécieuse que solide, car il est des espèces, comme l'a indiqué C. Montagne en 1846, dont les apothécies sont tantôt incluses dans le thalle, tantôt échappées de ce thalle, c'est-à-dire à disque étalé.

Si Fries passa trop légèrement sur la *Thèque*, principal caractère que les lichénologues contemporains ont utilisé pour la réformation des genres, la science lui doit un perfectionnement notable dans la manière d'étudier les Lichens, car c'est lui qui, le premier, décrivit les divers états de dégénérescence d'une même plante, dans son chapitre : *Anamorphosis Lichenum*. Fries aurait voulu que les botanistes s'attachassent à bien reconnaître l'état normal de l'espèce, afin d'arriver pour les Lichens à une détermination aussi facile ou tout au moins aussi sûre que celle des plantes supérieures. Il savait qu'on ne se bornait pas là de son temps et qu'au lieu de chercher à les ramener au type, on décrivait comme espèces tous les états d'un même Lichen stérile, mutilé, déliquescent ou décoloré, et cela, d'après les principes d'une théorie purement hypothétique et nullement basée sur l'observation des faits ; aussi la Lichénographie européenne réformée lui fut-elle inspirée par cette pensée qu'il importait de faire disparaître la confusion résultant d'une telle manière de procéder. La tâche d'indiquer le type ou l'état normal du Lichen dans toutes les phases de son existence était dès ce moment ébauchée, mais ce n'est que trente années plus tard, qu'un autre savant suédois, M. Nylander, devait achever chez nous l'œuvre commencée par Fries.

Dans les vingt années qui se sont écoulées depuis l'apparition du livre de Fries jusqu'aux remarquables recherches de M. L. R. Tulasne, la plupart des Cryptogamistes allemands ont étudié spécialement l'organographie des Lichens; parmi eux nous citerons MM. Hugo Mohl (*Remarques sur le développement et la structure des spores des végétaux cryptogames*, 1833), Bushe (*Dissertation sur les Lichens*, 1846), Mém. de la soc. des naturalistes de Moscou, Meisner (*in Botan. Zeitung*, 1848), Huch (*Mémoire sur l'anatomie du Borrera ciliaris*. 1849), Meyen (*Physiol. der Gewœchse*), G. de Holle (*Zur Entwickelungsgesch*, etc., etc., 1849), Bayroffer (*Einig. ub. Lich.*), Schleiden (*Grundz der wis. Bot.* 3ᵉ Ed. 1850), Unger (*Grundz der anatom. u. Phys.*), De Flotow (Différents articles dans le *Bot. Zeitung*. 1850). Nous aurons souvent à signaler et à apprécier les découvertes anatomiques de ces auteurs dans le cours de cette publication.

Léon Dufour, C. Montagne, Schœper et MM. Fée et Tulasne, ont plus récemment donné un élan nouveau, par leurs découvertes et par des travaux précieux, aux progrès de cette partie de la Botanique. Léon Dufour, collaborateur de Fries, est, parmi les lichéologues français, celui qui s'est le mieux inspiré des vues d'Acharius; familiarisé avec toutes les branches de l'histoire naturelle, il n'existe peut-être pas de recueil important où ne soient consignées ses recherches actives pendant soixante années sur les productions de notre pays. La lichénographie, qui remplissait l'occupation de ses dernières années, tient une grande part dans ses divers écrits ; il étudia plusieurs genres particuliers, et les groupes qu'il a formés subsistent encore aujourd'hui à peu près avec toute la précision qu'exige l'état actuel de la science; témoin sa *Révision du genre Opegraphe de la Flore française* (1818). Dans la préface de cette étude, Léon Dufour fait les réflexions suivantes, qui sont d'une vérité frappante encore aujourd'hui : « Je ne puis m'empêcher, dit-il, de déplorer l'exubérante facilité de plusieurs auteurs à grossir le nombre des espèces et des variétés. Peu imbus de cet esprit philosophique dont les législateurs de la botanique nous ont laissé de grands exemples, trop renfermés dans la sphère de leurs collections, facilement séduits par les nombreux échantillons qni leur arrivent de toutes parts, ils écrasent la science sous le poids de vaines richesses, ils découragent les naturalistes les plus zélés pour son étude, ils l'accablent d'entraves et la replongent dans le chaos. Le grand livre de la nature est ouvert à tous, mais peu le feuillettent avec soin et plusieurs le traduisent mal. La manie de travestir en espèces de simples modifications ou altérations individuelles est incompatible avec le véritable esprit d'observation et tend à saper les fondements de la science. »

C. Montagne, qui consacra la moitié de sa vie à l'étude et à la description des familles des plantes cryptogames, qui créa plus de quatre-vingts genres nouveaux dont la plupart survivent à leur inventeur, ne s'était pas écarté, dans l'opinion qu'il s'était faite de la famille des Lichens, de la méthode de Fries (*Dict. Hist. Nat. de d'Orbigny*. art. Lichens, 1840). Il préparait un *Synopsis Lichenum* qu'une mort prématurée l'empêcha de donner.

Dans le dernier ouvrage qu'il a publié en 1850 (*Enumeratio critica Lichenum Europ.*), E. Schœrer divise les Lichens en trois séries uniquement fondées sur la situation de l'apothécie, savoir : 1° *Lichenes discoidei* (apothécies planes, formant un disque orbiculaire ou ovale); 2° *Lichenes capitali* (apothécies turbinées ou sphériques le plus souvent stipitées); 3° *Lichenes verrucarioidei* (apothécies hémisphériques ou sphériques, nullement stipitées, renfermées entièrement dans le thalle ou en sortant à peine). Il place à la suite, sous le titre de *cryptocarpi*, les anciens genres privés d'apothécies. Les Collemacés sont compris à titre de corollaire à la fin de sa distribution. Schœrer indique dans l'introduction de son *Enumeratio* les organes intérieurs des Lichens, à peu près comme ils sont connus áujourd'hui, mais il ne tient compte dans sa classification et dans la partie descriptive de son travail que des organes apparents. Cet auteur s'est attaché à mentionner comme variétés les formes que revêtent les Lichens dans leurs divers états *sorédifères, isidioïformes, abortifs*, etc., etc., états atypiques que Fries avait déjà ramenés à la souche du Lichen type. Le lichénologue suisse a apporté une attention minutieuse dans la distinction des états divers des espèces du genre *Cladonia*, dépassant ainsi les trop nombreuses formes que Delise avait établies pour le même genre dans le *Botanicon Gallicum*, en 1830.

Un glorieux vétéran de la Botanique, M. le professseur A. Fée, a étudié spécialement les lichens dés écorces exotiques officinales ; ses importants ouvrages, accompagnés de dessins d'une remarquable exécution, sont dans les mains de tous les lichénologues et ils n'ont pas peu contribué à répandre en France le goût de l'étude des lichens. La méthode lichénologique du savant professeur de Strasbourg offre, pour la fixation des genres, une ingénieuse combinaison de la structure et de la forme du thalle ainsi que de celle de l'apothécie. On y trouve d'importantes recherches sur les thèques. Créateur pour ainsi dire, dès 1837, de la méthode sporologique, il a ouvert une voie que devaient plus tard parcourir plus ou moins heureusement MM. Massalongo, Trevisan et Korber. Mais à M. L. R. Tulasne, de l'Institut, revient le mérite d'avoir fait connaître le premier l'organisation et la physiologie de ces intéressants végétaux dans son *Mémoire pour servir à l'histoire des Lichens*, publié en 1852.

M. Herman Itzigsohn signala (*Bot. Zeitung*, 1850), sa découverte des *anthéridies* des Lichens, différentes des anthéridies des Mousses et des Characés, et renfermant d'innombrables *spermatozoïdes*; se rendant un compte plus exact que M. Itzigsohn de la structure de cet organe fécondant ou mâle, M. Tulasne le fit connaître comme tel et lui imposa le nom de *Spermogonie*, de même qu'il donna le nom de *Spermaties* aux corpuscules qui y sont renfermés. Les spermogonies, malgré leur petitesse et la ténuité de leurs produits, présentent aujourd'hui aux lichénographes un *criterium* taxonomique nouveau en fournissant, comme le dit avec autorité M. Nylander, des caractères non moins importants que les autres organes. On doit encore à M. Tulasne d'avoir, le premier, signalé les *Stylospores* chez les Lichens. Le nom de *Pycnide*, qu'il proposa pour désigner l'organe sporifère supplémentaire qui renferme ces corpuscules, a été adopté par les lichénologues.

MM. Massalongo, Trévisan, Korber, Hepp, etc., se sont occupés, dans ces dernières années, de l'anatomie des organes de la reproduction, afin de déterminer la véritable place que chaque genre doit tenir dans la série des Lichens. Chacun d'eux représente un système de classification exclusif par son point de départ.

M. Massalongo, auteur de plusieurs ouvrages sur les Lichens, parmi lesquels le plus étendu est celui qui a pour titre : *Ricerche sull' autonomia dei Licheni Crostosi*, 1852, a proposé, en 1854, dans ses *Schedulæ criticæ in Lichenes exsiccatos Italiæ*, cinq esquisses de classification : la première, selon la méthode naturelle; la deuxième, selon la structure du thalle ; la troisième, d'après la forme des apothécies ; la quatrième, d'après l'organisation des spores, et la cinquième d'après les modifications de l'excipule. Dans sa première classification, le professeur de Vérone comprend diverses productions végétales qu'on range aujourd'hui parmi les champignons ; il donne aux spores une prépondérance trop marquée et il crée des genres que la science ne saurait conserver. Le vice de son système consiste dans la multiplication des tribus et surtout des genres, qu'il fonde sur des différences peu essentielles dans l'organisation du thalle et sur des caractères d'importance très secondaire dans les organes de la reproduction, tels que la forme ou l'absence des paraphyses, la couleur plus ou moins constante de l'apothécie, la forme ou la teinte plus ou moins régulière des spores. Il divise les Lichens d'Italie en seize ordres et cinquante-cinq tribus, et en un nombre infini de genres, parmi lesquels il en crée plus de soixante nouveaux. Les groupes les plus homogènes sont par lui morcelés en un grand nombre de tribus et en un nombre plus grand encore de genres.

M. V. Trévisan, dans ses différents ouvrages de lichénologie publiés depuis 1853, et notamment dans son *Saggio di una classazione naturale dei Licheni*, met la spore au premier rang des organes qui doivent fixer une distribution rationnelle; les thèques et les paraphyses sont reléguées au second, l'apothécie au troisième, l'exciple au quatrième, et il soutient qu'on ne doit pas tirer une sérieuse induction de l'état du thalle, cet organe étant selon lui de nulle importance, contredisant sur ce dernier point, de la manière la plus évidente, M. le professeur Fée, qui a judicieusement avancé que le *thalle constituait le genre Lichen*.

Le système de M. Korber (*Systema Lichenum Germaniæ*, 1855), est moins compliqué que celui de M. Massalongo. Il divise les Lichens d'Allemagne en cent trente-quatre genres répartis en vingt-quatre tribus qu'il fonde sur l'emploi simultané des caractères que montre l'anatomie du thalle et de l'apothécie. Dans ses recherches plus récentes, M. Korber a été entraîné dans la voie que nous reprochions à M. Massalongo d'avoir suivie. Il a dépassé ce dernier dans la multiplication des genres, et nous ne pouvons que nous associer à ces paroles de regret prononcées par le vénérable J. E. Duby, dans son *Esquisse des progrès de la cryptogamie*, en 1858 : « Quel dommage que des travaux aussi considérables que ceux de MM. Massalongo et Korber, tant de recherches et tant d'efforts n'aboutissent, grâces à l'absence de vues taxonomiques générales et philosophiques, qu'à encombrer la science d'une multitude de matériaux dont quelques-uns sans doute pourront être utilement employés, mais dont une grande partie ne fait qu'accroître les difficultés qu'éprouve le naturaliste et augmenter presque indéfiniment une synonymie déjà si chargée. »

Philippe Hepp (*Flechten Europas*, 1853-1860), et M. W. Nylander (*Essai d'une nouvelle classification des Lichens*), ont fait connaître presqu'en même temps deux systèmes de classification des Lichens qui ont entr'eux un assez grand rapport. P. Hepp, sans donner à la spore une importance plus grande qu'à un autre organe du Lichen, l'a néanmoins étudiée dans la plupart des espèces européennes ; il en a publié le dessin avec les dimensions exactes dans un recueil aujourd'hui terminé qui mérite d'être considéré au double point de vue du développement et du choix des types, aussi bien que du soin donné à la synonymie, comme la plus riche collection desséchée qui ait été publiée jusqu'a ce jour. La seule critique que semble devoir rencontrer l'œuvre de M. Hepp, c'est la trop facile multiplication, dans ses fascicules, d'espèces nouvelles.

Nous avons vu dans les lignes qui précèdent que quelques-uns des derniers auteurs cités s'étaient attachés de préférence aux formes du thalle, d'autres à celles des apothécies, d'autres encore à celles des spores. M. W. Nylander qui avait déjà exposé en France, dans diverses publications, sa manière d'envisager l'étude des Lichens et qui avait publié en nature, et comme application de ses principes, les Lichens des environs de Paris et du Mont Dore, n'admet point d'ordre d'importance pour base d'une classification. Il n'emprunte pour la sienne, et en cela il reçoit l'approbation des lichénologues de notre époque, aucun caractère isolé ou prédominant, tiré uniquement, soit du thalle, soit de l'apothécie; il est guidé dans son arrangement systématique des genres par l'enchaînement naturel des groupes, et par les affinités se manifestant dans l'ensemble de l'organisation, à savoir : le thalle, les apothécies et les spermogonies. Il est le premier, parmi les lichénologues, à faire jouer à ce dernier organe un rôle sérieux dans la classification.

Dans une seconde étude plus importante, publiée par la société Linnéenne de Bordeaux (*Prodromus Lichenographiæ, Galliæ et Algeriæ*, 1857), il a développé les principes qui étaient énoncés dans son premier travail. Voici comment M. Nylander expose lui-même ses principes : « Notre système, dit le savant suédois (*Prodr.* p. 4), repose sur l'étude des parties externes et du tissu anatomique élémentaire auxquels nous accordons la même valeur taxonomique qu'aux apothécies et aux spermogonies. Dans nos caractères distinctifs, nous donnons la supériorité tantôt à l'un, tantôt à l'autre de ces organes, et c'est à chacun d'eux que nous empruntons indistinctement nos principes de divisions, selon le caractère dominant de l'un ou de l'autre. Notre système s'éloigne peu de quelques-uns de ceux qui ont été antérieurement publiés; la différence essentielle vient de ce que, donnant un grand poids aux caractères tirés des spermogonies, nous les avons employées dans la définition des subdivisions et des genres. Ces organes nous ont paru offrir un *criterium* d'un grand prix, lorsqu'il y a quelque doute sur le genre auquel doit être rapportée une certaine espèce... Dans la définition des genres et des espèces, nous avons suivi le plus souvent l'opinion des meilleurs auteurs de l'époque antérieure, et nous n'avons point jugé devoir admettre ces tentatives des lichénographes de nos jours, qui s'agitent pour augmenter indéfiniment la nomenclature de la science. Les vrais intérêts de la science et de la vérité nous paraissent, au contraire, se trouver dans des efforts pour ramener, par l'étude des espèces, à des types communs les formes qui s'en éloignent. Les auteurs auxquels je viens de faire allusion, confondant la science avec la fabrication des noms, se sont jetés dans des divisions atomistiques, prolixes, fastidieuses, qu'ils ont le plus souvent désignées par des noms peu euphoniques. C'est ainsi que l'on marche vers un chaos informe... C'est pour cela qu'autant qu'il a été possible, nous nous sommes efforcé de conserver dans leur intégrité les genres reçus et créés par les pères de la science, modifiant de temps à autre, par des raisons analytiques, les définitions, et prenant le plus grand soin, dans la conception des espèces, de joindre l'observation microscopique à l'observation dans la nature. »

Dans son *Synopsis methodica lichenum* (1858-1860), dont les lichénologues attendent impatiemment le complément, M. Nylander divise les lichens connus en trois grands groupes, ceux de son *Essai de classification*, qu'il appelle familles : les Collémacées, réunissant cent dix espèces ; les Myriangiacées, réduites au seul genre Myriangium dont on connaît deux espèces, et les Lichenacées, réunissant douze cent quarante-huit espèces. Ces trois groupes se divisent en six séries, réparties en vingt-deux tribus, renfermant elles-mêmes cent treize genres qui s'élèvent des lichens inférieurs rapprochés des Algues (*les collemacées*), aux formes vraiment lichenoïdes les plus développées (le genre *Sticta*), et en redescendent peu à peu vers les espèces chez lesquelles le thalle s'annulle de plus en plus et qui se rapprochent des hypoxylées (*pyrenomicetes*, Fries). C'est cet arrangement systématique, présentant à peu près deux séries continues se reliant à un centre commun, que nous avons adopté en 1857 dans notre *Monographie des mousses et des lichens du bassin de la Gironde* et que nous suivrons aujourd'hui dans la *Cryptogamie illustrée*.

Définition des Lichens.

Les Lichens sont des végétaux cellulaires, vivaces, parasites sur les corps où ils reposent, se nourrissant aux dépens de l'atmosphère par tous les points de leur surface. Leurs fructifications sont placées sur un organe végétatif ou nutritif remplissant le rôle de racine, de tige et de feuilles, qu'on appelle thalle (θαλλὸς; *Thallus*, Acharius, 1801 ; *Frons*, Wilden, 1799 ; *Blastema*, Wallr.; *Fronde*). Le thalle est caractérisé par la présence de *gonidies;* il possède un *hymenium* ou lame proligère contenant de la gélatine amyloïde. Il est visible à l'œil nu, ou caché, soit sous l'épiderme des écorces, soit entre les fissures superficielles de certaines roches. Quelques espèces sont privées d'un thalle propre, et dans ce cas, leurs organes de reproduction se montrent sur un thalle étranger qui leur sert de support.

Un Lichen complet se compose en général : 1° d'un *thalle*; 2° d'*apothécies*, c'est-à-dire du corps reproducteur femelle; 3° de *spermogonies* qui représentent le corps fécondant ou reproducteur mâle ; 4° et quelquefois d'un appareil sporifère supplémentaire appelé *Pycnides*.

L'accroissement des Lichens est à la fois acrogène et amphigène. Ce double mode de développement ne donne qu'au plus petit nombre, des thalles dressés ou fruticuleux (thalles centripètes de Fries). Telles sont les tiges cylindriques des *Cladonia*, des *Stereocaulon*, des *Roccella*, des *Usnea*, etc., etc. (Tab. xlvii. l. li. lv, *fig. a*) ; mais plus habituellement il ne produit que des organes minces, aplatis en lames circulaires (thalles centrifuges de Fries), présentant uniquement comme les *Parmelia* le développement amphigène ou en largeur (Tab. lxxxiv *fig. a*).

Les Lichens ne végètent que pendant les temps humides et interrompent leur végétation sous l'influence de la sécheresse. La fragilité de ces plantes à l'état sec est une des causes de leur facile destruction ; dans les conditions ordinaires, la durée de leur existence peut être illimitée. Ils se reproduisent généralement au moyen des *spores* renfermées dans les apothécies et par les *spermaties* que disséminent les spermogonies ou bien, et cela exceptionnellement, par des glomérules sorédiques provenant des thalles stériles, ce qui explique l'abondance de certains lichens dans les contrées où on ne les voit jamais fructifères. Si les lichens ne sont point provenus d'un organe de prolification, ils doivent leur origine, selon l'expression de M. Tulasne, au *plexus filamenteux initial* qui a engendré et porté les premiers rudiments du thalle *(Protothallus* Meyer). C. Montagne a comparé cet état primordial du lichen avec le *mycelium* des champignons; il est constitué, dit M. Tulasne, comme celui-ci, par des filaments rameux, articulés, tantôt transparents et incolores, tantôt teints de couleurs plus ou moins foncées. (Tab. xlviii. lxxiv. *fig. c*. Tab. cx. *fig. a*.)

Linné rangeait les lichens parmi les champignons (*Systema vegetabilium* 1769). Fries voulait que les lichens fussent une part intégrante des algues (*Summa vegetabilium Scandinaviæ* 1846), Nœgeli appuyait cette opinion du botaniste suédois et rattachait également les lichens à la famille des algues (*Die neuern algensysh.* 1847). Adanson (*Fam. des plantes,*) faisait des lichens une famille dépendant de la classe des champignons; enfin Payer (*Botanique cryptogamique,* 1850), les confondait dans cette dernière classe. Acharius considéra les lichens comme formant une famille distincte au même titre que le sont les mousses (*Lichenographia universalis* 1810). L'opinion des botanistes de nos jours est favorable à ce sentiment d'Acharius. Les récentes circonscriptions de la famille des lichens empruntent ou cèdent des genres aux deux anciennes familles des algues et des champignons, car les lichens tiennent bien réellement le milieu entre ces deux dernières familles, qui forment ainsi associées et comme nous l'avons expliqué ailleurs, la classe des végétaux amphigènes, premier embranchement des cryptogames proposé par M. Brongniart.

Ce rang des lichens dans la classification a été adopté par M. L. R. Tulasne et admis plus récemment par M. Nylander. Nous avons vu plus haut que le savant suédois faisait découler les lichens des algues par le genre *Lichina*, qui a une étroite affinité avec les phycées auxquelles Agardh l'avait réuni, et les rapprochait des champignons par les *Verrucaria* et les *Graphis* qui naguère en faisaient partie. M. Duchartre suit, dans ses récents *Eléments de botanique* (1867), la division des familles naturelles proposée par M. Brongniart; il classe comme ce dernier les lichens en famille distincte, immédiatement après les champignons, mais il déclare « qu'ils sont d'une autonomie assez douteuse. » Les judicieuses observations de M. Nylander corroborent les faits déjà signalés par M. Tulasne et doivent éclairer cette restriction du savant professeur de la Faculté des sciences de Paris,. Les lichens diffèrent des champignons thécasporés, dit l'auteur du *Synopsis*, 1° par leur thalle gonidifère; 2° par leur gélatine hyméniale amyloïde; 3° par la présence de cristaux d'oxalate de chaux, et souvent de grains d'amidon, dans le tissu de leur thalle; 4° enfin par leur mode particulier de vitalité et de nutrition.

Linné fonda un seul genre pour la famille des lichens (1737). Acharius en admit trente-trois en 1803 et quarante-trois en 1814; Endlicher, cinquante-sept, en 1842; C. Montagne évaluait, en 1846, les lichens connus à douze cents espèces réparties en quatre-vingt-dix genres. Le docteur Nylander, qui en a fait la distribution en 1860, indique cent-treize genres et treize cent soixante-une espèces, dont six cent-cinquante appartiennent à l'Europe et cinq cent-quarante à la France.

Organes de la végétation.

Thalle. Le thalle des lichens varie dans ses *formes extérieures*, dans sa *texture anatomique*, dans ses *dimensions* et dans ses *couleurs*.

Les modifications des formes extérieures sont les suivantes : 1° *Thalle fruticuleux* ou centripète, s'élevant verticalement en tiges simples ou ramifiées. Exemples : *Cladonia, Pilophoron, Stereocaulon, Roccella, Unea, Chlorea,* etc. (Tab. xliv à lx, fig. *a*). Suivant la distinction faite par M. Tulasne, les *Cladonia* et les *Stereocaulon* sont à certains égards intermédiaires, entre les lichens horizontaux et ceux qui possèdent un thalle dressé. La plupart d'entr'eux, en effet, présentent à la fois des expansions laminaires étendues sur le sol et des productions ramiformes qui en naissent verticalement; 2° *Thalle foliacé* ou centrifuge s'étalant en expansions lobées, laciniées ou peltées, et adhérant à son support par une ou plusieurs de ses parties. Ex. : la plupart des *Collema,* les *Peltigera, Ricasolia, Sticta, Parmelia, Endocarpon, Umbilicaria* (Tab. xiii, et lxxi à xcvii, fig. *a*.); 3° *Thalle crustacé,* ayant l'aspect d'une simple croûte si intimement adhérente au corps qui lui sert d'appui, qu'on ne peut l'en détacher sans la diviser en fragments. Elle se distingue par sa friabilité, rapportée par C. Montagne à la proportion d'éléments fibrilleux qui seraient moindres dans les thalles crustacés que dans les thalles foliiformes. M. Tulasne a redressé cette opinion en indiquant les caractères différents de ces éléments dans les deux formes de lichens et en faisant connaître que les filaments médullaires ne manquent pas dans les lichens crustacés uniformes. Les lichens crustacés représentent la forme la plus fréquente. Exemples : les *Lecanora* et un grand nombre de *Placodium* (Tab. cviii et cix, fig. *a*.). Il est des cas où cette dernière forme de thalle emprunte en même temps les caractères du thalle foliacé, alors il est crustacé au centre et découpé en folioles sur les bords. On en voit des exemples dans le genre *Placodium* que nous venons de citer. On doit distinguer encore comme subdivisions de cette forme le thalle squameux. Exemple : *Endocarpon hepaticum* (Tab. clii, fig. *a*.) ; le thalle radié (*Placodium murorum*); le thalle aréolé (*Lecanora cinerea* (Tab. cx, fig. *b*) ; le thalle pulvérulent (*Placodium Reuteri*); 4° Le *thalle épiphléode* se développe sur l'épiderme des écorces végétales ou même des feuilles persistantes. Les lichens qui se développent sur le parenchyme des feuilles appartiennent au climat des Tropiques Mlle Libert a découvert l'*Opegrapha Rimalis* sur le chaume de plusieurs graminées, et M. Montagne a vu la même plante sur les tiges d'un *Teucrium.* Nous avons représenté (Tab. cxliv, fig. *a*), le même lichen recueilli dans les Pyrénées sur le pétiole du *Pteris aquilina.* Le thalle du même lichen peut être épiphléode et montrer aussi la modification suivante. Exemple : *Arthonia cinnabarina* (Tab. cxlviii). Le *thalle hypophléode* est caché sous l'épiderme des arbres. Exemples : *Verrucaria nitida* (Tab. clxxiv, f. *a*); *Arthonia Galactites et A. Lurida* (Tab. cli.), ou peut-être quelquefois entre les fibres du bois. Exemple : *Xylographa.* Le docteur Nylander rapporte à cette dernière catégorie les thalles incomplets des Lichens saxicoles dont on trouve les gonidies disséminées entre les particules de la pierre. Exemple : *Lecidea confluens* Duh. ; *L. Biformis* Ram. ; *Arthonia calcicola* Nyl. *Verrucaria rupestris* (Tab. clxv).

Les thalles crustacés et les thalles hypophléodes sont parfois mal définis et vagues dans leurs contours. On les dit alors *indéterminés (Thallus effusus).* Exemples : *Verrucaria epigœa* Ach. (Tab. clxix, f. *a*), *Verrucaria aspistea* Fée (Tab. clxxiii f. *a*.). Plusieurs *Calicium* se développent sur la surface entière du tronc d'un arbre sans qu'on puisse déterminer le point où le thalle commence et celui où il finit.

Les *thalles déterminés* sont ceux dont une lizière hypothalline, souvent de couleur foncée, indique les limites. Exemple : *Verrucaria nitida.* (Tab. cxxiv, f. *a*.). Un grand nombre de Lichens dans le genre *Verrucaria* notamment, tiennent le milieu dans ces deux dernières formes du thalle. Ils sont alors *obscurément déterminés.*

Quant à sa *texture anatomique,* le docteur Nylander distingue deux modifications du thalle. 1° Le thalle régulier ou *stratifié* ; c'est celui du plus grand nombre de Lichens; 2° le thalle *homogène* ou sans stratification. C'est, au reste, la division proposée par Walroth et reprise par Martius (*flora* T. 9, 1826), mais aujourd'hui bien mieux définie.

Trois couches superposées, ou moins souvent quatre, composent le thalle stratifié: 1° une couche *corticale* ou *épidermique* ; 2° une couche *gonidiale*; 3° une couche *médullaire* et souvent encore; 4° une couche *hypothalline* (Voir pour ces différentes formes de *cortex* nos Tab. iii, iv, v, vii, xi, xiv, xvii, xxii, c., etc.

C. Montagne réunissait les deux premières sous le nom de couche *corticale*; M. Fée, à l'exemple d'Achárius, n'admettait dans le thalle que deux régions différentes, l'une corticale ou supérieure, l'autre inférieure ou médullaire (Dict. Hist. nat. 1826). La couche gonimique fut signalée la même année par Bayrhoffer (*Flora*, *tom*. 9, *p*. 210). On observe aisément sous le microscope ces diverses couches séparées en coupes transversales minces.

La *couche corticale* (*stratum corticale*) appelée aussi *écorce*, *cortex*, couche épidermique, couche supérieure, épithalle, est formée d'un tissu cellulaire, serré, incolore, raide à l'état sec. Sa partie la plus superficielle est légèrement nuancée de vert lorsque le thalle est exposé au jour ; elle a été désignée sous le nom d'*Epithalle* par le docteur Nylander. C'est pour ce dernier une sorte de cuticule continue avec les parois cellulaires dont elle ne constitue qu'une portion modifiée ou endurcie. (Tab. cx, fig. c4.).

La *couche gonimique* ou *gonidique* (*Gonimonschicht*, Bayrhoffer, *stratum gonimon*), tire son nom de la présence des *gonidies*, corps sphériques le plus souvent de couleur verte ou bleuâtre, appelés aussi cellules gonidiales ou grains gonidiaux, et qui sont placés quelquefois inégalement, mais, toujours vers les éléments extérieurs de cette couche. Le docteur Nylander admet deux formes principales de gonidies thallines : 1° celle de cellules ; 2° celle de grains sans membrane cellulaire. (Tab. iii, fig. c 1. liii, fig. c 2, lx, fig. c 1. cx fig. c 3).

La *couche médullaire* ou moyenne (*stratum medullare*, Eschw.), moëlle, se compose de cellules allongées, filamenteuses, serrées ou lâchement unies, parfois distinctes et aussi intimement unies avec la couche corticale. (Tab. cx f. c 2), Selon l'opinion de C. Montagne, cette couche, inférieure à la première dans les Lichens centrifuges, en est environnée de toutes parts dans les Lichens centripètes, c'est-à-dire qu'elle y est intérieure ou centrale. Le docteur Nylander reconnaît trois modifications de la couche médullaire : 1° La médulle *feutrée* particulière à la plupart des Lichens fruticuleux et foliacés. Elle forme une sorte d'axe creux dans le *podetium* du genre *Cladonia* et un agrégat de filaments formant un axe solide et plein dans le genre *Usnea* (Tab. lvi). 2° La médulle *crétacée* (*Thallus tartareus*), est propre aux lichens crustacés ; elle est blanche, compacte et contient notamment des granulations moléculaires, associées le plus souvent à des cristaux d'oxalate de chaux. 3° La médulle *celluleuse* qui est formée par un tissu cellulaire contenant des gonidies dans l'intérieur des cellules ou dans leurs interstices (*Pannaria*, *Psoroma*, *Endocarpon*). (Tab. clxi fig. c).

La *couche Hypothalline* est la plus inférieure du thalle ; elle n'est pas toujours visible et manque dans un grand nombre d'espèces comme dans les lichens crustacés notamment où ces appendices hypothalliens sont confondus avec les éléments fibreux de la couche médullaire qui, en ce cas, est habituellement dépourvue d'épiderme et s'applique intimement à son support. La zone hypothalline est formée d'un tissu filamenteux ou cellulaire, noirâtre, rarement incolore. M. Nylander distingue l'*hypothalle* proprement dit des *Rhizines*. Il emploie ce premier mot pour préciser la couche horizontale noire ou bleuâtre de filaments entrelacés qui existe dans le thalle des *Pannaria* de l'*Endocarpon hepaticum*, etc. Dans quelques autres Lichens cette couche accessoire représente un réseau de cellules tantôt allongées, tantôt courtes ou arrondies, souvent mêlé de granulations moléculaires, qui se prolonge parfois en fibrilles rhizoïdes de couleur noire ou foncée. Ces organes dont la face inférieure des lichens foliacés est pourvue dans les genres *Peltigera*, *Sticta*, *Parmelia*, sont les *Rhizines* qui servent comme l'hypothalle à soutenir les Lichens sur les pierres, les troncs d'arbre ou la terre où ils croissent. Les Rhizines doivent être considérées comme des organes de sustentation et nullement de nutrition ; elles sont composées de plusieurs éléments filamenteux articulés, tantôt simples, tantôt soudés ensemble (Tab. clxii). M. Nylander réunit aux Rhizines les cils ou fibrilles qui garnissent le côté inférieur des thalles des *Physcia obscura var. ulothrix* et du *Parmelia sinuosa var. hypothrix*, sans reconnaître dans ces cils un rôle de sustentation comme dans les Rhizines. Cet auteur attribue leur présence en cet endroit du thalle à la privation de lumière dont on a déjà constaté les effets pour la couche hypothalline.

Une structure beaucoup plus simple caractérise les lichens d'un ordre inférieur. Tels sont les *Collemés*, dont le thalle pulvérulent ou hypophléode n'offre plus aucune trace de stratification. C'est la modification dite du *thalle homogène* appartenant aux lichens que Walroth désignait sous le nom de Homœomères. Dans le thalle homogène, les éléments anatomiques primitifs des différentes couches, sont unis ou absorbés par une masse gélatineuse translucide ; la couche gonidiale seule reste distincte ; elle se montre généralement dans les collemacés en chapelets de grains gonidiaux qui serpentent entre de rares filaments cellulaires (Tab. iii à xxi fig. c.). Dans le genre *omphalaria* (Tab. xi f. c), les grains gonidiaux sont agglomérés par groupes de deux à quatre. Dans le *Gonionema* (Tab. i, fig. c.) ils sont soudés en un gros chapelet qui occupe l'axe du thalle. La coupe épidermique n'est représentée dans le genre *Collema* que par un *épithalle* de couleur verte (Tab. xiv. fig. c.) et de couleur brunâtre dans les *Phylliscum* (Tab. xxi. f. c.). Cette couleur propre des cellules de la couche corticale avait fait dire d'une manière trop absolue à Eschweiller, que la couche gonimique ne prenait point part à la coloration du thalle, laquelle ressortait exclusivement des utricules (*lichenine*), superficiels du lichen. La couche corticale est représentée dans le genre *Obryzum* (Tab. xx. f. c), par une couche de cellules anguleuses, distinctes ; le reste du thalle se compose d'un abondant mucilage incolore où l'on distingue, soit des filaments tubuleux, soit des cavités contenant des grains gonidiaux. L'hypothalle des Collemés est en général peu distinct et ne consiste le plus souvent, comme l'a observé M. Nylander, qu'en rhyzines peu abondantes. Le thalle du *Myriangium* est formé tout entier par un tissu uniforme de cellules anguleuses distinctes (Tab. xxii f. c); il manque de gonidies. Son épithalle est brunâtre et la médule presque incolore.

La constitution gélatineuse des Collemés les rend moins fragiles à l'état sec que les autres lichens ; elle permet en outre une plus grande dilatabilité de leur thalle dans l'eau. Tandis que les thalles humectés des *Peltigera* et des *Parmelia* atteignent à un tiers de plus de leur épaisseur à l'état de siccité, les thalles des Collemés augmentent leur volume de deux à cinq fois.

Les *couleurs du thalle* les plus communes sont le brun ou le noir, le vert, le jaune pâle, le citron, l'orangé, le gris et le blanc. Indépendamment de la couleur propre que possèdent les cellules extérieures de quelques lichens, la couleur verte ou bleuâtre des gonidies contribue très souvent à la teinte générale du thalle. La couleur verdâtre que présentent les lichens lorsqu'ils sont humectés n'a pas d'autre origine.

Les *dimensions des lichens* sont très variables, parfois imperceptibles dans certains genres, le thalle n'est plus qu'une poussière ténue ou une pellicule si mince, qu'un très fort grossissement est indispensable pour le faire reconnaître ; parfois aussi l'organe végétatif s'étend sur toute la surface des troncs séculaires. Quelle transition n'y a-t-il pas des microscopiques *Calicium* des *Verrucaria*, ces pygmées de la végétation, aux fastueux thalles foliacés des *Sticta* de l'ancien et du nouveau monde ? Quelle distance ne peut-on pas mesurer entre les formes de cette simple ponctuation qui constitue l'*Endococcus* et celle de l'élégante chevelure dorée de l'*Usnea barbata* qui pend en longs festons aux arbres de nos forêts ? (1).

Organes de la reproduction.

Le perfectionnement apporté dans ces derniers temps à la construction des microscopes a rendu facile la connaissance exacte des organes de reproduction des lichens. Ils sont de deux sortes : Les uns sont désignés par le nom d'*apothécies* (appareil femelle), et de *Spermogonies* (appareil fécondant ou mâle) ; les autres sont appelés *Pycnides*, ou appareils sporifères supplémentaires.

Apothécies. (Αποθηκη, conceptacle, *Apothecia*, Ach. Apothèce, *Apothecium*, *Cymatia*, Wall). Ces organes se développent à la surface supérieure du thalle. Ils sont ou superficiels à leurs supports ou enfoncés dans son tissu. Ils se montrent principalement sous forme de disque, d'écusson ou de coupe (apothécies discoïdes, *lichenes disciferi*, Fries), ou sous forme de noyau arrondi (apothécies nucleiformes, *lichenes nucleiformi*, Fries), appelées aussi apothécies pyrenocarpes. Les apothécies discoïdes sont dans leur jeune âge nucleiformes.

Sprengel distinguait neuf formes principales dans l'organe fructifère. C'étaient : 1° Les *Scutellæ* propres aux *Parmelia*, *Urceolaria*, *Sticta*, etc., etc.; 2° les *Patellulæ* des *Lecidea* ; 3° les *Peltæ* des *Peltigera* ; 4° les *Orbillæ* des *Usnea*; 5° les *Pilidia*, ou *Cephalodia* qui distinguent les *Cladonia*, *Bœomyces*, etc., etc. ; 6° les *Tricæ* qui appartiennent aux *Umbilicaria* ; 7° les *Lirillæ* particulières aux *Graphis* ; 8° les *Thalamia* propres aux *Endocapon* ; 9° enfin, les *Tubercula*, qu'offre le genre *Verrucaria*. M. Fée a encore distingué les apothécies des gyrophores (*Umbilicaria*), sous le nom de *Giroma*, et celle des *Calicium* sous le nom de *Crateridia*. Acharius employait le nom de *Podetium* pour désigner les apothécies des *Bœomyces* et de *Pilidium* pour les apothécies des *Calicium*. Ce dernier nom fut ensuite donné au support seulement de l'apothécie et plus récemment à l'apothécie des *Stereocaulon* et des *Pilophoron*. On donna le nom de verrues à l'apothécie des *Verrucaria* et de *Variolide* à ce qu'on prenait naguère pour l'organe reproducteur du genre *Variolaria*. Acharius reconnut plus tard qu'il y avait avantage à remplacer tous ces termes par la dénomination commune d'apothécie. M. Fée réduisit aussi leurs formes à trois divisions qui furent le sporosphore lirelle, le sporosphore nucleus et le sporosphore lamellé.

En ce qui concerne les *Apothécies discoïdes*, les lichénographes expriment aujourd'hui les diverses modifications de forme que nous venons d'énumérer par les dénominations suivantes : 1° *Peltiformes*. Elles sont larges, mais dépourvues de rebord distinct formé aux dépens du thalle, ex. : genre *Peltigera* (Tab. LXXI et suivants).

2° *Lecanorines*. Elles sont orbiculaires, entourées d'un rebord thallin, ex. : genre *Leptogium* (Tab. XVII-XVIII fig. *d*), qui se relève quelquefois, ex. : genre *Parmelia* (Tab. LXXXIV et suivants), genre *Sticta* (Tab. LXXVII et suivants), pour former une cupule saillante. M. Nylander emploie le mot *ostiole* pour désigner le rebord thallin rétréci qui entoure quelques apothécies enfoncées et urcéolées, ex. : genre *Thelotrema* (Tab. CXXIV) ; genre *Urceolaria* (Tab. CXVIII-CXIX.). Dans quelques espèces de *Lecanora*, ainsi que dans les deux derniers genres que nous venons de citer, les apothécies offrent deux marges, une fournie par le thalle, l'autre par l'*hypothecium* et sont à la fois lécanorines et lécideines. Le genre *Synalissa* a des apothécies lécanorines qui par le rétrécissement de l'épithécium ressemblent aux apothécies nucléiformes, moins la forme sphérique (Tab. VI f. *b*.).

3° *Lécideines* ou *Patelliformes*. Elles ont une marge distincte fournie par l'hypothécium et dans la constitution de laquelle le thalle reste étranger, ex : le genre *Lecidea* (Ces apothécies sont planes, comme dans le *Lecidea epigaea* (Tab. CXXXII.), concaves, comme dans le *Lecidea cupularis* (Tab. CXXVI, fig. *d'*), ou convexes, comme dans le *Lecidea sanguinaria* (Tab. CXXXIX, fig. *d'*). Dans la forme convexe appelée aussi hémisphérique et comprenant les *Biatora* de Fries, d'où l'on a fait pour exprimer la même idée la forme *Biatorine* (2), la marge s'efface presque complètement. Les apothécies lécideines sont encore

---

(1) On a signalé des thalles de l'*Usnea barbata*, mesurant 10 mètres de longueur.

(2) Le mot de *Biatorine* sert à désigner une couleur autre que noire. En effet, les *Biatora* de Fries, *Lecidea pro parte* de notre nomenclature, n'ont point les apothécies noires.

irrégulières ou flexueuses comme les présentent les *Lecidea flexuosa*, *L. Jurana*, etc., etc. Elles sont encore contournées en spirale dans le genre *Umbilicaria* (Tab. xcvi f. *d*) ; elles sont stipitées dans quelques *Bæomyces* (Tab. xl f. *b*), dans le *Gomphyllus calycioïdes* (Tab. xxxix f. b.), les *Calicium* et les *Spherophoron* (Tab. xxiii à xxviii). Les *Glossodium* et les *Thysanothecium* (Tab. xlii-xliii) possèdent des apothécies très irrégulières offrant la forme d'une spatule.

4° *Lirellines*. Elles découlent de la forme des apothécies lécideines, mais leur forme est allongée, irrégulière ou rameuse, et très variable sur le même thalle. Ex : Les *Graphis*, *Opegrapha* (Tab. cxl à cxliv). Une marge propre, souvent infléchie se montre dans l'apothécie de quelques opégraphes. Les apothécies des *Chiodecton* (Tab. clc à clvii.) sont multiples et pulvinées.

Les apothécies *nucleiformes* offrent deux variations principales. Elles sont plus ou moins superficielles. Ex : *Verrucaria* (Tab. clxv à clxx, fig. d), ou elles sont cachées dans le thalle ex : *Verrucaria thelostoma*, (Tab. clxxi, fig. D).

Quant à leur couleur, les apothécies sont principalement noires, brunes, bistres, jaunes, orangées, roses, rouges et présentent aussi une infinité de nuances intermédiaires entre ces diverses couleurs. Dans quelques espèces les apothécies sont recouvertes d'une poussière blanchâtre et plus rarement verte.

La grandeur des apothécies varie considérablement dans diverses espèces. Comme points extrêmes nous citerons celles de l'*Endococcus* (Tab. clxxix) qui ne dépassent pas 0^m, 1 millim ; tandis que celles de quelques *Sticta* exotiques, les S. *Cometia*, et S. *Aurata* atteignent jusqu'à trois et quatre centimètres de diamètre.

Anatomie de l'apothécie. Les organes intérieurs de l'apothécie sont : 1° Le *Conceptacle* (*hypothecium*). 2° Le *Thalamium*, consistant le plus souvent en paraphyses distinctes et représentant ainsi le tissu qui remplace les paraphyses et dont les thèques sont entourées. 3° *Les Thèques* où sont renfermées les spores. L'ensemble des paraphyses et des thèques constitue le *Thecium* ou l'*hymenium*. La superficie du thécium, c'est-à-dire les sommités colorées des paraphyses, est appelée *Epithecium*. L'épithécium des Pertusaires et des Verrucaires, est désignée sous le nom de *Pore*.

1° Le mot *conceptacle* s'appliquant à tous les organes tégumentaires de l'apothécie, M. Nylander a proposé d'employer à sa place le mot *hypothecium* pour qualifier l'organe conceptaculaire des fruits thécasporés déjà appelé *Excipulum proprium*. L'hypothécium des fruits nucléaires a reçu le nom de *Perithecium*. Le conceptacle est constitué par un tissu de cellules très fines, souvent peu distinctes. Le Thécium est pénétré par une substance gomoïde ou amyloïde très-avide d'eau, c'est la gélatine hyméniale (*mucilago hymenea*), qui manque dans les apothécies décrépites.

2° Le *Thalamium* (Θαλαμος) consiste le plus souvent, comme nous venons de le dire, en paraphyses (Παραφυσις), c'est-à-dire en filaments claviformes, incolores, creux et remplis de *protoplasma*. Ces filaments sont rapprochés, entr'eux ou agglutinés à leur sommet et souvent articulés, de hauteur égale et plantés verticalement sur les petites cellules de l'*hypothecium*. Dans le genre *Arthonia* les paraphyses sont inappréciables, à cause de l'homogénéité du tissu cellulaire du thalamium ; elles manquent ou sont avortées dans le genre *Endocarpon* et sont remplacées par la gélatine hyméniale. L'épaisseur des paraphyses varie de 0,004 à 0,006 millimètres. Leur nombre dans chaque conceptacle est fort variable.

Fries et Montagne ont considéré les paraphyses des Lichens comme n'étant le plus souvent que des thèques stériles ou avortées. M. le professeur Fée a exprimé la même opinion au sujet du genre *Paullia*. M. Leveillé a dit aussi des paraphyses des Helvelloïdées, qu'elles paraissent être des thèques stériles. M. Bushe (1846), au contraire, n'accorde pas qu'on les puisse attribuer à un avortement de thèques, quelle que soit d'ailleurs leur nature véritable sur laquelle il ne se prononce pas. M. Schleiden (1850) et M. Meisner ont aussi depuis partagé ce sentiment. Quant à la structure des paraphyses, M. Tulasne a pu confirmer ce qu'avait avancé M. Bushe; il a toujours remarqué, dit-il dans son mémoire sur les Lichens, page 53, que ces filaments, désagrégés par un acide des éléments cohérents de la lame proligère, étaient formés de plusieurs cellules dont les supérieures seules étaient courtes et colorées. M. Tulasne ajoute que les cellules constitutives des paraphyses sont probablement comme les thèques, composées d'une membrane intérieure, récipient de matière plastique et d'une enveloppe externe très mince, de nature amyloïde. Quant au rôle qu'elles remplissent, il ne faut plus leur accorder celui d'organes fécondateurs qu'on leur supposait avant la connaissance des spermogonies. D'après M. Nylander, les paraphyses serviraient à l'expulsion des spores mûres, grâces à la pression qu'elles exercent sur les thèques lorsqu'elles sont imbibées d'eau. La gélatine hyméniale contribuerait aussi à cette expulsion par sa propriété lubrifiante.

Le thalamium renferme aussi dans quelques Lichens, des gonidies plus petites que celles du thalle et qu'on appelle *gonidies hyméniales*. Quant aux spores qu'on y remarque quelquefois, leur présence y est purement accidentelle ; c'est par défaut d'une compression suffisante qu'elles n'ont pu être expulsées en dehors du fruit.

3° Thèques (Θαλαμος, *Theca*, *Asci*, Sporange, sac). Ce sont des vésicules incolores, isolées, de forme oblongue ou cylindrique, renfermant les spores et disposées verticalement entre les paraphyses et les éléments cellulaires de l'hypothécium (voir Tab. vi, ix, xiii, xviii, xxi, xxii, xlix, lii, cxxii, etc., etc., fig. e). Les dimensions et la forme de ces vésicules varient avec l'âge et selon les genres auxquels elles appartiennent. Elles sont ordinairement rétrécies à la base et élargies au sommet; les jeunes thèques sont toujours plus grêles que les thèques adultes. M. Tulasne, qui a résumé dans le mémoire que nous avons souvent cité les remarques de MM. Meisner, Buhse et Schleiden, sur la structure des thèques, indique un seul tégument dans ces vésicules dont l'épaisseur est extrêmement forte dans leur jeune âge. M. Meisner (*Bot.*

Zeitung, 1848), constate la présence dans la thèque d'une cellule extérieure et d'un sac intérieur, semblables à ceux des paraphyses et d'un liquide mucilagineux interposé entre ces deux téguments ; quant à l'amincissement graduel du tégument qu'il appelle extérieur, à mesure que les spores grossissent , il l'attribue naturellement à la résorption successive du liquide qu'il suppose exister entre les deux sacs constitutfs de la thèque ; de sorte qu'à l'époque de la maturité des spores, ces deux sacs deviendraient contigus. M. Nylander confirme l'opinion de M. Tulasne, sur l'épaisseur considérable que la membrane externe de la thèque est susceptible d'acquérir, surtout vers son sommet, avant la naissance des spores, et il qualifie cette épaisseur de *couches d'épaississement*. La paroi des thèques offre dans son épaisseur des variations considérables, comme de 0,002 millimètres dans le genre *Phlyctis*, cxxiii f. e., à 0,012 millimètres dans le genre *Pertusaria* (Tab. cxxii f. g'), après que les spores ont atteint leur état parfait.

. Les thèques de quelques Lichens offrent à leur surface extérieure une espèce de cuticule distincte pour M. Meisner et intimement soudée et continue à la paroi pour M. Nylander, qui a constaté sa présence dans le genre *Pertusaria* par la coloration bleue qu'elle même perçoit au contact de la solution d'iode (Tab. cxxii f. e.). M. Tulasne s'est assuré du même phénomène en analysant les apothécies du *Verrucaria immersa*. Les cas de coloration en bleu, par l'iode du stratum cuticulaire de la thèque sont beaucoup plus rares que ceux de la coloration de la paroi thécale entière. Les genres *Cladonia*, *Stereocaulon*, *Peltigera*, notamment et quelques *Verrucaria* offrent des exemples de la coloration du sommet de la thèque seulement (Tab. xlviii, l, et lxxiii, clxx fig. e.).

Spores. (σπορὰ). M. Buhse a essayé d'expliquer l'origine première de la Spore, à l'aide de la théorie organogénique de la cellule végétale, professée par M. Scheleiden. Au sein du *protoplasma* (fluide organisable), contenu dans la jeune thèque, se forment, dit-il, de petits corps ou cellules arrondis ou irréguliers; puis autour de ces corps se dépose bientôt une membrane. M. Mohl, dans ses remarques sur le développement et la structure des spores des végétaux cryptogames, se borne à dire, en parlant des Lichens, que leurs spores s'engendrent dans des cellules mères de la même manière que celles des cryptogames plus élevées en organisation ; que ces cellules mères ou sporanges sont d'abord remplies d'une matière trouble et grenue qui, plus tard, se transforme en un nombre déterminé de spores. M. Schleiden dit, en termes généraux des spores des Lichens, que leur membrane se développe autour du *nucleus* qui prend naissance dans la matière plastique de la thèque, et que parfois, dans ces spores s'organisent encore deux ou plusieurs nucléoles qui engendrent autant de cellules nouvelles, ce qui donne lieu aux spores complexes. M. Tulasne, discutant ces opinions, ne peut admettre l'assimilation du nucleus des spores avec le cytoblaste des cellules ordinaires. Il semble douter qu'un *nucleus* muqueux granuleux préexiste toujours à la membrane cellulaire. Observateur attentif des spores d'un grand nombre d'espèces dont il décrit la formation et le développement, M. Tulasne propose d'admettre comme un fait généralement vrai, que les spores n'ont aucun rapport appréciable de continuité organique, soit entr'elles, soit avec l'utricule qui les engendre. Voici ce qu'il dit des spores de certaines Verrucaires : « Bien que déjà divisées par une cloison transversale, les jeunes spores sont vraiment des corps solides et sans cavité interne, ce qui montre qu'elles ne doivent point ce qu'elles sont à la génération de deux spores secondaires dans une cellule uniloculaire primitive. En second lieu, ajoute M. Tulasne, chaque moitié de ces corps solides se creuse intérieurement de deux cavités sphériques où s'engendre un *nucleus*, ou bien elle est née en même temps que lui.

Il est certain que la spore naît à l'intérieur de la thèque du *Protoplasma* que cette vésicule contient et dans lequel le microscope fait découvrir des granulations moléculaires ou des gouttelettes d'huile. Voici comment M. Nylander expose son développement : « Les spores ne commencent dit-il, à se montrer sous la forme de corpuscules isolés, qu'après que les thèques ont presque atteint le maximum de leur développement; alors le *protoplasma* se partage en autant de portions qu'il y aura de spores dans la thèque; ensuite ces portions se limitent de plus en plus nettement , et prennent enfin la forme extérieure et la grandeur qui caractérisent les spores parfaites ».

Les spores remplissent d'habitude la cavité des thèques, sans avoir une disposition déterminée: Elles sont généralement placées bout à bout dans les thèques cylindriques. La dissémination des spores a lieu à l'époque de la maturité par la rupture de la membrane externe de la thèque qui est devenue alors excessivement mince. M. Henfrey admettait (1847) que les thèques des Lichens ne mûrissaient qu'une ou deux des spores qui naissaient dans leur sein. Cette remarque est inexacte: Les spores se rencontrent toutes au même degré d'évolution dans la même thèque, mais chaque apothécie peut renfermer des thèques d'âges différents, les unes mûres et les autres n'ayant pas achevé de croître.

Sous l'influence de la lumière, dit M. Meyer, les spores des Lichens se rapprochent tantôt isolément, tantôt par petits groupes de la surface de la lame proligère. Après leur sortie des thèques, ces mêmes corps reproducteurs, devenus plus petits et opaques, se déposent comme une fine poussière sur le disque de l'apothécie. Il faut lire dans le savant mémoire de M. Tulasne, les détails qu'il donne sur ses expériences d'émission artificielle des spores d'un grand nombre de Lichens. Nous avons répété nous-même ces expériences pour quelques espèces cosmopolites , telles que les *Physcia parietina*, *pulverulenta* , *ciliaris*, *Lecanora subfusca*, etc. Elles nous ont toujours réussi. Il suffit de placer, comme dit M. Tulasne, le thalle humecté du Lichen dans un flacon de verre blanc; en ayant soin que la face supérieure ou apothécifère de la plante soit parallèle aux parois les plus voisines du vase. Les choses étant ainsi disposées, il arrive ordinairement qu'au bout de huit à dix heures chaque scutelle a projeté au devant d'elle, sur le flacon, une énorme quantité de spores qui y dessinent des taches irrégulières, blanches, brunes, fauves, roses, suivant la couleur naturelle propre à ces corps. On peut encore, dit M. Tulasne, laisser les Lichens étendus horizontalement sur un sol humide, et placer au-dessus de leurs scutelles des lames de verre sur lesquelles les spores projetées se déposeront. Ces expériences peuvent être faites en toute saison.

En général les spores sont en nombre pair dans chaque thèque. L'*Alectoria sarmentosa* contient cependant d'une manière assez constante, suivant M. Nylander, trois spores. Normalement la thèque en contient huit ; rarement six (Tab. LXXIX f. e). Les thèques des *Urceolaria scruposa*, *Verrucaria actinostoma*. *Solorina saccata* (Tab. LXXL, CXX) en contiennent quatre ; les *Pertusaria communis*, *Phyctis agelaea* (Tab. CXXI, CXXIII), assez constamment deux ou bien une seule dans l'*Umbilicaria pustulata*, *Lecidea sanguinaria* (Tab. XCV, CXXXIX). Les espèces à thèques polyspores contiennent un nombre indéterminé de ces corpuscules reproducteurs (Tab. CXVII). Le *Synalissa symphorea* (Tab. VII) en renferme trente environ. M. Nylander indique comme moyenne des thèques polyspores le chiffre de vingt à cent spores. M. Tulasne signale les thèques des *Lecidea cœrulescens* et *Lecanora cervina* dans lesquelles les spores sont en nombre si considérable qu'il serait bien difficile de recon-naître si leur nombre est ou non un multiple des chiffres normaux 4-8.

La grandeur des spores varie selon leur nombre dans chaque thèque et selon l'espèce à laquelle elles appartiennent. Les plus volumineuses sont celles des thèques dispores ou monospores. Nous citerons parmi les espèces Européennes le genre *Pertusaria* (Tab. CXXII) dont les spores n'ont pas moins de 20 à 22 p. 0/0 de millimètre de longueur sur 0^{mm} 065 de largeur. Parmi les espèces exotiques, c'est le *Varicellaria microsticta*, qui montre les spores les plus volumineuses; elles ont, selon M. Nylander, 0,3 millim. en longueur et 0,115 millim. en largeur. Les spores grêles du *Gomphillus calicioides* (Tab. XXXIX f. g.) mesurent en longueur 0,120 millim. Les spores les plus petites se rencontrent dans les thèques polyspores, leur lon-gueur ne dépasse pas quelquefois 0,001 millim. Malgré leur petitesse, ces spores se reconnaissent très nettement sous une loupe de trois lignes de foyer. On peut facilement les enlever avec la pointe d'une aiguille.

Les principales formes affectées par les spores sont dans l'ordre de leur fréquence les suivantes : Formes ellipsoïdes (Tab. I, XXVIII, XCVIII, CXVIII; CXXVIII, CLXVIII etc. etc., fig. g) ; ovoïdes (Tab. XIII, XX, CIX, CIV); linéaires oblongues, fusiformes (Tab. LXXI à CLXXXIV, LXXIX, XVI, CXXI); oblongo-cylindriques (Tab. CXV à CXLII); sphéroïdes (Tab. XLVIII, XXIII, XXVII); filiformes (Tab, XXXIX). Rarement la thèque contient des spores de formes inégales. Cependant le *Collema cheileum* en offre d'obtuses, d'aiguës, de linéaires et d'ovales, tantôt simples, tantôt cloisonnées.

Les spores sont simples ou cloisonnées, bi-quadri ou pluri-loculaires. Les cloisons transversales sont fréquentes et existent généralement dans les espèces allongées ; les cloisons longitudinales plus rares et les cloisons obliques irrégulières, plus rares encore, se remarquent plus particulièrement dans les spores élargies. Les spores murales, celles dont les granulations sont disposées comme les pierres d'un mur, *Umbilicaria pustulata* (Tab. XCV, *Verrucaria sphinctrinoïdes* (Tab CLXX.) *Phlyctis agelaea*, (Tab. CXXIII), sont d'abord simples, ensuite leur contenu (le *Plotoplasma*) se partage transversalement en deux por-tions égales, puis en quatre et successivement s'étendent les lignes transversales jusqu'à ce que le compartiment destiné à chaque granulation du plotoplasma soit formé (Tab. CLIX, fig. g). Eschweiler pensait que les spores pluriloculaires renfermaient autant de spores proprement dites qu'elles avaient de loges. Cette opinion combattue par Meisner a eu aussi un contradicteur en M. Tulasne; ce dernier n'a jamais vu de spores complexes dont les parties constituantes se désagrègent au moment de la germination pour jouir de l'indépendance des spores simples.

La paroi des spores comprend deux couches, une externe et assez distincte, l'*Epispore* (Tab. CLXXXIII fig. g 1), l'autre intérieure, incolore et gélatineuse, l'*Endospore* (Tab. CLXXXIII fig. g 2). M. Tulasne a signalé dans le *Verrucaria epidermidis* une espèce de couche gélatineuse transparente, très avide d'eau. Cette enveloppe particulière des spores se fait remarquer dans quelques lichens, notamment dans les *Graphis*. Elle n'est pas colorée par l'iode.

Dans les analyses mycroscopiques où l'on fait emploi de l'iode, on remarque que l'*Epispore* seule est sensible au réac-tif. La plupart des graphidées sont colorées en bleu; le *Lecanactis montagnei*, en violet et le *Tripethelium uberinum* en rose.

Quant aux couleurs qui sont propres aux spores lorsqu'elles sont extraites des thèques, voici celles que l'on distingue : *Spores blanches* ou incolores, ce sont les plus communes. (Les *Collema*, les Pertusaires, quelques Lecanores, beaucoup de Lecidées). *Spores brunes ou jaunâtres* (quelques espèces des genres Urcéolaire et Peltigère) ; spores *noires*, *bleuâtres* ou *verdâtres* (plusieurs *Culicium*, *Urceolaria scruposa*, *Physcia stellaris*, *Solorina saccata*, *Verrucaria nitida*, *Lecidea geographica*, etc. etc.)

Meyer a le mérite d'avoir fait connaître le premier le mode de multiplication des Lichens par leurs spores. Il a con-signé ses essais dans l'important mémoire que nous avons cité plus haut. « La spore s'allonge, dit-il, sans se briser, tantôt dans un sens seulement, tantôt dans deux sens opposés ; si plusieurs spores sont réunies et pressées par grou-pes, les processus qu'elles émettent rayonnent autour du groupe, et ceux qui, par suite de la direction de quelques spo-res, devraient s'allonger vers le centre de l'agglomération, ne prennent qu'un très-faible accroissement. Là où ces élonga-tions de plusieurs spores se rencontrent, elles s'unissent et se confondent; en ces points d'union naissent des nodosités qui se gonflent peu à peu, se colorent et deviennent insensiblement de petites apothécies. Les processus germes qui n'ont point eu part à la formation de ces nodosités, ceux-là spécialement qui s'étendent vers le centre des groupes de spores, prennent l'aspect de filaments, surtout près des jeunes conceptacles, à la production desquels la force génératrice semble s'être épuisée, et, changeant en même temps de couleur, ils constituent ensemble le thalle du Lichen.»

Fries était pleinement d'accord avec la doctrine de Meyer. Il fit macérer l'apothécie du Lichen dans l'eau pure et il répandit ensuite ce liquide en un lieu approprié. C'est ce procédé qui lui aurait appris, comme il l'assure (*Lichenog. Europ. ref.* p. LV), que les spores des Lichens s'allongent en filaments de la même manière que celles des autres plantes nématoïdes.

M. Tulasne se range complétement à l'opinion de Meyer, et les détails intéressants dans lesquels il entre, font comprendre qu'il a pu suffisamment étudier le phénomène de la reproduction des Lichens par leurs spores. « J'ai tenu plusieurs fois ces spores dans l'eau, entre deux lames de verre, dit M. Tulasne, sans obtenir de la sorte, sinon très-rarement, leur germination ; mais il m'a réussi davantage de les répandre sur du sable fin et humide, ou sur des fragments de pierres calcaires ou schisteuses. A cette fin, je les recueillais ordinairement sur le verre-écran, où elles s'étaient déposées, au moyen d'une petite estompe de liége, de laquelle je les détachais ensuite avec une goutte d'eau pour les faire tomber sur le sol où elles devaient croître. » C'est de cette manière que M. Tulasne a semé entr'autres espèces les *Peltigera canina et horizontalis*, les *Physcia parietina* et *stellaris*, l'*Endocarpon hepaticum*, le *Lecanora parella*, le *Verrucaria muralis*, etc., etc., et qu'il a pu suivre la végétation première de ces plantes (Voir Tab. CLXVIII, fig. g).

Fries (*Lich. Eur. ref.*), et après lui C. Montagne (*Dict. hist. nat.* d'Orbigny) divisaient le mode de germination des corps reproducteurs des lichens en *sporæ mononemeæ*, suivant que les filaments partaient d'une seule extrémité de la spore simple (Tab. LXXIII, LXXIV, LXXV fig. g), ce qui survenait lorsque la granulation du *plotoplasma* était centrale, ou des deux à la fois lorsque dans le spore les matières du nucleus étaient divisées en deux glomérules terminaux (Tab. XCI, CXII): M. Tulasne a indiqué avec raison un troisième mode de germination plus particulier aux spores pluriloculaires et qui consiste dans le rayonnement des filaments germes, comme les spores du *Lecanora parella* en montrent un exemple (Tab. CXI fig. g). C'est la division des *Sporæ Polynemeæ*.

C'est avec raison que M. Tulasne a manifesté l'espoir, mais trop modestement nous le croyons, que ses observations relativement à la germination des spores des Lichens et à la reproduction de ces végétaux ne laisseraient peut-être pas que d'amoindrir le crédit des certaines idées qui ont été en divers temps émises sur ce sujet. La génération des Lichens avait lieu, pensait M. Hornschuch (1821), de la même manière que celle des algues, par l'effet de la décomposition de l'eau et de l'organisation de la matière végétale dissoute en ce menstrue. Pour ce partisan de la génération spontanée la forme primitive du Lichen était celle d'un globule muqueux (*Schleinkugel*) qui, sous l'influence combinée du sol, de l'air, de la lumière et de la chaleur, se revêtait d'une enveloppe, se dilatait peu à peu et gagnait en épaisseur et en solidité de façon à devenir un *Lecidea*, un *Verrucaria*, ou si l'humidité ne lui faisait point défaut, un *Collema*, etc.

M. Kutzing, l'auteur du *Traité de Phycologie générale*, partagea, nous regrettons de le dire, la doctrine d'Hornschuch. Il estimait, en 1833, que le *Linkia* dont Hornschuch prétendait avoir vu la transformation en Lichen, devait être le *Palmella botryoides*, et en 1843 il maintenait encore ses idées sur l'origine du *Physcia parietina*. Il fait procéder ce Lichen du *Protococcus viridis* qu'il considère comme identique avec les cellules vertes ou gonidies qui constituent son thalle; et quand au *Protococcus viridis* qu'il conserve parmi les algues, il estime qu'il peut se transformer suivant les circonstances dans lesquelles il se trouve placé, en diverses sortes d'algues ou de Lichens. Fries n'admit pas la génération par hypermorphose ; il croyait que le *Protococcus viridis* était une gonidie de Lichen devenue libre et végétant d'une vie propre après la destruction d'un thalle quelconque, sans qu'elle pût néanmoins reproduire un Lichen normal.

Pour les cryptogamistes de ce temps et pour M. Tulasne, le *Protococcus* et le *Palmella* demeurent des algues inférieures bien caractérisées et le *Physcia parietina* ne tire pas plus son origine du *Protococcus viridis* que le *Barbula muralis* n'en procède, comme le voulait encore M. Kutzing. Nous dirons avec M. Tulasne, qu'une observation plus attentive des faits démontre l'inexactitude des assertions que nous venons d'indiquer, et que si l'emploi du microscope en enlevant ses arguments à la théorie de la métamorphose des êtres les uns dans les autres, lui en a fourni de nouveaux plus spécieux, ceux par exemple qu'elle peut aujourd'hui tirer de la ressemblance singulière qui existe entre les spores de certaines algues et plusieurs infusoires, c'est aussi pour en faire justice presque en même temps !

Spermogonies. (*Spermogonia*, σπερμα, γουη.) Selon l'exacte définition de M. Tulasne, ce sont des organes punctiformes qu'on remarque épars ou groupés, souvent colorés en noir à la surface supérieure d'une multitude de lichens sinon de tous (1). Le plus souvent ces organes sont plongés dans l'épaisseur du thalle et font en dehors très peu de saillie, ils sont rarement libres, c'est-à-dire portés au dessus du thalle; les jeunes *Cladonia* et *Cetraria* montrent un exemple de ce dernier état. La forme des spermogonies est habituellement globuleuse, ellipsoïde ou oblongue. L'enveloppe externe, fréquemment dure, varie dans sa consistance et dans sa couleur, souvent noire ou carbonacée quelquefois pâle, elle emprunte aussi dans certaines espèces la couleur des tissus qui l'entourent. Les spermogonies se montrent toujours parallèlement avec

---

(1) M. Tulasne a indiqué des *Spermogonies* sur le bord des frondes des *Peltigera canina* et *polydactyla* (Voir nos Tab. LXXIII et LXXIV,) en même temps que des *Pycnides* sur le thalle du *P. canina* (*Celidium fusco-purpureum*, Tul.). M. Nylander croit voir uniquement des *Pycnides* dans l'un et dans l'autre de ces organes des *Peltigera* (*Synops. Lich.* p. 43).

les apothécies ou simultanément sur le même individu, et d'autrefois seulement sur des individus stériles. Il arrive le plus souvent, c'est la remarque de M. Nylander, que les thalles dépourvus d'apothécies sont les plus fertiles en spermogonies et *vice-versâ*. Les lichens qui ne fructifient pas en Europe ne présentent point de spermogonies, ceux dont la fructification est rare ou inconnue, n'en possèdent pas non plus (1).

Les spermogonies, qu'il ne faut pas confondre avec les champignons qui vivent sur les lichens, avaient été soupçonnées par plusieurs lichénologues. Hedwig (*Historia muscorum* 1741), les avait remarquées dans le *Physcia ciliaris* ; mais il les confondait avec les sorédies des autres lichens. L'analyse de ces ponctuations crut faire reconnaître à M. Stzigsohn (*Bot. zeitung.* 1850), qu'elles renfermaient des anthéridies différentes de celles des Mousses et des *Chara* et particulières aux lichens. Ce sont, disait le botaniste allemand, des protubérances de la couche corticale du lichen dans lesquelles se sont rassemblées d'innombrables spermatozoïdes qui s'engendrent très probablement dans des cellules lenticulaires placées au dessous des couches superficielles. Ces spermatozoïdes ne manifestent, ajoute M. Stzigsohn, toute leur vitalité qu'après plusieurs jours de macération du lichen dans l'eau ; pendant cette immersion prolongée, ils grandissent, et viennent former une couche brillante à la surface du liquide, les rayons du soleil dirigés sur eux aussi bien que l'action d'une chaleur artificielle, activent leur mouvement. Voilà comment M. Stzigsohn caractérisait sa découverte ; mais M. Tulasne devait seul dévoiler l'organisation des spermogonies. Les belles observations entreprises par ce dernier et depuis confirmées par tous les lichénologues lui firent reconnaître tout d'abord que l'organe qui renfermait les prétendues spermatozoïdes n'avait pas de structure comparable à ces corpuscules signalés dans les cryptogames supérieurs, et il appela *spermogonie* l'organe punctiforme, et *spermaties* les corpuscules qu'il dissémine. M. Baryrhoffer, l'inventeur de la curieuse division des lichens en hermaphrodites, dioïques, et monoïques, voulait que la spermogonie fût l'origine de l'apothécie et il fondait son opinion sur la présence dans le même conceptacle (celui du *Verrucaria atomaria*) de spermaties et de thèques. M. Hepp a été plus loin, il avança que ces organes n'étaient pas autre chose que des champignons (2). Cette dernière déclaration que les arguments physiologiques de M. Tulasne repoussent victorieusement, ne peut d'ailleurs être admise, car il est bien démontré aujourd'hui que la spermogonie n'est point un parasite accidentel, mais bien un appareil reproducteur propre à la plupart des lichens dont il complète le rôle prévu des apothécies.

La spermogonie se compose d'un conceptacle analogue à celui de l'apothécie (Tab. LXIII, LXIV, LXX, fig. h; CLVII, fig. i j; CLXI, fig. h; CLXXXVII, fig. b.) Ce conceptacle est simple en sa cavité; indivis (Tab. VI, XLVIII, LII, CXLIII fig. h.), ou multiple (Tab. IV , CXIX , fig. g). Sa face interne donne-naissance à des cellules particulières appelées *stérigmates* , qui sont les supports des *spermaties*. La cavité de là spermogonie communique à un ostiole placé au sommet et qui s'ouvre pour laisser échapper les spermaties, qui sont considérées comme des organes fécondateurs.

Les Stérigmates (*Sterigmata*, στεριγμα , support, soutien), sont des cellules allongées, à parois minces et contenant un liquide incolore. Généralement ils sont dressés, simples, ex.: genres *Gonionema*, *Ephebe*, *Urecolaria* (Tab. I, III, CXVIII , CLXX, fig. i), un peu rameux dans le genre *Cladonia* (Tab. XLVIII fig. i). Parfois, ces éléments spermatofores sont réduits à deux ou trois articulations allongées dans quelques *Lecidea* (Tab. CXXXI fig. i). La modification de forme la plus complexe que l'on remarque dans les stérigmates consiste en articulations nombreuses, presque aussi épaisses que larges du thalle des *Parmelia*, *Sticta*, *Endocarpon* (Tab. LXIV, LXIX, LXX, LXXX, LXXXII fig. i). M. Nylander désigne cette dernière forme sous le nom d'*arthostérigmates* (3).

Les stérigmates varient d'épaisseur de 0,001 à 0,005 millim. Rarement ils sont associés à des filaments longs, articulés, sessiles, remplissant la cavité de la spermogonie et qu'on a comparés aux paraphyses des apothécies et tels qu'en présente le *Ramalina fraxinea*, selon l'observation de M. Tulasne. C'est là un fait anormal et qui est loin d'être permanent. « Les cellules des stérigmates, dit M. Nylander, s'atténuent à leur sommet, et il s'y produit une protubérance saillante, oblongue ou, dans la plupart des lichens, aciculaire, qui se détache du stérigmate qui la porte et devient ainsi un corpuscule libre, une spermatie, destinée ensuite à être expulsée en dehors par l'orifice de la spermogonie. » Chaque cellule du stérigmate produit successivement, à ce qu'il paraît, plusieurs spermaties qui procèdent non du contenu de cette cellule, mais seulement de la paroi du stérigmate.

Les Spermaties sont : 1° de forme *cylindrique et fusoïde à une de leurs extrémités* dans les *Usnea* et les *Platysma glaucum* et *P. Juniperinum* (Tab. LXVI et LXVIII fig. i.). 2° *Aciculaires*, arrondies à leurs extrémités et légèrement amincies au milieu dans quelques *Platysma* et dans les genres *Chlorea*, *Alectoria*, *Evernia*, *Parmelia* (Tab. LVIII, LXIV, LXXX , LXXXII, XCI fig. i). 3° *cylindriques, droites* ; c'est la forme la plus ordinaire et que l'on rencontre dans les *Cladonia*, *Lecanora*, *Graphis*, *Verrucaria*, *Stereocaulon*, etc., etc, elles sont plus ou moins longues, quelquefois courtes (Tab. CX, CXX fig i), 4° *cylindriqucs courbes*, ce sont celles qui atteignent la longueur la plus considérable (0,040 millim). On les rencontre dans

(1) Une seule exception à cette règle est offerte par le *Dufourea madreporiformis*, qui est spermogonifère (Tab. LXII).

(2) M. Nylander (*Prodr. Lich. Galliæ*, p. 87,) a corroboré l'opinion de M. Tulasne sur le rapport intime qui existe entre les spermogonies et les fruits d'un grand nombre de champignons thécaspores, en signalant la présence simultanée d'apothécies, de pycnides et de spermogonies dans le *Sphœria Epicymatia*, Wallr., petit parasite des apothécies du *Lecanora subfusca*.

(3) Les *Arthosterigmates* manquent dans les Lécidéiués, Graphidées et dans la plupart des Pyrénocarpés.

divers Lécanorinés, Lécideinés, Graphidés, Pyrénocarpés et dans les *Roccella* et *Dufourea* (Tab. LII, XLVIII, LXII, CXII, CXIII, CXXXI, CXLIII, CLV, CLXXIV, fig. i). 5° *ellipsoïdes* ou *oblongues*, ex. : *Calicium, Trachylia, Lichina, Ephebe,* quelques *Lecidea* (Tab. I, II, III, IV, VI, XXXII, fig. i). On ne connaît pas de spermaties sphériques dans les lichens ; cependant les spermaties des *Peltigera* se rapprochent de cette forme (Tab. LXXII, fig i). Doit-on refuser le titre de spermogonie, comme le veut M. Nylander à cet organe des *Peltigera*, décrit cependant comme tel avec beaucoup de soin par M. Tulasne ?

Les spermaties sont incolores, mais sous les verres grossissants elles paraissent être de couleur jaunâtre. Elles sont continues et homogènes, c'est-a-dire privées des cloisons qu'on rencontre dans diverses spores. Elles ne possèdent aucune faculté germinative et ne montrent aucune animation, si ce n'est dans les plus tenues, comme l'a constaté M. Tulasne, qui laissent apercevoir un certain mouvement de trépidation brownien. Ces corpuscules varient plus dans la mesure de leur longueur que de leur largeur. Les plus longs atteignent 0,040 millim. L'épaisseur ordinaire de leur diamètre transversal est de 0,0005 — 0,001 millim.

Pycnides (*Pycnitis*, πυχνοτῆς, multitude de choses pressées les unes contre les autres). Les Pycnides ressemblent par leur forme extérieure aux spermogonies. Elles s'en rapprochent encore par leur conceptacle et par le mode d'insertion des *stylospores* qui sont leurs produits, mais elles en diffèrent par ces mêmes produits qui sont plus volumineux, moins nombreux que ceux des spermogonies et susceptibles de germination.

La découverte des *Stylospores* (1) dans les Lichens est due à M. Tulasne (1850), qui a consacré quatre genres particuliers pour les Céphalodes que présentent habituellement quelques Lichens savoir : les *Abrothallus inquinans* (Lecidea) sur le *Lecidea decolorans* (Tab. CLXXXV, fig. a) ; *A Oxysporus* (*Lecidea*) sur le *Cetraria glauca* (Tab. CXXXVIII, fig. a. ; *A. Microspermus* sur le *Parmelia caperata* (Tab. LXXXIV fig. i.) ; *A. Welwitzschii* sur le *Sticta sylvatica*; *A. Simitthii* sur divers *Parmelia* ; le *Scutula Walrothii* sur le *Peltigera canina* (Tab. CLXXXIV, fig. a, e) ; le *Celidium fusco-purpureum* sur ce dernier Lichen (Tab. CLXXXVII, fig. a) ; le *Celidium stictarum* sur le *Strita pulmonacea* (Tab. LXXX, fig. a, et Tab. CLXXXVI, fig. d), et *Phacopsis varia* sur le *Parmelia parietina* (Tab. CLXXXV, fig. d).

C. Montagne contesta aux *Abrothallus* la qualité de Lichens ; il émit l'opinion (Ann. sc. nat. 1851) que ce genre devait rentrer dans la classe des champignons, s'associant ainsi au sentiment absolu de Fries (Lich. Eur. ref. 1830), d'après lequel, les Lichens qui vivent en parasites sur d'autres Lichens ne constitueraient point des espèces *sui generis*. Fries lui-même, en se prononçant sur les céphalodes, avait combattu la manière de voir d'Acharius, de Smith et de Sowerby, qui considéraient ces corps comme appartenant radicalement au thalle qui les portait. M. Tulasne a justifié sa manière de voir en exposant que si ses contradicteurs, au point de vue de la classification, reconnnaissent dans le genre *abrothallus* les stylospores qui caractérisent les champignons ascophores (2), ils doivent admettre que la structure, la consistance et la durée des Abrothalles sont tout à fait celles des Lichens ; que l'iode teint habituellement en bleu leurs tissus de nature amyloïde, ce qui n'a jamais lieu pour le parenchyme des champignons. Quelques lichénologues classent aujourd'hui le genre Abrothallus parmi les champignons. Néanmoins, M. Nylander reconnaît dans deux des cinq espèces décrites par M. Tulasne les caractères propres aux Lichens et il les comprend parmi les *Lecidea* dans sa division des espèces parasites, développant leurs apothécies sur un thalle étranger. Il faut néanmoins reconnaître que les parasites des Lichens sont souvent de nature tellement ambiguë, qu'il est difficile de décider s'il faut les rapporter à la famille des Lichens ou à celle des champignons.

Morphologie.

La végétation des lichens étant permanente pendant toutes les saisons de l'année, il en résulte un développement continu, accéléré, modifié ou retardé, selon qu'agissent les influences de la lumière, de l'obscurité, de l'humidité ou des rayons solaires. Ces premières causes de dégénérescence ne sont pas les seules; on doit tenir compte des variations qu'amènent l'âge des thalles et principalement la nature du sol ou du corps sur lequel ils ont pris naissance. Pour comprendre combien est ardue la distribution convenable des états atypiques d'un même lichen, il faut avoir observé pratiquement, *in loco natali*, ses diverses phases végétatives. Il faut, observateur attentif, avoir groupé toutes les formes insidieuses de ses organes pour remonter des variations frappantes de structure et de couleur, au type primitif, et avoir contrôlé même les caractères intérieurs spécifiques au moyen de l'analyse microscopique, dernier élément qui doit fixer l'opinion du naturaliste. Meyer et Walroth ont jeté un grand jour sur ces transformations; mais il serait bien téméraire d'adopter aujourd'hui leurs systèmes dans toute leur étendue, quant à la distinction des genres, sur le simple aperçu des formes extérieures.

On a pendant longtemps distingué les variétés et même les espèces des lichens selon les différences d'*habitat* qu'ils

---

(1) M. Tulasne avait déjà donné ce nom aux propagules sporoïdes des champignons.

(2) Dans ses *Eléments de Botanique*, page 870, M. Duchartre reconnaît, à propos des stylospores des lichens signalés par M. Tulasne, que « l'analogie qui existe entre ces appareils de reproduction dans les deux familles des lichens et des champignons, appuie fortement l'opinion des botanistes qui regardent la classe des lichens comme devant être réunie à celle des champignons ».

présentaient ; c'est ainsi que les diverses écorces d'arbres qui servent de *substratum* à beaucoup de thalles, la terre, les rochers, etc., etc., ont pu faire admettre des différences spécifiques ; mais ces différences, pour être légitimes, auraient dû être appuyées d'un *substratum* spécial, et rien n'est plus rare dans la famille des lichens qu'une espèce restreinte à une écorce particulière. Quoique l'on doive admettre que les lichens sont de préférence corticoles ou saxicoles, on trouve assez fréquemment dans nos contrées les espèces réputées corticoles empruntant aussi les pierres pour leur végétation (les *Lecanora ferruginea, Subfusca,* et *Pertusaria communis,* sont les trois espèces qui montrent en France le plus communément cette alternance d'*habitat*). M. Nylander a trouvé le *Calycium trachelinum,* espèce éminemment corticole, sur les grès de la forêt de Fontainebleau. C'est plus rarement que l'on rencontre sur les écorces les lichens saxicoles. Nous citerons cependant pour notre pays le *Lecanora cinerea* et le *Placodium murorum,* qu'on recueille parfois sur les écorces et les bois morts.

La multiplication spécifique des noms tirés de la coloration du thalle ou de celle de l'apothécie manque complètement d'opportunité pour un très grand nombre d'espèces. En ce qui concerne la couleur de l'apothécie, il est peu d'espèces de lichens dans lesquelles elle soit constante. Il suffit d'examiner attentivement, quelquefois un seul échantillon, pour remarquer les passages d'une nuance à une autre. Le *Lecanora subfusca* (Tab. cxii), par exemple, réunit, sur les écorces, des apothécies noires, brunes, jaunes et pâles ; sur les rochers, les apothécies du même *Lecanora* sont habituellement noires. Les *Lecanora cerina* et *varia* présentent des apothécies jaunes, rouges, blanchâtres et même noires.

La couleur du thalle des espèces crustacées subit l'influence de la nature des corps sur lesquels il se développe. Ainsi, les thalles vert-glauque, gris, jaunes ou bruns de divers *Lecanora, Urceolaria, Placodium* et *Squamaria,* sont pénétrés, pendant la saison des pluies, de la chaux que renferment les sels calcaires, et se montrent alors de couleur blanchâtre lorsqu'ils sont desséchés. A Toulouse, on rencontre fréquemment sur la crête des coteaux qui bordent le cours de la Garonne, le *Cladonia furcata,* dont la chaux en se fixant dans les tissus du thalle, les a solidifiés et a changé la couleur verte du cortex en couleur blanche. Le *Squamaria crassa* subit, dans la même station et par les mêmes causes, une variation de couleur semblable ; en passant de la couleur verdâtre à la teinte blanc de lait, son thalle cartilagineux représente assez bien à l'œil peu exercé le *Squamaria lentigera* (Tab. ciii). La coloration rouge, rose, jaune ou orangée des thalles de quelques *Lecidea* et *Verrucaria* et d'autres lichens crustacés, si fréquente dans les Pyrénées et dans les Alpes de la Suisse, sur les roches ferrugineuses, n'a pas d'autre origine que le mode d'assimilation dont nous venons de parler (Tab. clxvi). Le *Parmelia tiliacea,* plante cosmopolite, abondante sur les arbres fruitiers, notamment sur le cerisier, est saxicole dans les Pyrénées. Dans ce dernier habitat, le thalle enveloppe les pierres calcaires de moyenne grandeur sur lesquelles il a pris naissance, et sa superficie montre une coloration blanchâtre et un aspect farineux qui sont dus à l'action de la chaux. La même influence se montre dans le thalle du *Parmelia caperata,* qui est généralement corticole, et qui se développe parfois sur les roches calcaires avec un thalle et des apothécies saupoudrés de blanc (Tab. lxxxiv).

La forme du *substratum* règle d'habitude la forme des thalles crustacés. Ils s'étalent sur une surface unie, tandis qu'ils se divisent sur un corps accidenté. Dans le premier cas, les apothécies s'écartent les unes des autres ; dans le second, elles sont groupées et confusément associées dans les fentes de l'écorce ou dans les cavités de la roche. Sur les surfaces trop inégales, le thalle disparaît plus ou moins complétement ; le plus souvent il offre la forme indéterminée (Tab. clxix). Le thalle s'oblitère quelquefois entièrement, et laisse l'apothécie isolée sur le corps où elle est adhérente, paraissant constituer elle seule tout le lichen. Nous citerons comme un exemple fréquent de cet état purement accidentel l'apothécie du *Lecanora subfusca.* Il ne faut pas confondre néanmoins ce dernier état avec l'apothécie privée d'un thalle propre et vivant en parasite sur un autre lichen. Ce parasitisme normal est bien connu ; le *Lecidea oxispora* (Tab. cxxxviii) nous en montre un exemple. Nous mentionnerons dans le chapitre qui va suivre, les espèces parasites sur les thalles ou sur les apothécies des lichens qui peuvent offrir un sujet d'embarras à l'observateur.

Il est des *Parmelia* dans lesquels la croissance des apothécies ayant été arrêtée, on est porté à se méprendre en les considérant, par ce fait, comme pourvus d'un nucleus propre aux Verrucaires, aux Pertusaires ou aux Endocarpon, passage bizarre qui vient ajouter aux raisons qui ont fait abandonner l'ancienne division carpologique. Toutes les apothécies d'ailleurs, dans le premier degré de leur développement, présentent, plus ou moins, le caractère de fruits angiocarpes ; plusieurs espèces du genre *Lecanora* ont aussi leurs apothécies renfermées dans le thalle ; nous avons déjà dit que les Collémés offrent des espèces dont les apothécies sont à la fois endocarpes et angiocarpes.

Le thalle offre divers états anormaux qu'il importe de connaître quand on se livre à l'étude des lichens. Ces états anormaux ou de dégénérescence tiennent généralement à la privation de lumière et à l'excès d'humidité qui, suivant les cas, empêchent ou retardent la végétation, et en d'autres circonstances précipitent et accélèrent l'évolution de ces plantes.

L'altération des formes a lieu quelquefois dans la même plante sur les organes de reproduction et de végétation à la fois. Très souvent cette altération se rapporte au thalle, quelquefois à l'apothécie seulement. ÉTAT LÉPREUX. Le genre *Lepraria* d'Acharius est un exemple de la dégénérescence pulvérulente où sont confondus tous les éléments organiques du lichen. Le thalle lépreux est toujours stérile ; il se présente en couches serrées de fines granulations éphémères de couleur brune (*Lepra virescens* Eb.), blanche (*L. alba* Sm. *L. incana* Hoff. *L. farinosa* Ach.), verte (*L. chlorina* Ach ; *L. latebrarum* Ach.), citrine (*L. sulfurea* Ehr. *L. flava* Ach.), ou rouge (*L. cinnabarina* Hall. et *L. odorata* Wig.) et recouvre de grandes surfaces soit dans les parties obscures des rochers ou des vieux murs, soit sur les écorces des essences forestières dans les lieux ombragés et à l'exposition du nord. Fries a indiqué dans la *Lichenographie Européenne*, les lichens normaux auxquels plusieurs de ces anciennes espèces devaient être rapportées ; mais il y en a plusieurs dont on ignore encore la fructification et la place qu'ils doivent tenir dans la classification. Fries rattache au *Lecanora vitellina* l'espèce de *Lepraria* la plus répandue en France, sur les vieux troncs d'arbre, le *L flava*, Ach ; M. Nylander estime au contraire (*Lettre à M. Le Jolis*) que cette production appartient à un lichen de la tribu des *Caliciés*.

Lorsque l'excroissance lépreuse se montre en amas partiels de poussière blanche, jaune ou verdâtre, au centre ou à la marge des thalles foliacés stériles, elle constitue ce qu'on nomme des sorédies (*Soredia* Ach.). L'ÉTAT SORÉDIFÈRE paraît être le résultat d'un développement monstrueux ou d'une désagrégation accidentelle des couches épidermique et gonidique. Les pulvinules sorédiques consistent, suivant le docteur Nylander, en gonidies et en granulations moléculaires auxquelles se mêlent souvent des éléments filamenteux. M. Tulasne a été plus restrictif, il a déclaré en 1852 que quoi qu'on en ait dit, les gonidies ne prenaient point part à la génération des sorédies, qui selon cet observateur procéderaient de la médule et se composeraient de glomérules formées en très grande partie par de petits utricules intimement joints. Montagne avait dit en 1840, Dict. d'Orbigny, que cette dégénérescence du thalle découlait de l'hypertrophie des cellules incolores placées au dessous des gonidies. M. le professeur Korber, dans sa dissertation sur les gonidies des lichens, attribue aux glomérules sorédiques le rôle d'agent de multiplication par analogie avec les bulbilles des végétaux cotylédonés ; mais il n'a pas cité un seul exemple de reproduction d'un lichen par ses sorédies. Déjà Acharius avait considéré les sorédies *comme des sortes d'apothécies subsidiaires*. Cette particularité du thalle doit être considérée comme un *état* du lichen, mais ne saurait, ainsi que l'a voulu Schœrer, servir à l'établissement de variétés constantes. On appelle les thalles qui portent des sorédies *Sorédiés* ou *sorédifères*.

Si les mêmes pulvinules existent sur un thalle crustacé, elles constituent L'ÉTAT VARIOLOÏDE, nom tiré de l'ancien genre *Variolaria* qu'on ne tient plus aujourd'hui pour légitime et qu'on rapporte au genre *Pertusaria*. C'est surtout dans ce dernier genre qu'on rencontre communément des thalles dont les apothécies seules sont avortées et tranformées en sorédies.

L'ancien genre *Spiloma* d'Acharius constitue la FORME SPILOMOÏDE. Ce sont des taches pulvérulentes, souvent noires, de divers thalles de lichens. On attribue ces taches à la présence de petits champignons parasites.

Certains lichens crustacés et même foliacés peuvent présenter à la superficie du thalle l'aggrégation accidentelle d'excroissances dressées, stipitées, coralloïdes, quelquefois rameuses et pressées les unes contre les autres à la manière des fils d'un tissu et toujours de la même couleur et de la texture de leur support : c'est L'ÉTAT ISIDIOÏDE dont Acharius avait formé le genre *Isidium* qui a existé jusqu'à ce que l'analyse ait démontré qu'il était privé d'apothécies. Le célèbre lichénologue suédois avait restreint ce genre aux seules espèces crustacées.

Une autre espèce d'anamorphose, les CÉPHALODES ou CÉPHALODIES (*Cephalodia, Cephalodium*), consiste dans ces renflements globuleux, tuberculeux ou difformes du thalle que présentent plus particulièrement les *Usnea*, les *Stereocaulon* et les *Ramalina*. Montagne attribuait les Céphalodes au développement seul outre mesure du thalamium des Parmeliacées, dégagé de l'*excipulum thallodique* et arrivant ainsi à former une forte protubérance hémisphérique. Ces excroissances présentent, dit M. Nylander, une structure celluleuse confuse plus pâle que celle du reste de la surface du thalle qui les fait ressembler à des apothécies *biatorines*. Dans les premières idées qu'il a émises sur les Céphalodes, M. Nylander ne paraît voir dans ces corps particuliers qu'une simple monstruosité du thalle ; cependant il hésite dans son jugement, puisque dans une note du *Synopsis lichenum*, page 15, il dit que « dans les *Stereocaulon* les céphalodies sont assez fréquentes et d'une forme assez constante pour qu'on soit facilement tenté de leur attribuer le rôle d'organe particulier. » (Nous avons mentionné plus haut les intéressantes études de M. Tulasne sur le genre *Abrothallus* qu'il a fondé sur certaines cephalodies de plusieurs lichens foliacés).

Comme complément des particularités qu'offre le thalle, viennent enfin les CYPHELLES (*Cyphella* Ach.) Ce sont de petites excavations arrondies, de couleur jaune ou blanche, qu'on remarque à la face inférieure du thalle de la plupart des *Sticta* et dont le rôle physiologique est encore inconnu. Dans les Cyphelles du *Sticta sylvatica* (Tab. LXXVIII), M. Tulasne n'a pu découvrir « que de petites cellules blanches et transparentes, se multipliant par divisions successives. » Touchant l'usage de cet organe accessoire, Acharius écrivait en 1810 (Lich. univ. p. 12) : *Nil certi novimus*. Nous répéterons ici ce que M. Tulasne écrivait, à son tour, en 1852, après avoir cité l'opinion de l'auteur de la Lichénographie universelle : « Je ne sache pas que l'on soit aujourd'hui plus instruit à cet égard ; M. Nylander dans son *Synopsis Lichenum* 1858, p. 14, pense que les Cyphelles servent aux fonctions nutritives qui, dans les *Sticta*, semblent atteindre un plus haut degré de développement que dans les autres Lichens.

Principes immédiats et usages des Lichens dans l'économie domestique, la médecine et les arts industriels.

La substance qui abonde principalement dans les Lichens foliacés et fruticuleux est la *Lichénine*, sorte de gélatine particulière ressemblant par ses propriétés à l'amidon. Cette dernière substance, l'amidon, se rencontre aussi dans les Lichens, notamment dans les espèces crustacées où elle apparaît sous forme de lentilles dans les tissus du thalle.

D'après Westring, le *Ramalina calicaris* contient 25 p. 0/0 de *Lichénine*. Berzélius indique dans le *Cetraria islandica* 36 p. 0/0 de substance féculacée et une plus grande quantité de fécule vraie. Herberger signale 46 p. 0/0 de *squelette féculacé* dans le *Physcia parietina*. Cette dernière substance est, pour M. Nylander, la *cellulose* proprement dite.

Les substances précitées sont plus rares dans les Lichens crustacés où *l'oxalate de chaux* prédomine presque toujours.

Gæbel a évalué ce dernier principe à 65 p. 0/0 dans le *Lecanora esculenta*. Dans ce Lichen, comme dans la plupart des espèces crustacées, *l'oxalate de chaux* forme la plus grande partie du thalle. On distingue aisément sous les verres grossissants, la forme octaédrique que présentent les cristaux formés par ce sel.

La chlorophylle ne se trouve dans les Lichens qu'en quantités relativement petites ; il en est de même des autres principes admis par les chimistes, tels que le Phosphate de chaux, le Sel marin, la Variolarine, l'Orcéine, l'Acide gyrophorique, l'Acide erythrinique, la graisse (dans les thèques et le thalamium), etc., etc.

Dans les régions boréales, privées de toute autre végétation pendant les trois quarts de l'année, les lichens, notamment la Cladonie des rennes (*Cladonia rangiferina.* Hoffm.) et la Cladonie unciale (*Cladonia uncialis.* Hoffm.) font la nourriture des animaux de travail et servent même d'aliments à l'homme. Pendant les longs hivers de la Laponie, les rennes vont chercher les touffes de Cladonie sous une épaisse couche de neige, et on peut lire dans Linné (*Flora Lapponica*, pag. 332 et seq.) les pages curieuses où il prouve que sans ce précieux Lichen les contrées du nord de l'Europe deviendraient inhabitables. M. Nylander nous a récemment appris que dans les régions septentrionales de la Norwège, on regarde les *Cladonia* comme la meilleure nourriture des vaches, et que les habitants de ces côtes leur donnent même la préférence sur le foin, puisqu'ils font venir le Lichen, en quantités considérables de l'intérieur des provinces.

La Cladonie des rennes est le Lichen vulgaire par excellence dans toutes les stations forestières, les friches pierreuses, les tertres élevés du sud-ouest de la France ; nous le retrouvons dans tous les bois de notre continent où il forme des plaques mesurant plusieurs mètres carrés de surface.

Dégagé, par la macération dans l'eau, de son principe amer, on peut faire avec la Cladonie et du lait une bouillie et une sorte de gelée nourrissante et d'un goût agréable. Bosc en a fait plusieurs fois l'expérience. (Dictionnaire d'Agriculture, mot Lichen. Enc. méth.). Nous l'avons renouvelée après lui, et nous pouvons déclarer que ce Lichen bien lavé constitue un bon aliment qui doit être recherché par les amateurs de l'arôme du champignon comestible. Les porcs en sont très-friands, et nous notons cette particularité qui permettra peut-être d'étendre l'usage de cette plante ignorée dans les pays sablonneux où elle est si abondante. Lavée et détrempée dans l'eau, puis hachée, la Cladonie a été parfaitement du goût des canards, des oies et des dindons qui l'ont consommée sans qu'il en résultât aucun inconvénient pour leur santé ni pour leur engraissement. La race ovine ne la refuse pas non plus, et il est certain que, mêlée avec le fourrage, cette espèce de Lichen entretiendrait en bonne santé nos troupeaux. Nous avons déjà appelé l'attention des agronomes sur ce sujet (*Journal d'Agriculture pratique et d'économie rurale pour le midi de la France.* Septembre 1860).

En Irlande, on utilise la Cétraire (*Cetraria Islandica.* Ach.) dans la confection de pâtes alimentaires et de boissons considérées comme analeptiques. Sa récolte est la moisson des peuplades pauvres ; elles la font sécher et la conservent dans des barils après l'avoir réduite en poudre grossière. Pour l'employer, on lui fait subir une macération de vingt-quatre heures afin de lui enlever son amertume, puis on la mange bouillie et réduite en gelée dans du lait frais ou aigri, ou on la mélange avec la farine de froment pour en faire des galettes ; on pourrait même la mêler au pain ordinaire dans diverses proportions. Selon la remarque de M. Thénard, deux kilogrammes de farine de Cétraire équivalent, pour la nourriture, à un kilogramme de farine de blé. Cet aliment est sain et très-nourrissant.

Le principe amer des lichens, que l'on cherche à diminuer dans les préparations alimentaires, est peu abondant dans le Lichen d'Islande (environ 3 p. 0/0). On sait que ce principe est très-soluble dans l'eau et surtout dans les dissolutions alcalines. La Cétraire a son centre vers le pôle arctique et sur les plus hautes montagnes, mais elle vit aussi dans les prairies de la région calcaire du midi de la France, sur la terre, parmi les mousses et sur les rochers. C'est dans les Pyrénées surtout qu'on retrouve ce lichen rampant et étendu horizontalement sur le sol. Sa récolte serait facile et productive pour l'ouvrier agricole qui la tenterait.

Le Lichen comestible de Pallas (*Lecanora esculenta,* Eversm.), répandu dans les déserts de l'Afrique et de l'Asie, nourrit aussi les animaux et devient d'une très-grande ressource pour les habitants pauvres qui le mélangent aux céréales destinées à la confection du pain. C'est cette plante que l'on a soupçonné avoir dû être la manne des Hébreux. Au rap-

3

port des voyageurs, ce Lichen, qu'ils ont vu transporté dans les airs par les vents qui le détachent des montagnes, tombe parfois sur le sol en une sorte de pluie.

Les habitants de l'Amérique du nord se nourrissent des Ombilicaires (*Umbilicaria pustulata*. Hoffm. *U. glabra*, DC; *U. deusta*. Hoffm.), et ces mêmes plantes combinées avec certains aromates, font partie du service des grandes tables.

L'Evernie des prunelliers (*Evernia prunastri*. Ach.) et la Pulmonaire (*Sticta pulmonacea*. Ach.) sont susceptibles d'être réduites en farine et pourraient concourir avec le Lichen d'Islande à fournir un aliment pour l'homme et plus sûrement pour les animaux. Ces derniers Lichens pourraient remplacer le Houblon dans la confection de la bière; en Egypte, ils produisent la fermentation de la pâte dans les boulangeries. La Pulmonaire croît au pied des hêtres et des chênes dans les Pyrénées et dans les bois humides et ombragés de toute l'Europe, contre les troncs des saules et sur les mousses où le thalle adhère par la base seulement. La Ramaline des prunelliers, des frênes (*Ramalina fraxinea* Ach.), La Ramaline farineuse (*Ramalina farinacea*. Ach.) et à lanières (*Ramalina fastigiata*. Ach.), sont ces jolies végétations dendroïdes, vertes en pelotons serrés ou à rameaux diversement crispés et découpés qui recouvrent les troncs et les branches supérieures des peupliers, des saules, des chênes, des mérisiers, des hêtres, etc., et de la plupart des arbres forestiers ou d'alignement. Ces lichens, plus abondants sur les arbres de mauvaise venue, rendent à leur support un mauvais service en entretenant sur l'écorce une humidité prolongée. On améliorerait l'état de l'arbre en faisant disparaître ces végétaux parasites. Un seul homme pourrait recueillir plusieurs tonneaux de Ramaline en un jour, et l'emploi convenable de ces plantes à la nourriture des bestiaux ne doit pas être douteux, sous la réserve néanmoins de la macération préalable dans l'eau pour la dissolution du principe amer commun dans tous les lichens.

Les chimistes ont été longtemps divisés d'opinion sur la nature des principes immédiats des lichens. Ces plantes agissent assurément plutôt par les éléments nutritifs qu'elles renferment que par le principe amer qui s'y trouve allié. On a peu étudié les vertus médicales de cette amertume constitutive; on s'est borné à dire que dans certaines circonstances elle pouvait être regardée comme fébrifuge et anthelmintique. La médecine emploie avec succès la décoction ou la gelée de la Cétraire d'Islande, que nous avons déjà signalée, dans les affections pulmonaires et dans les convalescences, comme aliment doux et réparateur tout à la fois. A titre de faits historiques, nous rappellerons les propriétés médicales les plus importantes qui ont été signalées pour d'autres lichens Européens, longtemps considérés comme succédanés de la Cétraire.

La Cladonie couleur de sang (*Cladonia sanguinea* Eschw.) serait employée au Brésil pour combattre les aphthes des nouveaux-nés. On en composerait un liniment avec le thalle trituré, du sucre et de l'eau. Les Lichens coccifères jouiraient tous de la faculté de dissiper la coqueluche et les asthmes convulsifs. En Allemagne, on regarde le type de la tribu (*Cladonia coccifera*. Hoffm.) comme un spécifique contre les fièvres intermittentes. L'Usnée entrelacée (*Usnea plicata* Ach.), la Pulmonaire déjà nommée, l'Evernie furfuracée (*Evernia furfuracea*. Man.), plus amères que leurs congénères seraient aussi réputées fébrifuges et astringentes. La Physcie des murailles (*Pyscia parietina*. Nyl.) qui constitue ces élégantes expansions foliacées qui revêtent de taches jaunes les murs de nos habitations, les toitures à l'exposition du nord et l'écorce de presque tous les arbres, aurait même été indiquée avec raison comme propre à remplacer le quinquina (divers arbres du genre *Cinchona*, originaires du Pérou, de la Bolivie, de la Nouvelle Grenade, etc., etc.). Mais il paraît plus vrai d'attribuer à un lichen pulvérulent là qualité de succédané de l'écorce américaine. L'amertume très-prononcée des Variolaires discoïde et commune (*Variolaria communis*. Ach. et *V. discoïdea*, Ach.) a suggéré l'idée à M. le docteur de Barrau d'employer la substance de lichen au lieu du sulfate de quinine. La pratique a révélé depuis les propriétés toniques, fébrifuges et antipériodiques des Variolaires. Ces lichens sont abondants dans les bois; on les reconnaît aux plaques pulvérulentes blanches qu'ils forment sur l'écorce des vieux arbres, et particulièrement sur celle des chênes et des châtaigniers. Une seule personne peut en ramasser jusqu'à quatre kilos en un jour (Moquin-Tandon. *Quelques mots sur deux Lichens fébrifuges*. Journal d'Agriculture, 1848).

Une considération homœopathique, Fries nous l'apprend, conduisit les médecins analogistes, dont les systèmes ont eu quelque puissance à diverses époques, à préconiser les lichens dont la forme ou le nom offraient des rapprochements avec la maladie à guérir. Ainsi la Peltigère canine (*Peltigera canina*. Ach.), abondante dans les bois de notre région et qui recouvre dans le midi de la France, le chaperon de tous les murs de clôture en pisé, devait préserver de l'hydropisie. En Angleterre encore, l'antique réputation curative de la Peltigère ne s'est pas effacée. La recette de la poudre contre la rage, portée, selon les auteurs Anglais, de la Chine, est publiée dans les œuvres du célèbre Mead. l'Usnée barbue (*Usnea barbata*. Ach.) faisait pousser les cheveux; la Peltigère aux aphthes faisait disparaître le mal de la bouche qui porte ce nom. Les lichens jaunes, de ce nombre la vulgaire Physcie des murailles, étaient regardés comme un remède contre la jaunisse. La fameuse Usnée humaine, qu'on devait recueillir sur les vieux crânes des suppliciés, avait la réputation, au moyen-âge, de faire repousser les cheveux. Elle se vendait 1,000 francs l'once! Quelques auteurs ont prétendu que cette plante extraordinaire n'était autre que le *Parmelia retiruga*, lichen commun sur les bois morts et sur les palissades en branches de nos jardins.

Les propriétés tinctoriales des lichens sont fort nombreuses; elles ne préexistent pas dans la plante, mais elles se forment sous l'action des alcalis. M. Beauvisage a été le premier, en France, à s'occuper d'extraire et de fixer les principes colorants des lichens. Sa teinture rouge annonça un résultat des plus satisfaisants. Au premier rang est l'Orseille des colonies (*Rocella tinctoria* Ach.), d'où M. Robiquet a retiré l'*orcine*, principe incolore donnant au contact de l'ammoniaque de belles couleurs violette et rouge amarante. Une autre orseille, celle de France (les *Lecanora parella* et *Tartarea*, Ach. qui crois-sent ensemble et qui portent le nom vulgaire d'*Orseille d'Auvergne*), répandue sur les rochers volcaniques du Puy-de-Dôme et commune dans les Pyrénées, a donné l'acide lécanorique découvert par M. Schunck. Quoique de qualité inférieure à la première, elle donne néanmoins de bonnes couleurs. Elle est mélangée avec l'orcine exotique, et quelques pauvres gens gagnent leur vie à la recueillir sur les rochers pyrénéens où elle se reproduit avec abondance. Westring a indiqué les pro-cédés les plus économiques pour l'extraction des propriétés colorantes des lichens (Doin. *Dictionnaire des Teintures*, p. 118.) qui conviennent parfaitement aux étoffes de laine et de soie, mais qu'on n'emploie guère que pour aviver d'autres couleurs. L'orcine alcoolisée sert encore à colorer les thermomètres, et sa dissolution aqueuse communique au marbre blanc une belle couleur pourpre plus solide que les autres teintures, parce qu'elle le pénètre profondément. D'autres espèces fournissent des couleurs rouge et violette, telles que la Physcie des prunelliers, la Cladonie coccifère (déjà citée : probablement le *Lichen tinctorius* de l'île d'Amorgos, dont parle Tournefort dans le voyage du Levant, t. 1, p. 277.) l'Urcéolaire des pierres (*Ur-ceolaria calcaria.* Ach.), la Parmélie de Falhun (*Parmelia fahlunensis.* Ach.), etc. Les teintes rousses, ferrugineuses et plus ou moins brunes, sont dues aux Pertusaires à l'état sorédifère ou varioloïde (*Porina pertusa* Ach. *P. rugosa.* Ach.), aux Parmélies froncée (*Parmelia caperata.* Ach.), des murailles (*Parmelia parietina.* Ach.), perlée (*Parmelia perlata.* Ach.), et olivâtre (*Parmelia olivacea* Ach.). Une belle couleur pourpre violacée est encore retirée des Ombilicaires à pustules et glabre déjà citées. Plusieurs Evernies et la Peltigère canine fournissent des teintures jaunes et vertes; on obtient des couleurs grises de la Parmélie renflée (*Parmelia physodes.* Ach.), et de la Ramaline des frênes. En résumé, les couleurs que produisent les lichens sont généralement des teintes rouges, purpurines, violacées ou jaunes que le chimiste peut va-rier à l'infini par des macérations différentes et par l'addition de sels métalliques et de réactifs. On pourra consulter, avec le plus grand profit, quant aux propriétés tinctoriales des lichens, les Annales de la Société Botanique d'Edimbourg (mois de juin 1855) qui contiennent des faits nouveaux, basés sur plus de 500 expériences tentées par M. Lindsay.

Indépendamment de la teinture, l'industrie emploie ou pourrait employer ces plantes à d'autres usages; ainsi la Pul-monaire fait l'office de l'écorce du chêne dans la préparation des cuirs. On a cru reconnaître que la poussière qui recouvre le thalle des Ombilicaires entrait dans la composition de l'encre de Chine. Dans quelques fabriques de toiles peintes, à Lyon notamment, nous avons vu remplacer la gomme arabique par le mucilage de lichen. A Toulouse, on emploie la même substance à la préparation des fils destinés au tissage des toiles grossières. Ces faits nous ont permis de tenter une expérience que nous pouvons recommander avec toute certitude : Le mucilage que l'on retire des lichens fruticuleux, soumis à une longue macération, remplace avec économie les colles animales connues sous les noms de colles *forte* et de *Flandre*, destinées à épaissir les couleurs d'application. La Physcie ciliée (*Physcia ciliaris.* DC.), réduite en poudre, est utilisée en parfumerie pour donner de la consistance à la poudre de Chypre. Dans les ateliers où l'on brûle de la houille, dans le foyer de nos poêles et de nos cheminées on ferait pétrir, avec profit, la poussière qui tombe de la grille, avec des lichens macérés à l'avance dans l'eau, ce qui donnerait un nouveau combustible excellent. Les Usnées, les Corniculaires et les autres espèces à thalle filamenteux forment un très-bon emballage, on les emploie dans les colonies à la confection de nattes, de coussins, d'abris rustiques, etc.

En France, on n'emploie point les lichens pour la nourriture des animaux, c'est bien à tort, car ils représentent, mêlés aux fourrages, une nourriture saine, très-propre à l'engraissement des bestiaux destinés à la boucherie; ils combleraient d'ailleurs une lacune que les années de disette ou les circonstances atmosphériques malheureuses amènent trop souvent dans le grenier de la petite propriété. La facilité qu'on aurait de les conserver à l'état sec ajoute encore à leurs avan-tages. Il suffirait qu'un agronome tentât l'innovation dans nos contrées pour que son exemple réunit des imitateurs. Qu'on ne prétexte pas les frais de la récolte pour combattre le conseil : les enfants de la ferme qui gardent les troupeaux ou qui ramassent quotidiennement les détritus et l'engrais, pourraient recueillir de la même manière les Cladonies de nos friches et les nombreuses espèces de lichens foliacés de nos bois.

Les lichens n'offrent aucun principe vénéneux. Ils servent de nourriture, comme le rappelle M. Nylánder, aux larves de certains Microlépidoptères et à quelques mollusques; mais dans les herbiers on ne les voit que très rarement attaqués par des larves ou par l'*Anobium molle* adulte.

Géographie et statistique.

Les auteurs qui ont parlé de la distribution géographique des plantes considèrent les lichens comme le premier degré de la végétation sur les points où elle commence à s'établir. Cette vérité peut être contrôlée de nos jours par l'examen de la surface de nos rochers, de nos murailles, et des sables des Landes. Il n'est pas de pierre, ou de débris de rocher, qui, après avoir été exposé pendant un certain temps à l'humidité et à l'air ne reçoive les spores de lichens apportées par les vents. Là, se montreront les Verrucaires, les Lepraria, les Opégraphes et puis, sur leurs détritus, les lichens frondescents auxquels succéderont à leur tour les Mousses, les Hépathiques, etc., etc., la nature perpétuant ainsi l'immuable gradation des êtres, harmonisant son œuvre en passant du simple au composé! Le détritus des lichens devenu le berceau des mousses donnera successivement appui aux graminées et puis aux arbustes qui, par voie de réciprocité, fourniront asile sur leurs écorces aux premières plantes de l'échelle. Les lichens forment encore les dernières limites de la végétation dans les contrées polaires; persistant seuls dans les températures extrêmes.

Les lichens vivent indifféremment sur toutes sortes de corps. Plus rarement ils ont un habitat distinct (1). Les écorces des arbres morts ou vivants, les bois décomposés, le crotin de mouton, le parenchyme des feuilles, la tige de quelques graminées, les mousses, la terre nue, les pierres les plus dures, les mortiers, les os, le cuir, le verre, le fer, les rochers immergés, leur servent de point d'appui. La constitution purement cellulaire de leur tissu rend les lichens fort indifférents pour leur habitat, puisqu'ils ne tirent leur nourriture que de l'air humide seulement. Dans les contrées septentrionales les lichens supportent les froids les plus intenses; ailleurs, ils résistent même à une chaleur de 34 degrés. Leur végétation est plus active à l'exposition du nord dans les endroits incultes où ils trouvent un certain degré d'humidité et de la lumière. Il faut aller les rechercher sur les rochers dénudés, spécialement sur les granits et dans les vieilles forêts ; les vallées humides, les hautes montagnes, sont aussi leur demeure préférée et c'est pendant le printemps, l'automne et l'hiver, époques les plus favorables à leur développement, qu'ils étendent sur les rochers et sur la lisière des bois un voile de couleurs les plus variées.

Les espèces terrestres, telles que les *Cladonia* et les *Sterocaulon*, dominent par leur nombre les autres végétaux particuliers à la région arctique; là, ils sont plus développés et plus fructifères qu'ailleurs; tandis que les espèces corticales et le genre *Lecidea* semblent s'être réservé l'occupation de la région tempérée. Bien que l'on puisse déterminer les grandes zones de la terre particulières à la végétation des lichens, il est un assez grand nombre d'espèces pour ainsi dire cosmopolites qu'on retrouve à peu près partout, même sur les points du globe opposés entr'eux. Nous citerons le *Leptogium tremelloïdes*, les *Cladonia pyxidata, fimbriata, gracilis, squamosa, furcata, rangiferina*, les *Ramalina calicaris, farinacea*, le *Nephromium lævigatum*, les *Peltigera rufescens, polydactyla*, les *Parmelia conspersa, olivacea, saxatilis*, le *Physcia parietina*, le *Squamaria saxicola*, le *Placodium murorum*, les *Lecanora parella, subfusca, glaucoma, atra*, le *Pertusaria communis*, les *Lecidea parasema, disciformis*, le *Graphis scripta* et le *Verrucaria nitila*. Ces espèces conservent généralement les mêmes formes dans les diverses contrées où elles croissent. Relativement au nombre d'individus, la zone tropicale est la plus pauvre en lichens et la zone boréale, la plus riche. Néanmoins, la zone tempérée, à raison des variations de son sol et de ses essences forestières, offre un plus grand nombre d'espèces et de formes particulières.

Les espèces qui caractérisent les régions arctiques de l'Europe sont : le *Calicium byssaceum*, le *Cetraria odontella*, le *Siphula ceratites*, le *Nephroma arcticum*, le *Squamaria straminea*, le *Lecidea lugubris*, le *Verrucaria sphinctrinoïdes*, etc. Ces lichens sont fort rares dans la zone tempérée. Les espèces propres à la zone alpine et sub-alpine sont notamment les *Alectoria bicolor, ochroleuca*, les *Platysma nivale, cucullatum*, le *Solorina crocea*, le *Parmelia encausta*, les *Umbilicaria cylindrica, proboscidea*, le *Squamaria chrysoleuca*, le *Lecanora chlorophana*, les *Lecidea galbula, morio, armeniaca, atro-brunnea, aglœa, œnea*, etc., etc. La région méridionale Européenne est plus particulièrement indiquée par les espèces suivantes: les *Lecidea opaca, mamillaris, Pertusaria cæsio-alba, Dirina ceratoniæ, Lecanora Schleicheri, Squamaria Lagacæ, Urceolaria ocellata, Chiodecton myrticola, Arthonia dispersa, Endocarpon Guepini, Verrucaria amphibola* etc., etc. Une région qu'on pourrait appeler occidentale renferme un bouquet de lichens caractéristiques qui semble s'être donné rendez-vous dans une ancienne province française. Nous y trouvons les *Sticta aurata* et *limbata*, les *Physcia fluvicans, leucomela, speciosa*, le *Spherophoron compressus*, le *Pannaria rubiginosa*, le *Lecidea lutea*, les *Graphis anguina, Smithii*, l'*Opegrapha lentiginosa*, le *Normandina pulchella*, etc., etc.

Quant au rang que les genres occupent numériquement en Europe, on sait que les Lécideinés constituent la tribu la plus riche en espèces ; qu'au second rang se trouvent les Lecanorés, au troisième, les Pyrénocarpés, au quatrième les Collemés, au sixième, les Parmeliés, au septième, les Caliciés, au huitième les Cladoniés.

De toutes les contrées de l'Europe, la France est celle qui par sa position sur deux mers, ses climats si divers et la variété de son sol, possède la plus belle végétation lichénologique (2). Elle l'emporte même sous ce dernier rapport, sur la Scandinavie qui ne vient qu'en seconde ligne. Ainsi, on trouve en France 540 lichens (on en compte 650 en Europe), tandis

---

(1) M. Nylander a cité les Lichens suivants qui ne se rencontrent que sur un substratum spécial : Les *Pseudo-graphis elatinæ* et *Calicium eurporum*, sur les sapins ; le *Lecidea resinæ*, sur la rézine desséchée, le *Lecidea myrmicina* sur l'écorce des Pins ; les *Xylographa* et *Agyrium* sur le bois des conifères, l'*Arthonia stictoïdes* sur l'écorce des *Lonicera*.

(2) La Région maritime a pour partage exclusif les *Roccella*, les *Lichina*, le *Physcia aquila*, le *Ramalina scopulorum*, le *Chiodecton petræum*, les *Verrucaria maura, Halodytes*, & &. Les terrains calcaires ont pour espèces propres le *Collema melænum*, les *Squamaria crassa, lentigera*, les *Placodium candicans, fulgens*, les *Lecidea lurida, decipiens, vesicularis*, l'*Endocarpon rufescens*, le *Verrucaria pallida*, & &. Tandis que la région granitique, possède exclusivement les *Umbilicaria*, les *Spherophoron*, le *Lecidea geographica*, & &., les espèces domestiques, celles qui semblent ne pas s'écarter des lieux habités de nos jardins, de nos clôtures où elles doivent trouver des éléments favorables à leur végétation, sont les *Physcia parietina, pulverulenta, grisea, stellaris, obscura, Placodium murorum*, & & &. Celles qui recherchent l'ombre et ne se développent qu'à une demi-obscurité sont les *Conyocibe furfuracea, Calicium corynellum, Amphiloma lanuginosum, Lecidea lucida, Pannaria mycrophylla*, & &.

que la Suède et la Norvège n'en fournissent que 372; la Suisse, 420 et l'Angleterre 410. L'Espagne et l'Italie n'en ont, la première, que 70 et la deuxième que 102 qui ne leur soient pas communs avec la Suède et la Norvège.

Etude des Lichens.

Des verres amplificants et de leur usage. — Analyse sur le porte-objet. — Instruments. — Préparations pour les démonstrations. — Cas physiologiques. — Acides et réactifs. — Parasites hétérogènes du thalle et de l'apothécie.

La vue simple ou l'usage de la loupe permettent de distinguer avec assez de précision, les formes extérieures, les proportions, la consistance, les couleurs et le *facies* des lichens supérieurs ; mais lorsqu'il s'agit des lichens inférieurs, comme l'a dit avec raison M. Nylander, surtout des Collemés, des Verrucaria et genres voisins, des Lécidées, des Graphidées, etc., etc., la loupe ne suffit plus à une détermination rigoureuse et il faut avoir recours au microscope pour chercher dans la texture des tissus et la conformation des éléments, soit du thalle, soit de l'apothécie ou des spermogonies, les signes qui caractérisent les espèces.

La *loupe rodée de Brewster* (1) est une des loupes les plus utiles pour les Cryptogamistes. Le petit volume de l'instrument, son grossissement considérable (30 fois), la netteté avec laquelle il permet de voir les objets, la facilité de s'en servir, la rendent applicable à une foule d'observations sur les corps transparents ou opaques de petit volume. La *loupe achromatique double* (2) de M. Chevalier est également recommandable à cause de sa disposition qui permet à l'observateur d'en faire usage pendant des heures entières sans éprouver la moindre fatigue de l'organe visuel. Le *microscope simple* est l'instrument usuel des botanistes. Il a servi aux nombreuses observations de Camille Montagne. Les grossissements qu'il donne avec les *doublets* (3) de rechange peuvent varier depuis 10 jusqu'à 500 fois ; il est rare qu'on ait besoin de tous les doublets ; pour l'analyse des lichens, on prend de préférence les grossissements de 12, 24 et 300 fois. C'est ici qu'il faut rappeler ce qu'a dit M. le professeur Schacht dont le nom fait autorité en pareille matière : « S'il faut les instruments les plus complets, et les plus parfaits, *à celui qui est familiarisé avec les recherches microscopiques* et qui veut élucider les questions délicates d'anatomie ou de physiologie végétales, il n'est pas moins vrai que des instruments grossissant de cinquante à trois cents fois suffisent à toutes les recherches systématiques et morphologiques, de même que pour l'enseignement dans les écoles. » « Jamais, continue-t-il, je ne conseillerai l'achat des grands microscopes, à un commençant qui n'en retirerait pas plus d'utilité que d'un instrument plus simple et à meilleur prix. » Avec une amplification de trois cents fois on peut tout apprécier en analyse botanique; car, avec ce grossissement, si les objets ne sont pas extraordinairement grandis, ils sont encore assez bien éclairés pour qu'on puisse convenablement en saisir tous les détails. Cependant la structure intime des organes fécondateurs des lichens exigerait, à raison de son extrême petitesse, des grossissements de 500 à 1,000 diamètres, s'il était possible de les obtenir avec assez de lumière et de netteté. Il faut se ressouvenir que le plus souvent, en se servant des lentilles extrêmes, on perd en netteté et en lumière ce que l'on gagne en amplification.

Le microscope simple consiste en une ou plusieurs lentilles agissant immédiatement sur les rayons lumineux et transmettant directement à l'œil l'image amplifiée. Dans le *microscope composé*, au contraire, une image est formée par une combinaison de lentilles et grossie par une seconde placée à une certaine distance de la première. Les verres destinés à former l'image se nomment *objectifs*, et sont tournés vers l'objet, et ceux qui la grossissent portent le nom d'*oculaires*, et sont dirigés vers l'œil. On emploie pour les microscopes composés neuf *séries* de lentilles, comprenant trois lentilles chacune et donnant des amplifications de cinquante à treize cents fois en diamètre. Un des instruments les plus parfaits que nous connaissons est le *microscope universel de Ch. Chevalier*. Il est à la fois horizontal, vertical, simple, composé, incliné, redresseur, renversé, etc., etc.; enfin, il peut se prêter à toutes les exigences que nécessitent les observations. Ce dernier microscope figurait à l'Exposition des produits de l'Industrie en 1834 ; il était destiné au Collége de France. Le microscope demande une étude approfondie des diverses pièces qui le composent; il faut avant tout bien connaître son instrument avant de le faire agir pour les recherches que l'on veut faire (4).

(1) On désigne encore ce petit instrument sous le nom de *Loupe de Coddington*. Elle se compose d'un cylindre de verre pris dans une sphère , le milieu du cylindre est rodé de manière à former diaphragme.

(2) Cette loupe est formée de deux verres plano-convexes, séparément achromatiques , de diamètres inégaux, le plus grand des deux verres faisant face à l'objet et placés de manière que leurs convexités se regardent. Cette disposition a permis d'obtenir un achromatisme parfait et de faire disparaître l'aberration de sphérité.

(3) Wollastron lit connaître le *doublet* en 1820. Il se composait de deux lentilles plano-convexes dont les deux parties planes étaient tournées vers l'objet. Cette combinaison des verres imitée des oculaires astronomiques d'Huygens, permettait d'éviter les aberrations de sphérité et de refrangibilité. Charles Chevalier perfectionna cette invention en 1830, et le doublet de cet habile constructeur ne tarda pas à être adopté par les savants français et étrangers.

(4) La chose la plus difficile en microscopie est de savoir régler la lumière, de savoir faire jouer le diaphragme et le miroir. Là est un des grands secrets de la parfaite perfection. Nous renvoyons ceux de nos lecteurs qui ne seraient pas familiarisés avec cette étude, au livre fort instructif et très-complet de M. Arthur Chevalier : l'*Etudiant micrographe* (Paris 1865), auquel nous empruntons les lignes suivantes : « Quiconque ne possède pas le coup de main qui préside à l'éclairage ne peut observer fructueusement. — Tous les microscopes sont munis d'un miroir concave, destiné à réfléchir la lumière sur l'objet à observer. Dans les instruments complets il se trouve un deuxième miroir plan, qui dirige les rayons parallèles ou divergents et envoie une lumière douce, très-utile surtout pour les faibles

Il faut commencer la plupart des études avec des grossissements faibles, pour passer ensuite à l'emploi des forts pouvoirs amplifiants. Quand on veut analyser les organes des lichens, on doit premièrement mouiller la partie à examiner. Ainsi que nous l'avons déjà fait remarquer, l'immersion donne à ces plantes une apparence de vitalité si frappante que plusieurs auteurs de notre époque ont été jusqu'à avancer la réalité d'une résurrection. Ces conditions que le lichénologue peut provoquer en tout temps, dans son cabinet, favorisent d'une manière avantageuse les analyses organiques et les comparaisons avec les types frais.

S'il s'agit d'étudier une apothécie, on enlevera avec précaution l'enveloppe extérieure de cet organe et l'on détachera dans le sens vertical à l'aide d'un rasoir (1) un fragment de la lame proligère qu'on placera sur le porte-objet du microscope. Cela fait, on l'imbibera légèrement d'eau pour pouvoir le diviser et l'on apercevra facilement alors les thèques qui y sont renfermées (2). Le tissu de ce dernier appareil est fort délicat et son opacité dans les jeunes apothécies est quelquefois un obstacle à l'étude des spores; néanmoins, dans le plus grand nombre des cas on peut déterminer à travers ce tissu la disposition et la forme des corps qu'il enveloppe. Les spores les plus petites se reconnaissent très nettement sous une lentille de trois lignes de foyer, on peut les enlever avec la pointe de l'aiguille pour les placer sous les verres. Nous recommandons pour les essais d'analyse les spores des *Pertusaria* qui sont les plus volumineuses de nos espèces Européennes. Lorsqu'on les a extraites de la thèque et répandues sur une lame de verre, à sec, elles sont visibles et peuvent être comptées à l'œil nu; elles complètent leur développement et leur maturité sur une couche de sable humide. Pour observer les progrès de la germination on emploiera de préférence une pierre de couleur obscure, à surface polie, pour y déposer les spores blanches des *Lecidea*, des *Lecanora*, des *Collema*, etc., etc. Les spores colorées, celles de l'*Urceolaria scruposa*, du *Physcia stellaris*, se verront naturellement mieux sur une surface blanche (3).

La couleur de l'*hymenium* n'indique pas toujours exactement la couleur de la spore. C'est ainsi que l'apothécie du *Physcia parietina*, quoique d'un jaune vif, renferme des spores exactement blanches. L'analyse, facilitée par la connaissance qu'on a du mode d'émission des spores, sera nécessaire pour poursuivre cette partie de l'étude des lichens. On remarquera que les spores incolores paraissent constamment d'une légère teinte jaune sous les verres. grossissants. Avec des verres défectueux et même en employant des verres très purs, un observateur peu habitué avec la manière d'éclairer le microscope pourrait bien décrire comme colorés diversement des organes parfaitement incolores.

M. Tulasne a observé le premier, en analysant les thèques du *Collema cheileum*, que plusieurs spores étaient soudées ensemble et semblaient ne former qu'un même corps reproducteur. Quelquefois deux ou trois spores tiennent ainsi par une de leurs extrémités, à une même grande cellule allongée en spore imparfaite. Cette circonstance exceptionnelle dans la physiologie des lichens ne devra pas échapper à l'observation.

Quelques lichénologues ont signalé pour diverses espèces la présence *dans le thalle* de spores, soit semblables, soit différentes des spores sorties de l'apothécie. Il est aujourd'hui reconnu que ces spores ne devaient exister qu'à la *surface du thalle*, comme cela a lieu très fréquemment dans le *Solorina saccata* à raison de la manière dont ces organes s'échappent de la thèque. Nous mettrons donc les naturalistes en garde sur ce point. Ainsi que l'a fait remarquer M. Tulasne, en parlant du *Lecidea sabuletorum*, il n'est point rare non plus de rencontrer sur l'*hymenium* de ce lichen, des spores germant à sa

grossissements. L'objet étant placé sur la platine, on portera l'œil à l'oculaire ; on inclinera alors le miroir jusqu'à ce qu'on aperçoive le champ du microscope entièrement éclairé ; on ajustera ensuite l'objet au foyer de l'instrument, soit en se servant du tube du microscope, que l'on fera tourner doucement, ou au moyen du bouton à crémaillère ou de la vis de rappel, suivant le genre de construction du microscope. L'objet étant perçu et éclairé il ne reste plus qu'à régler convenablement l'éclairage. On sait que sous la platine est fixé un disque de cuivre percé de trous de différentes grandeurs. Cet accessoire a reçu le nom de *diaphragme variable*; il est disposé de manière qu'en le faisant tourner chaque trou se présente au centre de la platine, de sorte que, suivant le plus ou moins grand degré de transparence de l'objet, on ne fait arriver sur lui que la quantité de lumière nécessaire à son examen. Si l'objet est très transparent, on peut poser sur le miroir un disque de carton blanc; ce qui permettra d'obtenir une lumière beaucoup plus douce. Ce n'est que par de petits tâtonnements et en inclinant le miroir, que l'on peut arriver à obtenir un éclairage convenable, lequel varie pour chaque objet et même pour chaque partie du même objet. En général lorsque la lumière arrive directement. le réflecteur doit former un angle de 45 degrés. La chambre où l'on observe doit être un peu obscure et éclairée par une seule fenêtre; de cette manière on ne reçoit pas de lumière latérale qui empêche souvent de voir nettement l'objet. Le mieux est d'avoir des écrans mobiles et opaques qui servent à masquer les carreaux des fenêtres, de façon à ne réserver qu'un seul carreau. — D'ailleurs l'observateur intelligent et zélé puisera dans l'usage même du microscope, une habileté que l'expérience seule peut donner. ■

(1) Les seuls instruments en usage pour l'étude des Lichens sont le rasoir appelé tranchoir de Straus, le scalpel délié et les aiguilles aussi fines que possible emmanchées dans du bois. Les rasoirs ne sont jamais fournis par les repasseurs avec un tranchant suffisant. On devra savoir affiler soi-même cet ustensile. M. Arthur Chevalier nous a signalé une composition qui se trouve dans la maison Rimmel de Londres, qui donne au rasoir un tranchant extraordinaire.

(2) On prépare les objets qui doivent être conservés pour la démonstration sur des lames de verre au moyen de la glycérine pure. C'est ainsi que l'on peut conserver indéfiniment les minces tranches de l'apothécie pour montrer, soit réunies, soit séparées les thèques, les spores, et les paraphyses. Les tissus du thalle sont très-bien conservés par une préparation au chlorure de calcium dont on se sert au reste pour tous les corps végétaux transparents. (Le chlorure s'emploie en solution. Ses proportions sont de 1 partie de chlorure et de 3 parties d'eau distillée.

(3) La loupe permet de détacher le voile arachnoïde presque incolore qui rampe sur les tiges et sur les feuilles des Mousses vivantes, et qui constitue l'*hypothalle* des *Peltigera*, des *Cladonia*, etc.. etc. On doit, recommande M. Tulasne pour l'observation facile de cet organe, le prendre de préférence sur des pierres dures, desquelles, après quelques lavages faits avec soin, on le détache dans un grand état de pureté; puis, à l'aide du microscope, on étudie à sa surface comment les jeunes thalles en procèdent.

surface. et dont les filaments ont même pénétré les tissus de l'apothécie et se sont soudés de la sorte aux paraphyses et aux thèques.

Si l'on veut arriver à une analyse satisfaisante des apothécies, il faut ordinairement s'aider de l'action dissolvante des acides pour avoir raison de l'extrême cohérence des petites cellules de l'hypothécium. C'est ainsi que l'on désunira en bien des cas, au moyen de l'acide sulfurique, les paraphyses et les thèques et qu'on les débarrassera en même temps de la matière agglutinante interposée entr'elles. On pourra par ce moyen apprécier l'épaisseur de l'enveloppe externe qui, dans les paraphyses, est souvent très mince. La structure particulière des thèques du genre *Lichina* montre les spores qu'elles renferment soudées les unes aux autres. Infailliblement on les briserait plutôt que de les disjoindre si on n'employait le moyen que nous venons d'indiquer (1). Les mêmes précautions doivent être prises pour l'analyse des spores du genre *Calicium*. On emploiera aussi l'acide sulfurique pour briser le tégument de la spore à l'état de germination (épispore) et pour mettre ainsi en liberté l'endospore qu'elle renferme.

Les spores des lichens sont fort rarement épineuses ou verruqueuses. Celles du *Solorina saccata* que nous avons déjà mentionné offrent seules une surface tégumentaire granuleuse. Dans le *Thelotrema exanthematicum*, les spores sont hérissées de pointes fines, distantes; néanmoins on doit être fort attentif quant à la forme tourmentée que peut offrir, avec l'amplification, le contour extérieur de la spore. Le plus souvent les gibbosités qu'elle porte ne sont autre chose que les débris du protoplasma de la thèque que la spore a entraîné avec elle.

Plusieurs lichens rejettent avec les spores mûres des spores imparfaites, car la thèque se vide presque toujours de tout son contenu ; on distinguera sur le porte-objet, les thèques qui ont achevé de croître et celles qui n'ont pas atteint ce degré d'évolution. Il n'est point rare de rencontrer aussi dans les lichens des spores stériles. L'observateur les reconnaîtra à la nature de leur corps intérieur. Elles ne renferment alors qu'un liquide privé de matières granuleuses ou huileuses. Le *Lecidea sanguinaria* a été signalé souvent, à cause de la fréquence des spores avortées que renferment ses apothécies.

En règle générale, on aura soin de choisir de préférence des apothécies en bon état de conservation. Dans un vieux lichen l'organe de la reproduction est déformé, quelquefois pulvérulent et les thèques sont associées au tissu cellulaire. De même, lorsque le lichen est rubigineux, c'est en vain que l'on chercherait les thèques. Quoique l'analyse microscopique de tous les lichens soit possible et même facile, nous indiquerons cependant trois genres qui exigent de la part de l'observateur une grande patience et beaucoup d'exercice. Tels sont : 1° les *Spherophoron* dont les thèques gisent au milieu des globules noirâtres qui les entourent dans l'apothécie ; 2° les *Cladonia* dont le tissu représente une sorte de mucilage ; 3° enfin les *Endocarpon* dont l'apothécie est disséminée dans le thalle.

Bien que le plus grand nombre des lichens possèdent des spermogonies, cet organe n'est pas toujours facile à constater dans toutes les espèces qui en sont pourvues. Dans les genres *Sticta*, *Placodium* et autres espèces à thalle foliacé cet organe est assez apparent ; au premier abord on le prendrait pour des apothécies naissantes. Il suffit dans les cas douteux, lorsque par exemple sa couleur ne tranche pas trop avec celle de l'*hymenium*, d'en faire une coupe verticale pour s'assurer de sa destination. En pressant modérément sous l'eau et entre deux lames de verre une spermogonie, on en fait sortir par son pore terminal un mucus incolore qui réunit d'innombrables spermaties. Ce mucus conserve quelque temps dans l'eau son homogénéité. Il sera nécessaire quand on étudiera un thalle où les spermogonies ne seront pas proéminentes de pratiquer plusieurs coupes verticales jusqu'à ce que l'on soit parvenu à entamer un de ces organes qui, s'il y existe, sera distingué à sa nuance jaune tranchant avec la couleur blanche de la couche médullaire. Le plus souvent la spermogonie est extérieurement accusée par une petite tache noire imperceptible et il faut pratiquer alors dans le thalle et à la loupe, une coupe verticale au travers de cette petite tache pour s'assurer si elle est réellement le pore du corps globuleux de la spermogonie.

L'emploi de la solution aqueuse d'iode devient d'un grand secours dans l'analyse, à cause des colorations variées qu'elle produit, mais son usage ne peut être prévu par des règles invariables et des expériences nombreuses et répétées sur divers états ou sur diverses provenances, des sujets soumis à l'examen, peuvent seules former le jugement du botaniste (2). Ce réactif colore le plus souvent en bleu le mucilage hyménial, quelquefois en rouge de vin et plus rarement en jaune ; habituellement les thèques ne prennent pas une part appréciable à la coloration qui affecte la partie supérieure des paraphyses ; cependant, en certains cas, leur sommet est coloré de la même manière que le mucilage hyménial. Les spores sont diversement colorées

(1) Indépendamment de l'acide sulfurique, nous avons souvent employé la solution de potasse caustique qui dissout, on le sait, les graisses et la matière intercellulaire.

(2) En bien des cas nous avons eu aussi à constater les résultats divers sur le même type d'une solution plus ou moins forte ; aussi nous signalerons comme terme moyen d'un réactif usuel les quantités ci-après : iode, 5 centigr., iodure de potassium, 14 centigr.; eau distillée, 20 gramm. — Nous avons quelquefois employé l'acide sulfurique concentré, soit isolément, soit après l'iode, dans nos recherches sur les spores. Chez les *Lecanora rubra* et *Lecidea cinereovirens*, l'hypothecium se colore sous l'influence d'une très faible solution d'iode en bleu clair ou presque point ; au contraire, avec une solution plus forte, en vineux très vif, précédé d'une teinte bleue.

par l'iode; mais c'est principalement l'épispore qui est atteint. Les spermaties passent généralement à la teinte brune (1). L'acide sulfurique est aussi employé quelquefois comme réactif isolé, mais le plus souvent après la solution d'iode (2).

On aura soin de distinguer les Pycnides et quelques champignons parasites qui se montrent souvent sur le thalle de quelques lichens (3). De même qu'il faudra éviter de rapporter au thalle ou à l'apothécie de certains lichens les apothécies des espèces qui sont privées de thalle propre (4).

(1) Nous indiquons ci-après les couleurs variées que l'on obtient régulièrement dans les analyses par l'emploi de la solution aqueuse d'iode :

Brun : Les éléments du thalle et la matière verte des gonidies (*Cladonia pyxidata*).

Brun jaunâtre ; les éléments du thalle, mais non la matière mucilagineuse (Collemés) ; Spores (*Endoc. sinopicum*); Épispore et contenu de la spore (*Peltigera horizontalis*, et *P. canina*); les Paraphyses et les Thèques (*Verrucaria actinostoma*) : Nucleus de la spore (*Physcia parietina*); la matière plastique des paraphyses (*Peltigera horizontalis*).

Jaune verdâtre : la couche corticale (*Physcia ciliaris*).

Jaune : les fibres centrales du thalle (*Evernia flavicans*); cellule interne de la paraphyse et matière organisable qui la remplit.

Jaune pâle : les Paraphyses (*Collema lacerum*, *C. Jacobæfolium*).

Bleu très foncé : La membrane cellulaire des gonidies (*Cladonia pyxidata*); la membrane des thèques et des paraphyses, à l'exception des cellules terminales (*Physcia parietina*); thèques et paraphyses (*Peltigera horizontalis*; *Pertusaria*); mucilage hyménial, sommet des thèques (*Parmelia aipolia*); sommet des thèques (*Collema lacerum*).

Bleu vif : couche corticale (*Evernia flavicans*); mucilage hyménial, thèques et paraphyses (*Verrucaria immersa* et *V. tephroïdes*); hypothecium *Verrucaria actinostoma*).

Bleu : éléments du thalle (*Chlorea vulpina*); Gélatine hyméniale et Paraphyses (*Endoc. sinopicum*, *Peltigera aphtosa* et autres *Peltig.*); (Gélatine hyméniale, thèques et Paraphyses (*Lecida morio*, *Calicium turbinatum*) ; Gélatine hyméniale et Spores (*Graphis cometia*) ; les spores de la section des Graphidées, dont le *G. scripta* est le type; membrane des thèques avant la maturité des spores (*Lecanactis urceolata*).

Bleu pâle mêlé de jaunâtre : Thèques (*Verrucaria atomaria*); Spores (*Placodium murorum*).

Violet : Spores du *Lecanactis montagnei*.

Rose : Spores des *Trypethelium uberinum*, *Myriangium Duriœi*.

Parties insensibles à l'action de l'iode : la matière verte de l'épiderme du *Chlorea vulpina*; membrane de la thèque (*Endoc. synopicum*); Spores (*Peltigera aphtosa*); mucilage hyménial (*Pertusaria communis* et *P. Wulfenii*, *Verrucaria gemmata*) ; la membrane des thèques lorsque la maturité des spores est accomplie (*Lecanactis urceolata*) ; la matière incolore qui réunit les deux nucleus de la spore (*Physcia parietina*); spores (genre *Pertusaria*); la gélatine hyméniale et les spores (*Graphis Afzelii*).

Parties colorées très peu sensiblement : la matière mucilagineuse qui forme presque seule le thalle des *Collemés* (cette matière devient plus distincte quand elle est pénétrée par le réactif); le mucilage qui accompagne l'émission artificielle des spermaties.

(2) L'acide sulfurique colore en bleu la matière incolore qui entoure le nucleus de la spore (*Physcia parietina*); il ajoute à la coloration que provoque l'iode sur les organes de l'apothécie dans le genre *Pertusaria*, les spermaties et le tissu des spermogonies ; employé après l'iode, il convertit le tissu proligère en une gelée bleue et le dissout entièrement peu à peu, mais il ne fait point passer au bleu les parties du lichen que l'iode avait seulement colorées en jaune ou en brun (*Parmelia aipolia*).

(3) Voici les champignons parasites sur les thalles des lichens, qu'on rencontre le plus fréquemment : *Abrothallus smithii*, Tul., *Welwitschii*, Tul., *Microspermus*, Tul., sur les *Parmelia saxatilis*, *caperata*, *tiliacea* et *olivacea*; *Craterium nutans*, Fr., sur le *Physcia ciliaris*; *Dothidea lichenum*, Somf., sur l'*Umbilicaria arctica* ; *Œcidium peltigerœ*, DC, sur le *Peltigera canina* ; *Fusarium peltigerœ*, West., sur le *Peltigera rufescens* ; *Gassicurtia silacea*, Fée, sur le *Lecanora atra*; *Illosporium carneum*, Lib., sur le *Peltigera canina*; *Peziza epiblastematica*, Walle, sur le *Peltigera canina*; *Physarum cancellatum* et *Utriculare*, Fr., sur le *Physcia parietina* ; *Sphærococcum sphærale*, Fr., sur le *Lecanora atra* et *Pertusaria communis* ; *Sphæria Hookeri*, Nyl., sur l'*Endocarpon rufescens*; *Sphæria epicymatia*, Wallr., sur l'apothécie du *Lecanora subfusca* ; *Sphæria homostegia*, Nyl., sur les *Parmelia caperata* et *saxatilis*; *Sphæria lichenicola*, Fr., sur le *Lecanora subfusca* et le *Lecidea luteola*; *Sphæria ramalina*, Rob., sur le *Ramalina fastigiata*. M. Nylander a indiqué un petit *Torula* dont les filaments noirs, en chapelet, s'insinuent à l'intérieur même des apothécies entre les paraphyses, et quelquefois dans les couches du thalle. Le *Parmelia caperata* est fréquemment chargé d'une production de ce genre dans la station pyrénéenne.

(4) Nous indiquons ci-après les Lichens qu'on trouve le plus fréquemment sur des thalles étrangers, réduits aux seules apothécies qui les constituent :

Lecidea episema, Nyl., et *L. micraspis*, Smf., sur les *Lecanora cinerea* v. *calcarea*, *Squamaria saxicola*; *Lecidea talcophyla*, Flot., sur l'*Urceolaria calcarea* ; *Lecidea parisitica*, Flk., sur les *Pertusaria*, le *Lecanora parella* ; *Lecidea glaucomaria*, Nyl., sur le *Lecanora glaucoma*, le *Physcia parietina* ; *Lecidea oxyspora*, Tul., sur le *Platisma glaucum*, le *Parmelia saxatilis* et l'*Evernia furfuracea* ; *Lecidea inquinans*, Tul., sur le *Bœomyces rufus*; *Lecidea cladoniaria*, Nyl., sur le *Cladonia uncialis* ; *Opegrapha Monspeliensis*, Nyl., sur le *Lecanora cinerea* v. *calcarea* ; *Opeg. anomea*, Nyl., sur le *Variolaria amara* (Pertusaire); *Arthonia paraxemoides*, Nyl., sur les apothécies du *Lecidea parasema* et du *Lecanora subfusca* ; *Arthonia glaucomaria*, Nyl., sur l'apothécie du *Lecanora glaucoma*, et souvent réuni au *Lecidea glaucomaria*; *Endococcus rugulosus*, Leig., sur le thalle du *Lecanora cinerea* var *calcarea* et sur le thalle du *Squamaria concolor*.

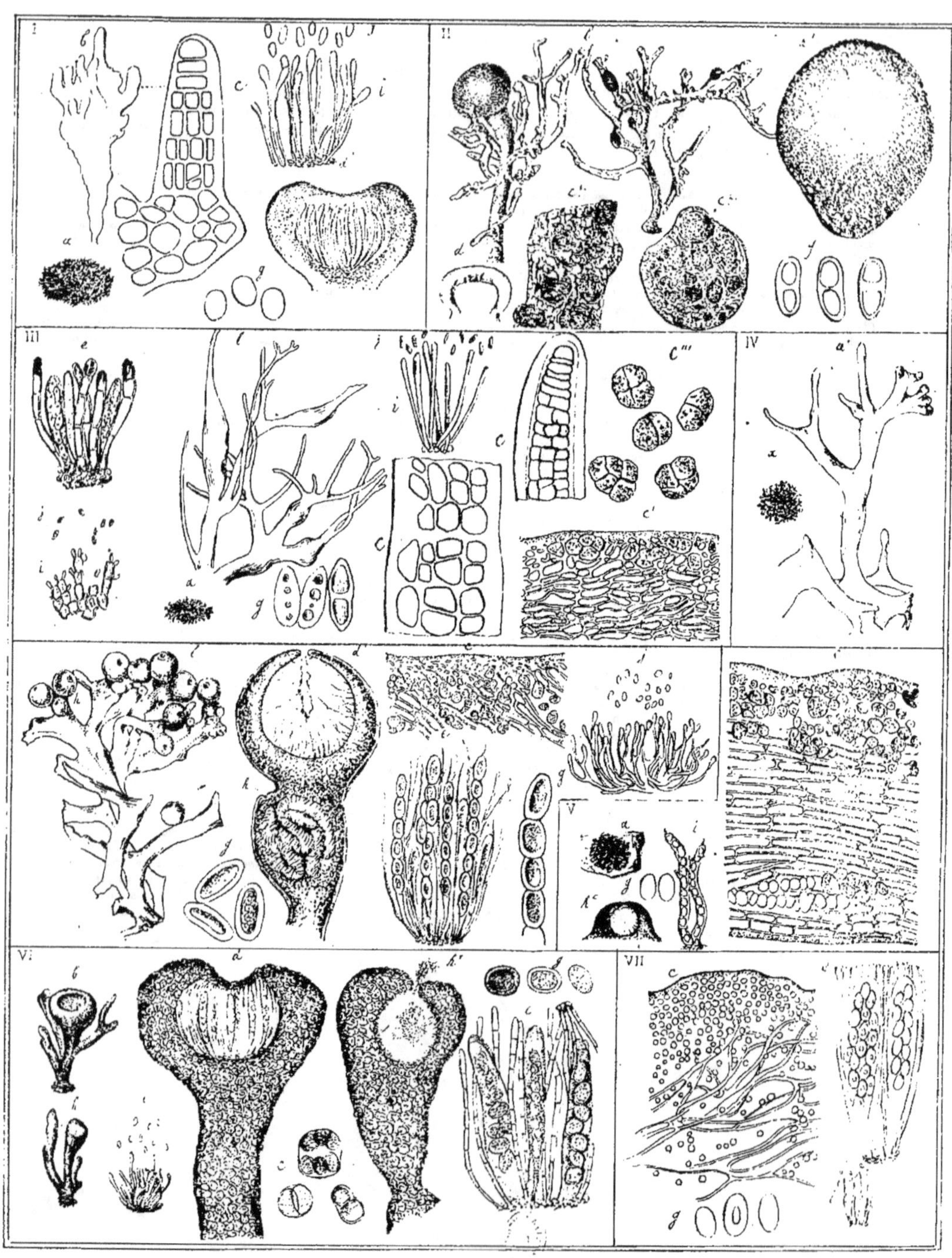

I. GONIOKEMA VELUTINUM, Nyl. — II. SPILONEMA PARADOXUM, Born. — III. EPHEBE PUBESCENS, Fr. — IV. LICHINA PYGMÆA, Ag. — V. PTERYGIUM CENTRIFUGUM, Nyl. — VI. SYNALISSA CONFERTA, Born. — VII. SYNALISSA SYMPHOREA, D.C

Fam. I. COLLEMACÉES.

Thalle de forme variée, noir, brun ou olivâtre, rarement de couleur cendrée. Gonidies disposées en chapelet ou placées sans ordre dans la substance gélatineuse du thalle; éléments cellulaires rares. Apothécies endocarpées ou lécanorines, noires, brunes et plus rarement de couleur pâle.

Trib. 1, LICHINÉES (1).

Thalle peu élevé, noir ou marron, fragile, filiforme, fruticuleux ou en gazon serré; gonidies cendrées ou bleuâtres existant en grains soudés ensemble ou disposés dans la substance gélatineuse du thalle. Apothécies endocarpées, lécanorines ou biatorines. Spermogonies contenant des stérigmates simples ou articulés. Espèces saxicoles.

I. SIROSIPHON, Kutz. Sp. Alg.

1. S. saxicolæ Næg. — Europe, rochers schisteux (Cherbourg, Biarritz).

II. GONIONEMA. Nyl. Class. 2, p. 165 (genre réduit à une espèce, et formé par le *Collema velutinum*, Ach.).

Thalle filiforme; gonidies massées au centre des filaments thallins; apothécies petites, biatorines. Spermogonies globuleuses; sterigmates simples.

2. G. velutinum Nyl. — Europe, Vosges, Pyrénées.
Tab. I. *a* Plante de grandeur naturelle; *b* fragment du thalle amplifié; *c* coupe d'une digitation du thalle (d'après Hepp. fl. Eur. 713) ; *d'* coupe d'une apothécie grossie 100 fois; *g* spores; *i* sterigmates; *j* spermaties, gross. 550 fois.

III. SPILONEMA, Born (M. Bornet a créé ce genre en 1856 sur une forme de *Scytonema* pourvue en même temps de paraphyses et d'arthrostérigmates articulés).

Thalle cylindrique formant un gazon court à rameaux dressés, flexueux, souvent recourbés. Gonidies placées en bandes circulaires plus ou moins espacées et plongées dans un tissu de cellules oblongues. Apothécies lécidéines; paraphyses épaisses, claviformes, articulées. Spermogonies tuberculeuses, noires, fermées, pourvues de sterigmates allongés, articulés; spermaties oblongues.

3. S. paradoxum Born. — Rochers calcaires. Cannes (Var). Pyr. Orient.
Tab. II. *b* La plante amplifiée portant une apothécie (gross. 25 diam.), à côté un individu spermogonifère; *c* coupe transversale d'un gros filament du thalle (elle présente des cellules arrondies au milieu desquelles on distingue des gonidies à divers états de développement), au dessous, portion d'un filament âgé, celluleux; les gonidies sont écartées et disposées en lignes transversales, gross. 250 diam.; *d'* coupe d'une apothécie (30 diam); *g* spores (1000 diam.); *h* coupe transversale d'une spermogonie (250 diam.) *e* thecium; *j* sterigmates et spermaties (gross. 500 diam.). (Ces figures moins *d'* et *g* d'après le docteur Bornet).

IV. EPHEBE. Fr. Born.

Thalle noirâtre, rameux, filiforme, diversement entrelacé, formant un gazon épais, souvent couché; grains gonidiaux fort grands, associés par deux ou par quatre et placés habituellement entre la couche corticale et les éléments cellulaires du thalle qui forment dans sa partie centrale de larges cellules irrégulières très-distinctes et d'une organisation fort simple. Apothécies serties dans le thalle, d'apparence endocarpées. Spermogonies dans les petits mamelons qui bordent l'extrémité des filaments du thalle; sterigmates longs, simples. L'iode ne colore pas ou colore seulement d'une légère nuance de violet, la gélatine hyméniale. Ces plantes croissent dans les bois élevés, sur les rochers arrosés presque toute l'année par des cours d'eau. On ne connaît que trois espèces.

4. E. pubescens fr. — Europe. France occidentale, Pyrénées.
Tab. III. *Ephebe pubescens*. *b* Rameau apothécifère grossi 25 fois; *c* coupe verticale de deux filaments; *g* spores (d'après Hepp, *Fl. Europ.*, n° 712); *c'* coupe longitudinale du thalle (gr. 300 fois), grains gonidiaux, même amplification; *i* sterigmates; *j* spermaties.

C'est Fries qui a établi ce genre sur le Lichen pubescent de Linné. M. Bornet a récemment fait connaître deux nouvelles espèces Américaines. Dans un travail d'analyse du tissu il a signalé, le premier, les gonidies. En 1863, M. Schwandener a découvert les filaments longitudinaux du thalle. (*Flora, p.* 240).

---

(1) Dans cette tribu les Lichens possèdent le thalle des Algues et la fructification des Lichens.

V. LICHINA, Ag.

Thalle brun, fruticuleux, nain en gazon; de structure celluleuse fort déliée, comparable à celle du genre précédent, mais formé néanmoins de cellules plus étroites, plus régulières, fusiformes et parallèles entr'elles; Gonidies bleuâtres, petites, généralement disposées en cercle sous la couche épidermique; point de filaments. Apothécies lécanorines (renfermées dans les globosités terminales du thalle; spores 8, ellipsoïdes, incolores, paraphyses très-déliées (l'iode ne colore point la gélatine hyméniale); spermogonies placées autour des apothécies; stérigmates simples, allongés; spermaties oblongues. Les *Lichina* dont on connaît deux espèces seulement, abondent sur les rochers maritimes, à haute mer.

5. L. **pygmea**, Ag. — Europe.   6. L. **conflnis**, Ag. — Europe. Littoral de l'Océan.

TAB. IV. *Lichina pygmœa* *a* Plante de gr. nat. *b* fragment grandi d'une plante fertile et spermogonifère; *h* protubérances qui apparaissent au-dessous des apothécies sphériques; *c* coupe mince d'une portion du thalle; *d* coupe verticale d'une apothécie et d'une spermogonie; *e* thecium; *g* spores dont 3 isolées et 4 réunies après la résorption de la thèque; *i j* stérigmates et spermaties.

VI PTERIGIUM Nyl. class. 2, p. 465, 1854.

Ce genre constitue un nouveau lien entre les *Lichina*, dont il emprunte la structure thalline et certains *Collema* dont il affecte la forme extérieure. M. Nylander l'a fondé sur le *Parmelia filiforme* de Garow, dont il a cru devoir changer le nom spécifique à cause de sa nouvelle place parmi des espèces beaucoup plus filiformes que lui. On connaît deux expèces saxicoles dont une appartient à l'Amérique septentrionale.

Thalle de couleur marron foncée au centre, serré, découpé en rayons, fragile; sous le scalpel sa coupe est luisante, examiné au microscope, sa structure est composée de cellules parallèles longitudinales, traversées par des gonidies, vert pâle, soudées le plus souvent en chapelets. Apothécies lécidéines. Spermogonies renfermées dans les points verruciformes que portent les lobes du thalle; stérigmates à articulations nombreuses; spermaties droites. Ce lichen habite sur les roches calcaires.

7. P. **centrifugum**, Nyl. — Bagnères-de-Bigorre (Hautes-Pyrénées).

TAB. V. *a* Plant. de gr. nat. (*Pterygium centrifugum*); *c* coupe longitudinale d'une lame du thalle grossie 300 fois; *h* coupe verticale d'une spermogonie grossie 60 fois. Cette espèce n'a pas encore été observée avec ses apothécies. *G.* spores du *P. Petersii* Tuck. espèce américaine (gr. 500 fois).

Trib. 11. COLLÉMÉS.

Thalle extrêmement varié : membraneux, lobé, lacinié plus ou moins finement, rameux, quelquefois en buisson, granuleux, raide, épais et assez résistant à l'état sec, enflé au contact de l'humidité. Gonidies de couleur vert-glauque, disposées en chapelets ou diversement distribuées dans le thalle. Apothécies lécanorines ou biatorines, quelquefois endocarpées. Spermogonies pourvues de stérigmates de forme variée. Spermaties courtes, très-déliées. Le contact de la gélatine hyméniale avec la solution d'iode est nul pour certaines espèces; pour d'autres il provoque une coloration bleue très-prononcée.

I. SYNALISSA. DR.; Nyl.

Thalle exigu, varié de formes : légèrement étalé et formant une mince membrane, granuleux; quelquefois fruticuleux, à rameaux profondément divisés. Apothécies naissant dans la forme lécanorine ou biatorine, plus rarement se montrant endocarpées. Spermaties portant des stérigmates fort simples; spermaties oblongues.

On connaît huit espèces dont six vivent en Europe sur les mousses et les pierres.

8. S. **symphorea**, DC. — Europe (Pyrénées.   9. S. **conferta**, Brt. — France (Cannes).   10. S. **glomerulosa**, Ach. — (Saxe).
11. S. **micrococea**, Br. — France (Cannes).   12. S. **picina**, Nyl. — (Cherboug).   13. S. **meladermia**, Nyl. — (Laponie).

TAB. VI. *Synalissa conferta.* *b.* individu portant une apothécie (gross. 25 diam); *d* coupe longitudinale d'une apothécie (gross. 160 diam.); *e* thèques et paraphyses; *g* spores (gross. 500 diam.) *h* individu portant une spermogonie (gross. 25 diam.); *h'* coupe longitudinale d'une spermogonie (gross. 160 diam.); *l* stérigmates et spermaties; *c* premier état du thalle (gross. 380 diam.). Nous devons ces dessins à une bienveillante communication de M. le docteur Bornet. — TAB. VII. *Synalissa symphorea.* *e.* Thèques et paraphyses; *c* coupe verticale du thalle; *g* spores; *l* stérigmates et spermaties (gross. 300 diam.).

II. PYRENOPSIS. Nyl. 1857.

M. Nylander considère ce genre comme une subdivision du précédent, il en diffère par les aréoles du thalle et par des apothécies urcéolées, incolores. On connaît trois espèces dont deux croissent en Europe sur les rochers schisteux.

14. P. **fuliginea**, Whl. — Europe (Laponie).   15. P. **fuscatula**, Nyl. — France (Cherbourg). M. Le Jolis.

TAB. VIII. *P. Fuscatula.* *a* Lichen de gr. nat; *b.* portion du thalle apothécifère grossi. TAB. IX. *P. Fuliginea.* *d* coupe d'une apothécie; *e* thèques et paraphyses; *g* spores (gross. 500 diam environ). TAB. X. *Paullia pullata* fée. (Genre voisin du précédent fondé sur une plante de la Polynésie). *a* plante de gr. nat.; *e* thèques et paraphyses; *g* spores, gross. 500 diam Par son mode de fructification et sa station près des rivages de la mer, le *Paullia* est tout à fait analogue aux *Lichina*, mais son thalle est privé du réseau finement celluleux qui se montre à la surface de ce dernier genre. Ses gonidies sont isolées ou groupées 2 ou 3 ensemble dans un ordre régulier au sein de globes muqueux répandus parmi le mucilage du thalle qui contient ça et là de vagues indices de filaments. Les apothécies sont endocarpées.

III. OMPHALARIA. DR, L. Mont.

Thalle pelté, monophylle, simple ou divisé par des lobes plus ou moins profonds, adhérant par son centre à la façon des umbilicaires; grains gonidiaux associés ensemble ou répandus isolément dans les éléments filamenteux. Apothécies endocarpées plus ou moins superficielles ou entièrement enfoncées dans le thalle, quelquefois biatorines et offrant le passage

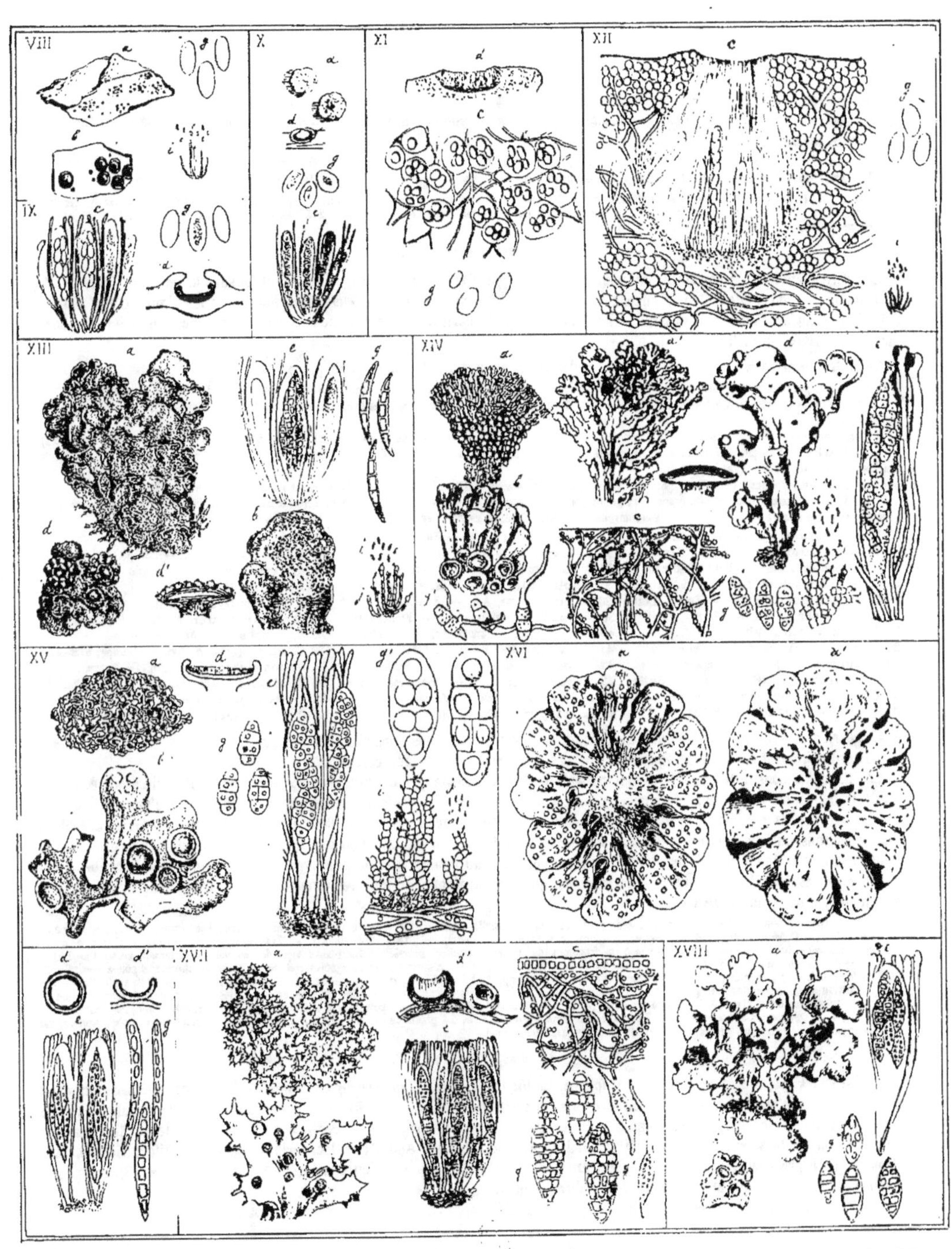

VIII. PYRENOPSIS FUSCATULA, Nyl. — IX. P. FULIGINEA, Nyl. — X. PAULIA PULLATA, Fée — XI. OMPHALARIA GIRARDII, R. — XII. O. PHYLLISCOIDES, Nyl. — XIII. COLLEMA AURICULATUM, Hoffm. — XIV. C. MELANUM, Ach. — XV. C. POLPOSUM, Ach. — XVI. C. NIGRESCENS, Ach. — XVII. LEPTOGIUM LACERUM, Fr. — XVIII. L. TREMELLOIDES, Fr.

des apothécies nucléiformes aux apothécies à disque étalé ; gélatine hyméniale colorée en bleu par l'iode ; spores elliptiques. Spermogonies à stérigmates simples ; spermaties allongées, arrondies aux deux extrémités. Huit espèces saxicoles propres à l'Europe méridionale et à l'Algérie.

16. O. **girardi** DR. —Roches calcaires. France. 18. O. **pulvinata**, Nyl. — France.   20. O. **nummularia**, DR. — France (Beaucaire).
17. O. **phylliscoides**, Nyl. —id. (Montpellier). 19. O. **corallodes**, Mass. — Franconie.   21. O. **botryosa**, Mass. — (Franconie).

TAB. XI. *O. Girardi. D* coupe d'une apothécie (gross. 50 fois) ; *c* coupe d'un fragment du thalle ; *G* spores (gross. de ces deux dernières figures 300 fois environ). TAB. XII. *O. Phylliscoides; c* coupe verticale du thalle et d'une apothécie (gross. 275 fois d'après le docteur Nylander) ; *j* stérigmates et spermaties.

IV. COLLEMA. Ach.

Ce genre a été institué par Hoffmann pour les plantes que divers auteurs désignaient avant lui sous le nom de *Lichens gélatineux* et que de Flotow tenait encore en 1830 pour intermédiaires entre les vrais lichens et les algues d'eau douce. Fries rattachait les *Collema* à sa famille des Byssacées qu'il faisait découler des Lichens par la fructification et des Phycées par l'organisation du thalle.

Voici les principaux caractères dont M. Nylander a appuyé sa division spécifique :

A. Thalle presque invisible (gonidies disséminées dans les fragments du *substratum*; gélatine hyméniale insensible au contact de l'iode (*espèce 22*).

R. Thalle crustacé, divisé en aréoles irrégulières ; éléments filamenteux nuls, apothécies enfoncées dans ces aréoles; gélatine hyméniale colorée en bleu par l'iode (*espèces 23-25*).

C. Thalle orbiculaire, lobulé, adhérant à la façon des ombilicaires. Gélatine hyméniale colorée en bleu par l'iode. Stérigmates et spermaties (*espèces 26-27*).

D. Thalle pelté, lobé ou plissé d'une manière irrégulière, quelquefois squamuleux. Apothécies émergées ; gélatine hyméniale colorée en violet par l'iode; spores simples. Stérigmates simples (*espèces 28-30*).

E. Apothécie nucléiformes ; paraphyses presque nulles; spores cloisonnées. gélatine hyméniale colorée en violet par l'iode (*espèce 31*).

F. Thalle membraneux, lobé, lacinié, granuleux ; grains gonidiaux disposées en séries moniliformes. Apothécies lécanorines, spores divisées, rarement simples ; gélatine hyméniale colorée en bleu par l'iode Spermogonies parfaites. Espèces les plus développées du genre (*espèces 32-57*).

22 C. **anomalum**, Nyl. — France, Cannes.   34 C. **flaccidum**, Ach. — Europe.   46 C. **biatorinum**, Nyl. — Paris.
23 C. **diffractum**, Nyl. — France, Beaucaire.   35 C **furvum**, — Montpellier.   47 C. **cheileum**, Ach. — Europe.
24 C. **decipiens**, Mass. — Italie, Franconie.   36 C. **melænum**, Ach. — Pyrénées.   48 C. **rivulare**, Ach. — Suède.
25 C. **pyrenopsoides**, Nyl. — Pyr., Cazaril.   37 C. **plicatile**, Ach. — Europe.   49 C. **verruciforme**, Nyl.
26 C. **nummularium**, Duf. — France, Beauc.   38 C. **pulposum**, Ach. — Europe.   50 C. **microphyllum**, Ach. — Europe.
27 C. **nodulosum**, Nyl. — Mende.   39   var **formosum**, Ach. — France mérid.   51 C. **callopismum**, Mass. — Franconie.
28 C. **chalazanum**, Ach. — Europe.   40   var **compactum**, Ach. — Pyrénées.   52 C. **nigrescens**, Ach. — Europe.
29 C. **myriococeum**, Ach. — Suède.   41   var. **hydrocharum**, Ach.   53 C. **aggregatum**, Nyl. — Europe, France.
30 C. **cyathodes**, Mass. — Franconie.   42   var. **prasinum**, Ach. — corticole. Pyr.   54 C. **conglomeratum** Hoff. — Europe.
31 C. **pannarium**, Nyl. — France, Colleville.   43   var **tenax**, Ach. — France méridionale.   55 C. **elveloïdeum**, Ach. — Suisse, Italie.
32 C. **auriculatum**, Hoff. — France.   44 C **limosum**, Ach. — Europe.   56 C. **multipartitum**, Sm. — Irlande.
33 C. **aur. v. ceranoïdes**, Schœr.   45 C. **crispum**, Ach. — Europe.   57 C. **albociliatum**, Desm. — Lyon.

Ce genre a son centre géographique en Europe. Les 9/10 des espèces appartiennent aux zones tempérées, on les rencontre le plus ordinairement sur la terre ou sur les rochers, plusieurs espèces sont corticoles.

Les filaments constitutifs du thalle sont plongés dans une couche gélatineuse. Vus au microscope, ils paraissent être formés : 1° de grains verdâtres, globuleux ou elliptiques réunis en séries moniliformes par un tube anhiste d'une extrême ténuité, ce sont les gonidies ; 2° d'un byssus entrelacé avec les grains précités, flexueux, continu, transparent et difficile à distinguer sans un fort grossissement. Les apothécies sont de couleur rougeâtre ou marron ; elles paraissent immergées dans le thalle pendant le jeune âge de la plante et ne se montrent au dehors que progressivement. Les spores sont blanches. Les sorédies des espèces de ce genre sont formées de globules agglomérées qui, relativement à leur organisation, représentent autant de petites plantes distinctes.

TAB. XIII. *Collema auriculatum. a.* Plante de gr. nat.; *b* lobe du thalle amplifié ; *d* portion du thalle contenant 4 apothécies (gross. 5 fois) ; *d'* coupe de l'apothécie ; *e* Thécium (thèques et paraphyses) ; *g* spores, *t* stérigmates et spermaties (gross. 500 diam). — TAB. XIV. *C. Melœnum. a.* Plante de grandeur naturelle (variété *Polycarpon* Schœr) ; *b* un fragment du thalle apotécifère grossi. *a'* La plante type de gr. nat.; *d'* fragment grossi d'un Lichen adulte (les verrues que portent les lobes dans leur partie supérieure indiquent la présence des spermogonies; *d'* coupe d'une apothécie ; *c* coupe verticale du thalle ; *e* thécium ; *g'* spores germées ; *e* stérigmates et spermaties (amp. 100 fois environ, *g* spores mûres isolées, grossies 100 fois. — TAB. XV. *c Pulposum. a* individu de gr. naturelle ; *b* fragment du thalle grossi, présentant à la fois des apothécies et des spermogonies; celles-ci se montrent sous la forme de petits tubercules obtus placés à l'extrémité des lobes (d'après M Tulasne) ; *d'* coupe d'une apothécie ; *e* thécium ; *y'* spores (gr. 400 diam.), 2 spores (1000 diam.) *i, j.* stérigmates et spermaties. — TAB. XVI *Collema nigrescens. a.* La plante de gr. nat., *a'* vue par dessous ; *d* apothécie ; *d'* coupe transversale de l'apothécie ; *c* thécium (gross. 360 diam.); *g* spores (gr. 500 diam.).

V. LEPTOGIUM Fr.

Thalle fort varié, tantôt crustacé, tantôt foliacé, tantôt fruticuleux. L'analyse du tissu montre les grains gonidiaux occupant la substance gélatineuse en séries moniliformes ou s'entrelaçant dans les cavités tubuleuses du thalle ; la couche corticale est ordinairement formée par de simples cellules assez distinctes, mais il y a très-peu d'espèces dans lesquelles tous les éléments du thalle soient d'organisation cellulaire proprement dite. Apothécies lécanorines. Spores multiloculaires comme dans le genre précédent, rarement simples. Mucilage hyménial presque toujours coloré en bleu par l'iode. Spermogonies enfoncées dans le thalle et possédant des arthrostérigmates.

Ce genre et le précédent réunissent les types les plus développés de la tribu. Ils représentent dans les Collemés, par leurs thalles foliacés et leurs apothécies apparentes, le rang distingué qu'occupent dans les Lichenacés les *Sticta*, ces riches représentants de la famille. Le genre *Leptogium* comprend trente-six espèces dont la moitié vivent dans l'Europe tempérée sur les roches calcaires ou granitiques, le sable, les mousses, et sur le tronc des arbres.

A. Thalle d'apparence crustacée, divisé en lobes ramassés ou granuleux, — spores simples ; gélatine hyméniale colorée en violet par l'iode. (*esp.* 58),— spores pluriloculaires; gélatine hyméniale colorée en bleu par l'iode (*espèces* 59-61).

B. Thalle membraneux, lobé, diversement découpé ou crénelé (*esp.* 62-73).

C. Thalle membraneux, largement lobé, ridé et pulvérulent. Apothécie étalée, marginée et comme crénelée sur ses bords (*esp.* 74-75).

D. Thalle fruticuleux, à rameaux courts, divisés, plus ou moins filiformes (*esp.* 76-77).

58 L. **arnoldianum**, Hep. — Bavière.	65 L. **subtile**, Nyl. Angleterre, France.	72 L. **saturninum**, Fr. — Europe (Pyrénées).
59 L. **humosum**, Nyl. — Finlande.	66 L. **Lacerum**, Fr. — Europe.	73 L. **hildenbrandi**, Garr. —Europe (Pyrénées).
60 L. **spongiosum**, Sm. — Europe.	67 var **pulvinatum**, Ach. — Suède.	74 L. **chloromelum**, Sw. — Europe occidentale.
61 L. **byssinum**. Nyl. — Europe.	68 var **lopheum**, Ach. —Europe.	75 L. **burgessii**, Mont. — Ecosse.
62 L. **fragile**, Tayl. —Irlande.	69 L. **scotinum**, Fr. —Europe.	76 L. **schraderi**, Bernh. — Eur. Fontainebleau.
63 L. **cretaceum**, Sm. — Europe (Poitiers).	70 L. **tremelloides**, Fr. — Cosmopolite.	77 L. **muscicola**, Fr. — Europe (Pyrénées).
64 L. **pusillum**, Nyl. — Suède.	71 L. **palmatum**, Mont. — Europe.	

TAB. XVII. *Leptogium lacerum.* *a.* Plante de grandeur naturelle; *c* coupe verticale d'une mince lame du thalle; *d, d'* deux apothécies dont la première coupée verticalement; *e* thécium (gross. 300 diam.); *G.* 3 spores (gross. 1000 diam.; leur épaisseur est d'un centième de millimètre et leur longueur de 3 centièmes). TAB. XVIII *L. Tremelloides,* *a.* Plante de gr. nat. *d* apothécies grossies 6 fois; *g* spores diversement divisées; *e* thécium (gross. 300 diam.). Nous figurons ici. *L'hydrothyria fontuna* Russ. Plante américaine qui constitue seule un genre voisin du précédent, mais qui s'en éloigne par la forme et la texture du thalle. L'iode colore en violet la substance où sont plongées les thèques. — TAB. XIX. *a.* La plante de gr. nat ; elle est apothécifère et un lobe du thalle est vu par dessous; *g* spores (gross. 500 diam.); ces organes mesurent 23 mill. en longueur et 12 en épaisseur (d'après M. Dickson).

VII. OBRIZUM WALR.

Thalle membraneux, lacinié; gonidies disposées en chapelet, couche supérieure du thalle formée de cellules simples. Apothécies petites, endocarpées.

Acharius qui avait compris ce lichen dans le genre *Collema*, n'avait pas vu ses apothécies. De Candolle écrivait en 1815 que ses apothécies étaient encore inconnues. Schœrer attribue à cette espèce des apothécies *patelliformes, assez grandes, superficielles* et *de couleur brune* (1850); tandis que Wallroth avait déjà avancé, en 1825, qu'elle possédait des apothécies incluses dans son thalle et comparables à celles des lichens angiocarpes. Ce genre est représenté par une seule espèce, l'*O. Corniculatum* Wallr. qui croît parmi les mousses dans la France occidentale.

TAB. XX. Esp. 78. *O. Corniculatum a* Plante de gr. nat ; *b* fragment grossi du thalle; à la partie inférieure on voit un groupe de petits tubercules perforés au sommet qui sont autant d'apothéries ; les points placés vers les bords supérieurs du lichen indiquent la présence des spermogonies (d'après M. Tulasne) ; *d* coupe d'une apothécie ; *e* thecium ; *g* spores (gr. 300 diam.) *g'* spores (d'après M. Nylander) gross. 275; *h* spermogonie entière vue d'en haut, sous la couche épidermique étendue à la surface supérieure du lichen (d'après M. Tulasne). *l* spermaties isolées, leur longueur est de 0m003.

VIII. PHYLLISCUM NYL.

Thalle pelté, noirâtre, gélatineux, fixé par le centre; gonidies grandes, arrondies, isolées et entourées d'une membrane celluleuse. Apothécies endocarpées; paraphyses nulles, spores simples; gélatine hyméniale colorée en rouge vineux par l'iode. Spermaties filiformes recourbées.

Ce genre européen est représenté par deux espèces seulement qui sont saxicoles.

79. P. **endocarpoïdes** Nyl — Laponie.   80. P. **Demangeonii** Mont et Moug. — Vosges.

TAB. XXI. *Phylliscum Demangeonii.* *a* Plante de gr. nat ; *c* coupe verticale d'un fragment du thalle du Ph. Endocarpoïdes (d'après M. Nylander) ; *e* thécium ; *g* spores (gross. 300 diam.).

FAM. II. MYRIANGIACÉES.

Thalle noir extérieurement, virescent à l'intérieur, réuni en peloton, élastique quoique desséché et presque friable. La plante entière de texture également celluleuse. Apothécies sub-lécanorines, noires et se distinguant à peine à cause de leur couleur; tissu du thalamium formé de cellules semblables à celles du thalle; thèques renfermées dans des cavités sphéroïdes que contient le thalamium ; spores au nombre de 6-8, oblongues, irrégulièrement divisées, presque murales, incolores. Au contact d'une faible solution d'iode, le plotoplasma des thèques est coloré en violet passant au jaune, et les spores en rouge vineux.

On reconnait trois espèces corticoles dont une seule représente la famille en Europe (Cette dernière espèce a été dédiée à M. Durieu de Maisonneuve, le savant explorateur de l'Algérie, à qui la science lichénologique en particulier est redevable de précieux travaux). On la trouve sur le thalle de quelques lichens, sur les troncs de frêne et sur les jeunes branches de l'ormeau.

81. *M. Duriœi* Mont et BK. — Europe. Algérie.

TAB. XXII. *a* La plante de gr. nat. *b* section verticale de l'apothécie vue à la loupe *b'* deux coupes minces de la même (gross. 42 fois. d'après M. Nylander); *c* coupe du thalle (gross. 300 diam) ; *e* thécium ; *g* spores de formes diverses, ces deux dernières fig. gross. 500 diam.

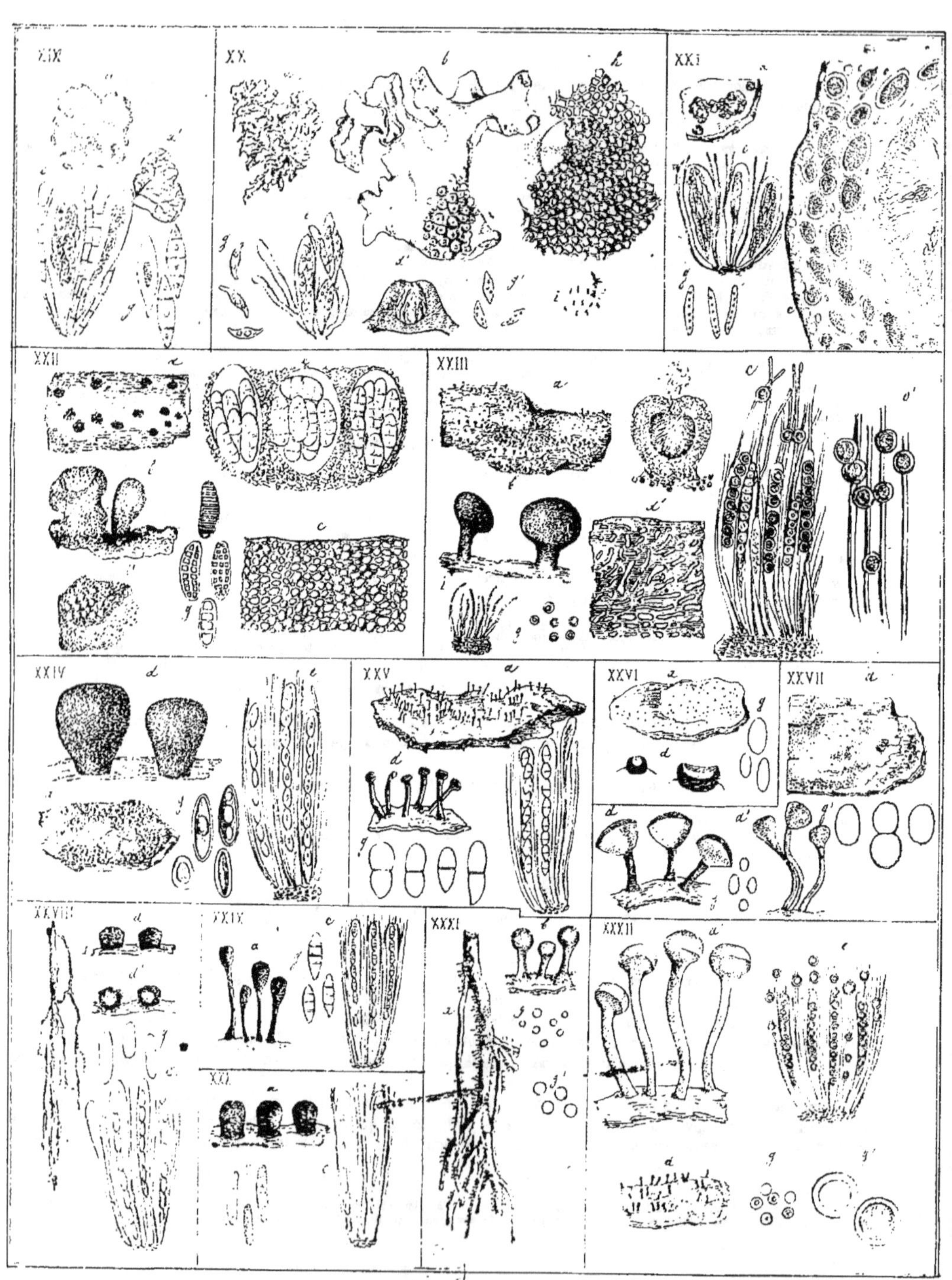

XIX HYDROTHYRIA FONTANA Russ.__ XX OBRYZUM CORNICULATUM Wallr.__ XXI PHYLLISCUM DEMANGEONII Nyl.__ XXII MYRIANCIUM DURIAEI Mont. & B.__ XXIII SPHINCTRINA TURBINATA Fr.__ XXIV S MICROCEPHALA Nyl.__ XXV CALICIUM HYPERELLUM Ach.__ XXVI. C XYLONELLUM Nyl.__ XXVII C CHRYSOCEPHALUM Ach.__ XXVIII C PAROICUM Ach.__ XXIX C BYSSACEUM Fr.__ XXX C DISSEMINATUM Fr.__ XXXI CONIOCYBE FURFURACEA Fr.__ XXXII C PALLIDA Fr.

Fam· III. LICHÉNACÉES.

Thalle varié de couleur (blanc, cendré, jaunâtre, jaune, rougeâtre, orangé, marron, très rarement noir), mais plus varié encore de formes (filamenteux, foliacé, squameux, crustacé, pulvérulent ou même nul); nulle substance gélatineuse ne pénètre ses éléments, une couche gonidiale est le plus souvent distincte; elle est formée dans le plus grand nombre de cas de gonidies proprement dites, dont le contenu est vert (chlorophylle) et le noyau quand il existe, de la même couleur et, plus rarement, de *Chrysogonidies*, dont le contenu est d'un vert clair, à grains orangés. Apothécies stipitées ou lécanorines; dans quelques espèces peltées; patelliformes ou endocarpées; thalamium présentant une texture différente du thalle, constitué par des paraphyses ou par des cavités cellullaires étroites.

Section Ire. EPICONIODÉS.

Apothécies placées sur un support formé soit par l'hypothecium, soit par le thalle, rarement sessile. Spores petites, libres à la maturité et réunies comme une sorte de poussière à la surface de l'hymenium, d'où le vent ou la pluie occasionnent la dispersion.

Trib. 1. CALICIÉES.

Thalle crustacé, granuleux, poudreux ou nul; quand il existe, de couleur jaune, verdâtre blanchâtre ou blanche. Apothécies stipitées ou sessiles cupiliformes.

La tribu des Caliciées fondée par Persoon sur le genre type *Calicium*, a été plus tard divisée en plusieurs genres qui après avoir été placés parmi les Champignons, ont été définitivement rattachés à la famille des lichens depuis que l'analyse a fait connaître les éléments constitutifs du thalle et de l'apothécie ainsi que la nature amyloïde de l'hymenium, qui se colore en bleu au contact de l'iode.

On considère dans cette tribu, 1° la présence d'un thalle crustacé ou d'une matière déliquescente et comme lépreuse, toujours fugace; 2° un hypothalle suivant les mêmes degrés de croissance ou de décroissance, se retrouvant lorsqu'il n'est point apparent sur les corps ligneux où ses filaments le soudant; 3° des apothécies recouvertes à leur naissance d'une membranule dont la chute laisse à nu un disque pulvérulent; 4° des thèques engendrant des spores avant leur entier développement contrairement au phénomène produit dans les autres lichens, où la thèque ne prend de la consistance et ne laisse entrevoir les corps reproducteurs qu'après la perfectibilité de son tissu.

Les caliciées vivent sur les vieux bois, sur les écorces mortes et sur les troncs d'arbres qu'elles revêtent dans une étendue parfois considérable.

I: SPHINCTRINA. Fr.

Thalle presque nul, apothécie globuleuse-turbinée, soyeuse, parasite sur la croûte des *Pertusaria* où elle se montre tantôt sessile, tantôt sub-stipitée; masse sporale de couleur noire adhérente sur la marge de l'hypothecium; spores simples, noirâtres. Spermogonies ayant des stérigmates linéaires, simples; spermaties courbes.

Ce genre comprend quatre espèces dont deux appartiennent à l'Europe centrale.

 82. **S. turbinata**, Fr. — France. Algérie.   83 **S microcephala**, Nyl. Tul. — France occidentale (St -Sever).

Tab. xxiii. *Sphinctrina turbinata*. La plante vue de grand. nat. sur le thalle du *Pertusaria communis* où elle se développe; *d* deux apothécies détachées du même thalle (gross. 50 diam.); *e* thécium : *g* spores (gross. 500 diam.); *c* un fragment du même lichen plus amplifié ; *d'* coupe verticale de l'*Excipulum* ou tissu corné et noir que revêt intérieurement l'*hymenium* ; *h* coupe d'une spermogonie (gross. 200 diam. environ); *j* stérigmates et spermaties. Tab. xxiv. *S. microcephala a*. Plante de gr. nat. sur le même substratum; *d* deux apothécies (gross. 50 diam.); *e* Thecium (gross. 300 diam.); *g* spores isolées ; (gross. 500 diam. environ).

II. CALICIUM, Ach.

Thalle légèrement granuleux, pulviné ou usé et presque invisible; rarement squamuleux, rarement nul. Dans le plus grand nombre, apothécies noires, stipitées, quelquefois sessiles ou presque sessiles, mais dans l'un et l'autre cas, globuleuses ou en cone renversé et plus rarement cupuliformes; spores sphériques, ellipsoïdes ou oblongues, habituellement à une seule cloison. Spermogonies contenant des spermaties courtes oblongues, fixées sur des stérigmates fort simples.

On trouve ces plantes sur l'écorce des vieux chênes, sur les vieilles barrières en bois et sur le thalle d'autres lichens.

On a confondu dans ce genre les espèces dont Acharius, en s'appuyant de la chute prématurée de la membranule de l'apothécie, avait formé le genre *Cyphelium*. Il en a été de même pour quelques espèces du genre *Acolium*; la présence du stipe dans les Caliciées n'étant pas considérée comme un caractère assez important (le même thalle pouvant produire des apothécies stipitées et des apothécies sessiles).

A. Apothécies sessiles ou sub-sessiles; spores noirâtres simples (esp. 84-87).

B. Apothécies stipitées, spores globuleuses à une cloison, rarement simples, masse sporale noire (esp. 88-111).

C. Thalle presque nul. Apothécies tubiformes, grèles, à forme turbinée, jetées çà et là, noires, spores noires à trois cloisons, sortant de la thèque et plus rarement agglomérées à la surface de l'hymenium (esp. 115-116).

84	C. **virellum**, Nyl. — Suisse.	96	v. **ferrugineum**, Borr. — Europe.	108	C. **curtum**, Bor. — Europe.
85	C. **paroïcum**, Ach. — France.	97	v. **bruneolum**, Ach. — Mont-Dore	109	C. **pusillum**, Fk. — Europe.
86	C. **disseminatum**, Fr. — Europe.	98	C. **melanophæum**, Ach. — Europe.	110	C. **alboatrum**, Fk. — France.
87	var **viridulum**, Ach. — Suède.	99	C. **subalbidum**, Nyl. — Bavière.	111	C. **triste**, Krb. — France, Suisse.
88	C. **chrysocæphalum**, Ach. — Europe.	100	C **subparoïcum**, Nyl. — Irlande.	112	C. **pusiolum**, Ach. — France, Suisse.
89	C. **phæocephalum**, Borr. — Europe.	101	C. **corynellum**, Ach. — Europe.	113	C. **parietinum**, Ach. — Europe (Vosges).
90	C. **aciculare**, Fr. — Europe.	102	C. **hyperellum**, Ach. — Europe.	114	C **populneum**, de Br — Fr. occidentale.
91	C. **citrinum**, Leigh. — Angleterre.	103	C. **roscidum**, Fr. —. Europe.	115	C. **eusporum**, Nyl. — régions subalpines.
92	C. **trichiale** Ach. — Europe boréale.	104	var **roscidulum**, Nyl. —Suède.	116	C **byssaceum**, Fr. — Europe septentrionale.
93	var **cinereum**, Pers. — Europe.	105	C. **trachelinum**, Ach. — France, Paris.		
94	v. **stemoneum** Ach. — Europe	106	C. **quercinum**, Pers. — Europe.		
95	v. **physarellum**, Ach. — France.	107	v. **lenticulare**, Ach. — Europe.		

Quelques espèces européennes se retrouvent dans le nouveau continent, mais deux espèces seulement sont propres, une à l'Amérique (le C. *curtisii*, Tul.), l'autre (le C. *hyperolloides*, Nyl.) à l'Afrique.

TAB. xxv. *Calicium hyperellum.* a. La plante de gr. nat., d apothécies vues à la loupe ; e thécium (gross. 350 diam.): g spores, (elles mesurent 15 mill. de millim. en longueur et 5 en largeur) représentées avec un grossissement de 1.000 diam. — TAB. xxvi. C. *Virellum.* a écorce de pin où l'on distingue des points noirs, c'est la plante sessile de gr. naturelle; d coupe de deux apothécies; trois spores (gr. 300 diam. environ.). — TAB. xxvii C. *Chrysocæphalum.* a écorce de pin, sur laquelle ou voit le calicium de grandeur naturelle sortant d'un thalle pulvérulent; d trois apothécies gross 30 fois ; g spores gross. 300 fois. d' apothécies de la variété *filare* Ach ; g' spores de cette variété (gr. 1.000 diam.'. Elles mesurent normalement dans l'espèce type 0,003-6 millim. — TAB. xxviii. C. *Paroicum.* a. Plante de gr. nat. sur une branche de bruyère ; d deux apothécies grossies 25 fois ; d' coupe verticale des apothécies sous un grossissement semblable ; c fragment du thécium — TAB. xxviiii. C *Bysaceum* Fr. a. Apothécies grossies 25 fois ; g spores (mesurant 0,009 de long, 0,006 d'épaisseur) gross. 300 diam. c thécium. gr. 150 diam.— TAB. xxx. C. *disseminatum.* a trois apothécies grossies 25 fois ; c thécium ; g spores gross. 300 diam.

III. CONIOCIBE Ach. Fr. Nyl.

Thalle pulvérulent, indéterminé, peu distinct ou presque nul. Apothécies sphériques, colorées en jaune pâle ou en blanc sale, plus rarement en brun ou en noir, longuement stipitées, presque filiformes ; excipulum parfois ouvert; spores rondes, incolores ou jaunâtres, jamais noires ; groupées en masse pulvinée au sommet du capitule et voilant complétement ainsi l'excipulum.

On connaît cinq espèces croissant toutes en Europe sur la terre, dans les lieux ombragés, sur les racines et les troncs d'arbres ou dans les bois.

117.	C. **furfuracea**, Ach. — toute l'Europe.	120	C. **gracilenta**, Fr. — France, Suisse.	123	C. **hyalinella**, Nyl. — France (Vosges).
118	var. **fulva**, Fr. — id.	121.	C. **pallida**, Fr — France (Pyrénées).	124	v. **pistillaris**, Ach. — Suède.
119	var. **sulfurea**, Fr. — Europe cent.	122	C. **farinacea**, Chev. — France, Paris.		

TAB. xxxi. *Coniocybe furfuracea.* a fragment de la racine nue d'un hêtre où se montre la plante de gr. nat. D apothécies tirées du précédent fragment grossies 25 fois. — TAB. xxxii. C. *Pallida.* a quatre apothécies prises sur une écorce d'ormeau et grossies 25 fois ; c thécium ; g spores gross. diam, g' les mêmes organes gross. 1,000 diam. (Ils mesurent 0m002-3 millim. diam.).

IV. TRACHYLIA Fr.

Thalle assez généralement granuleux, plus rarement sub-lépreux ou nul. Apothécies noires, sessiles, représentant une cupule ouverte où afflue plus ou moins la masse sporale ; spores noirâtres, ellipsoïdes, à une cloison, rarement à trois ou irrégulièrement divisées. Spermaties oblongues ou elliptiques.

La forme sessile des apothécies avait conduit Acharius à proposer pour ces espèces le genre *Acolium*. Ce nom plus ancien aurait été conservé si le nouveau nom imposé par Fries n'avait eu le mérite d'une définition générique plus exacte.

Ce genre est réduit à huit espèces dont sept sont Européennes. Cinq vivent sur l'écorce des conifères ; une (n° 130) sur les roches sablonneuses de la forêt de Fontainebleau en société avec les Calicium paroïcum et corynellum ; une autre (n° 131) dans la même station mais isolément, et la dernière (n° 132), sur le thalle des *Pertusaria*. Nous donnons quelques détails organiques du genre *Pyrgillus* que M. Nylander a créé pour deux *Calicium* exotiques. Ce genre clôture la tribu des Caliciées.

125	T. **viridula**, Schœr. — Suisse.	128	T. **Notarisii**, — France centrale.	331	T. **subsimilis**, Nyl. — Paris.
126	T. **tigillaris**, Fr. — Europe.	129	T. **timpanella**, Fr — Europe.	132	T. **stigonella**, Fr. — France. Angleterre.
127	v. **prominula**, Nyl. — Laponie.	130	T **lecideina**, Nyl. — Fontainebleau.		

TAB. xxxiii. T. *Tigillaris.* a. Plante de gr. nat. ; b fragment vu à la loupe ; c thécium ; d' coupe de deux apothécies, vues aussi à la loupe ; g spores; j spermaties. gross. de ces deux dern. fig. 300 diam. TAB xxxiv. T. *stigonella* Fr. a Plante de gr. nat parasite sur le thalle du *Pertusaria communis* ; d quatre apothécies vues à la loupe; d' coupe de deux apothécies grossies 25 fois ; g spores, gross 250 diam. ; g' les mêmes, gross. 1,000 diam. — d' apothécie vue à la loupe du T. *subsimilis*; d" coupe de la même ; g" spores 275 diam ; g" spores du T. *Lecideina*, même grossissement ; d"' coupe de l'apothécie, la première fig. désigne une mince tranche gross. 25 fois ; la deuxième, l'apothécie verruciforme vue à la loupe (d'après M. Nylander). TAB. xxxv. *Pyrgillus Americanus* Nyl. a plante de gross. nat. sur une écorce de *Cinchona*, les points noirs qui avoisinent les apothécies indiquent les spermogonies ; d' coupe verticale de deux apothécies vue à la loupe; c thécium ; g quatre spores gross. 350 diam. environ.

Trib. II. SPHÉROPHORÉES.

Thalle fruticuleux divisé en rameaux. *Podetium* principalement constitué par un axe plein récouvert en partie par de petits grains ou par des fibrilles dans lesquels on trouve un cortex, des gonidies et une couche médullaire feutrée. Les éléments filamenteux de la médulle bleuissent au contact de l'iode. Apothécies placées à l'extrémité des *Podetium* dilatés en forme de massue, s'ouvrant au sommet par déchirement et laissant échapper une poussière noire fort abondante qui est le résultat de la maturité des spores. Spores noirâtres ou violet foncé, sphériques. Spermaties oblongues.

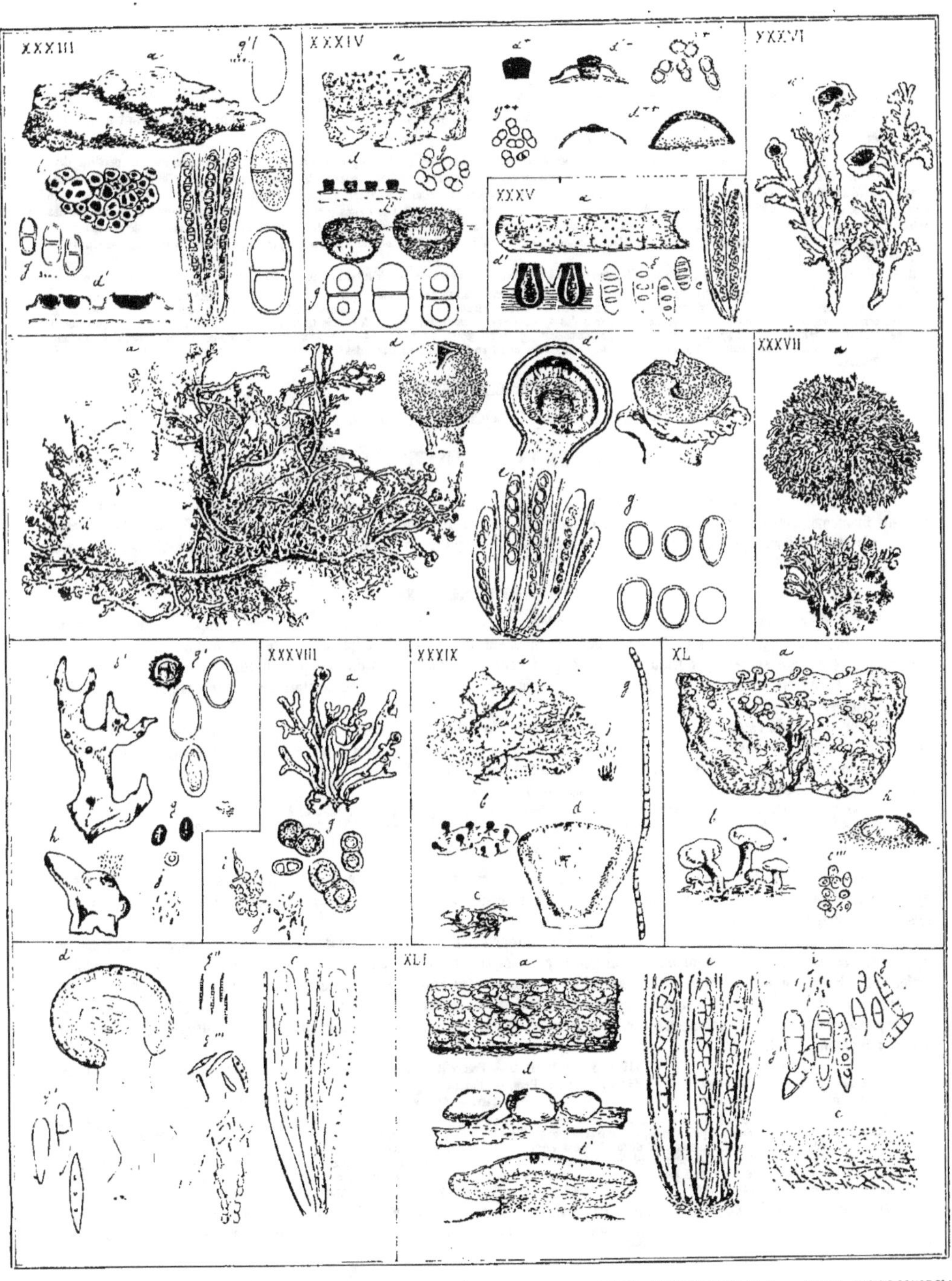

XXXIII — TRACHYLIA TIGILLARIS Fr — XXXIV T STIGONELLA Fr — XXXV PYRGILLUS AMERICANUS Nyl — XXXVI SPHÆROPHORON CORALLOIDES Pers — XXXVII S FRAGILE Pers — XXXVIII ACROSCYPHUS SPHÆROPHOROIDES Lev — XXXIX GOMPHILLUS CALICIOIDES Nyl XL BŒOMYCES ROSEUS Pers — XLI B ICMADOPHILUS Nyl

Les sphérophorées comprennent deux genres : 1° les *Sphérophoron* qui ont donné le nom à la tribu; ils vivent sur la terre au pied des arbres et sur les rochers humides, dans les bois élevés. On en connaît six ou sept espèces dont trois sont Européennes. 2° Le curieux genre *Acroscyphus* établi par M. Leveillé pour un lichen Américain.

Les organes de la reproduction des sphérophorés ont été étudiés après MM. Link et Fée par Montagne. Les analyses de ce dernier ont été publiées dans les Annales des sciences naturelles 2ᵉ série T. xv et ont reçu plus tard un complément par les belles études de M. Tulasne. Les thèques d'abord hyalines deviennent cérulescentes et augmentent d'intensité de couleur à mesure qu'elles se développent. Elles renferment huit spores dont l'épispore noir et épais peut être détaché (par le frottement) de l'endospore, cellule également épaisse et brune mais transparente Les spores participent à la coloration naturelle et progressive des thèques. A la maturité les premières sont résorbées, dit M. Montagne, et c'est la masse des deuxièmes qui devenues libres, forment la poussière noirâtre qui remplit l'apothécie. M. Tulasne a indiqué que cette poussière, composée de spores libres et de filaments ou longues paraphyses de couleur noire bleue, se change en couleur vert noirâtre dans l'ammoniaque

133. S. **compressum** Ach. — Suisse, France, Allemagne.   134 S. **coralloides** Pers. — Toute l'Europe.   135 S. **fragile** Pers. — Toute l'Europe.

TAB. XXXVI. S. *Coralloïdes*. a La plante de gr. nat. ; d une apothécie commençant à s'ouvrir ; d' coupe verticale de la même ; c thécium, gross. 300 diam. g spores isolées gross 1,000 diam. — TAB. XXXVII. S. *Fragile* a Plante de gr nat. ; b rameau apothécifère ; b' extrémité d'un rameau chargé de spermogonies, vu à la loupe ; h spermogonie projetant des spermaties ; j spermaties grossies 300 fois (longueur est de 0,003 millim ; leur épaisseur à peine de 0,001 millim.) g deux spores vues au même grossissement ; g' spores gross. 1,000 fois. — TAB. XXXVIII. *Acroscyphus sphærophoroides*. a Plante de gr. nat. g spores (elles atteignent 35 mill. de millim. en longueur et 16 en largeur) ; i stérigmates ; j spermaties (*ces trois dernières figures d'après M. Tulasne*).

SECTION II. CLADONIODÉS.

Thalle stipitiforme, ordinairement fruticuleux et muni de squamules ou folioles. Apothécies lécideïnes biatorines.

Trib. III. BŒOMYCÉES.

Thalle de forme variée, s'étendant horizontalement, lépreux, granuleux ou squameux, dressé et portant des *podetium* formés de filaments courts, simples. Apothécies de couleur pâle ou rougeâtre, tantôt sessiles et lécidéiformes, tantôt convexes, plates et difformes, tantôt stipitées. Spores incolores, oblongues, simples ou à 2-3 cloisons. Spermogonies à stérigmates articulés, spermaties droites, courtes.

I. **GOMPHILLUS**. NYL.

Thalle d'apparence lépreuse, indéterminé, d'une délicatesse extrême, fugace, de couleur cendrée, composé régulièrement de très petites gonodies agglomérées et de rares éléments filamenteux. Apothécie stipitée, petite, de couleur brun pâle et de consistance cornée ; 8 spores cylindriques très allongées sont renfermées dans des thèques filiformes ; paraphyses soudées ensemble ; gélatine hyméniale non colorée par l'iode. Spermogonies pourvues de petits stérigmates simples ; spermaties cylindriques droites.

M. Nylander a fondé ce genre sur le *Bœomyces calicioïdes* de Delise (Duby. *Bot. Gall.*) qu'on n'a encore trouvé en France que dans la forêt de Briquebec (Manche), où son thalle se montre appliqué sur les mousses. M. Massalongo a découvert la même plante en Italie et a créé pour elle le genre *Mycetodium (Flora, 1856)*.

136 **Gomphillus calicioïdes**, Nyl. — France occidentale. — Italie boréale.

TAB. XXXIX. a La plante de gr. nat. sur un support formé de Jungermannes ; b fragment du même thalle vu à la loupe ; d coupe d'une apothécie, gros. 25 diam. c Eléments du thalle ; g spores ; j stérigmates et spermaties ; gross. de ces 3 dernières fig. 275 diam. (d'après M. Nylander).

II. **BŒOMYCES**, PERS.

Thalle crustacé ou indéterminé, pulvérulent-granuleux, ou encore squameux. Apothécies lécidéines, sessiles ou stipitées; hypothécium simulant souvent un *podetium* solide, toujours composé de filaments creux, soudés ensemble et disposés dans le sens de la longueur du stipe.

Ce genre comprend aujourd'hui 15 espèces dont 6 Européennes. Fries, qui a connu ces dernières espèces, ne conserva que le *B. roseus* pour représentant unique du genre et relégua les autres dans son genre *Biatora*. Persoon, Decandolle, Dufour et Schœrer se sont montrés moins exclusifs. — Ces plantes croissent sur la terre argileuse, dans les bruyères, sur les rochers et dans les lieux un peu marécageux. Une espèce remarquable, la seule en Europe à apothécies sessiles, le *B. icmadophilus*, se montre de préférence sur le bois mort et décomposé. On rencontre sur la forme stérile du *B. roseus*, le *Lecidea inquinans*, Tul.

137 B. **rufus**, Ach. — Europe	140 B. **Prostii**, Duf. — France (Cévennes).	143 B. **placophyllus**, Ach. — Europe boréaie (Vosges).
138 v. **sessilis**, Nyl. — Pyrénées.	141 B. **roseus**, Pers. — Europe.	
139 v. **carneus**, Fk. — Europe.	142 v. **abortiva**, Mass. — France. Italie.	144 B. **icmadophilus**, Ach. — Europe.

TAB. XL. B. *roseus* ; a plante de gr. nat. recueillie sur la terre nue ; b un fragment de cette dernière vu à la loupe ; d coupe verticale d'une apothécie, gross. 30 diam ; g' deux spores (d'après Hepp); g" le même organe (d'après M. Fée), gross. 150 diam. ; g'" le même encore (d'après M. Nylander), gross. 275 diam.; e thèques et paraphyses, gross 350 diam.; h coupe verticale d'une spermogonie attachée au thalle, gross 21 fois ; i et j stérigmates et spermaties (d'après M. Nylander). — TAB. XLI. B. *icmadophilus*. a Plante de gr nat. sur un morceau de bois décomposé recueilli à la forêt d'Oubat (Hautes-Pyrénées) ; d 3 apothécies groupées vues à la loupe ; d' coupe verticale d'une apothécie, gross. 10 diam ; e thèques et paraphyses gross. 300 diam. environ ; f spermaties, gross. 275 diam ; g spores, même amplification (selon M. Nylander); g' mêmes corps, gross. 900 diam. (d'après Hepp).

La tribu des Bœomycées comprend encore deux genres exotiques fort curieux. Le genre *Glossodium* créé par M. Nylander pour un lichen de la Nouvelle-Grenade et le genre *Thysanothecium* de MM. Berkeley et Montagne, dont on connaît deux espèces de l'Australie. Dans ces genres, la forme des Apothécies n'est pas bien arrêtée ; quoiqu'on les considère comme peltées, leur forme dépend du développement des lobes thallins sur lesquels ces organes sont appliqués.

Tab xLII *Glossodium aversum*, Nyl. *a* La plante de gr. nat. constituée par les 4 apothécies ; *e* thèque ; *g* spores, gross. 275 diam.— Tab. xLIII. *Thysanothecium Hookeri* B. et M. *a* Plante de gr. nat. ; *a'* la même, vue par-dessous (on ne distingue plus de ce côté les apothécies); *d* mince tranche verticale d'une apothécie; *c* mince tranche longitudinale d'un podetium (elle est représentée posée horizontalement sur la table d'observation); *g* spores, gr. 27 diam. (d'après M. Nylander)

Trib. IV. CLADONIÉES

Cette tribu comprend les genres *Cladonia*, Hoffm. et *Pilophoron*, Tuck. Les *Cladonia* sont intermédiaires entre les lichens horizontaux et ceux qui possèdent un thalle dressé. Le thalle peut être en totalité ou en partie soit, foliacé, à divisions inégales et profondes ou écailleux-foliolé et représenté par des *podetium* fistuleux ou demi-creux seulement, soit encore fruticuleux plus ou moins ramiforme. La texture du *podetium* est semblable à celle du thalle. L'analyse n'a fait connaître que deux couches bien distinctes : une extérieure, composée de filaments agglutinés parmi lesquels sont placés sans ordre des groupes de gonidies ; une autre intérieure, qui forme la partie la plus solide du thalle. Cette dernière est un tissu corné et blanchâtre, filamenteux, uni par une espèce de gangue muqueuse. Apothécies capituliformes, biatorines, convexes, présentant 3 couleurs : le brun, l'incarnat, le rouge ; spores simples, petites, de forme oblongue ; gélatine hyméniale à peine colorée par l'iode. Spermogonies très fines, solitaires ou groupées aux dernières divisions des rameaux ou au bord de la cupule qui surmonte les *podetium* ; Spermaties cylindriques, droites ou fléchies ; stérigmates constamment simples (non articulés).

Les Cladonies ont leur centre dans les régions arctiques et sub-arctiques ; elles fuient les pays chauds ; aussi leur nombre spécifique est-il bien réduit et les espèces peu multipliées dans la zone tropicale. M. Nylander a fait connaître 53 espèces dont 27 appartiennent à la Suède et à la Norwège et 22 à la France, tandis que la Guyane n'en posséderait que 2 ou 3. Fries, dans sa *Lichénographie Européenne*, ne relevait que 24 espèces, tandis qu'à la même époque, Delise, monographe des espèces françaises (V. Duby. *Bot. Gall.* p. 619), en énumérait 53, sans compter un nombre immense de variétés. Schœrer, 20 années plus tard, n'a indiqué que 29 espèces Européennes et 40 variétés distinguées à leur tour par un nombre fort considérable de *formes constantes*.

Hepp, Massalongo, Schœrer, Florke, Desmazières, Delise, Hampe, Mougeot et Nestler, en publiant leurs facicules naturels, ont bien fait connaître les formes réelles des espèces ou des variétés, mais la synonymie est demeurée fort confuse à cause de l'importance relative que chacun de ces auteurs accordait aux formes constatées. Pour les uns, ces caractères étaient l'œuvre accidentelle de la végétation, pour le plus grand nombre, l'état permanent et spécifique. Selon les uns, les *podetium* pouvaient être changés dans la même plante de renflés en grèles, de courts en longs, de stériles en prolifères, d'infundibuliformes en subulés, de velus en glabres, etc. etc. Ces mutations sur les mêmes thalles étaient impossibles pour d'autres, et il est survenu de cette diversité de jugements une obscurité souvent impénétrable. Sans adopter complétement les divisions de Schœrer, nous devons rendre justice à ses vues ingénieuses pour la distinction des formes les plus persistantes de ce genre difficile. C'est ainsi qu'il prend pour point de départ les tiges (*stipitum*) ; les coupes ou supports immédiats de l'apothécie (*scyphorum*) et les fructifications (*apotheciorum*). Fries a mis la couleur au premier rang et la forme du thalle au second, dans la classification des Cladonies : fidèle à sa *tétralogie* qu'il avait déjà mise en usage dans le *Systema orbis vegetabilis*, l'auteur de la *Lichénographie Européenne réformée* fait des coupes dans chaque section, selon que les espèces ont le thalle *glauque, brun, verdâtre* ou *citrin*. M. Nylander adopte deux grandes divisions pour le genre *Cladonia* fondées sur la couleur de l'apothécie. Nous appliquons son cadre à la distribution des espèces d'Europe.

A. Apothécies de couleur brune ou incarnate, nos 145-184 : 1º thalles macrophyles, nos 145-147 ; 2º thalles en coupe évasée (*Scyphophora*, Ach.), nos 148-165 ; 3º thalles ramifiées à ram. atténués dans le haut, apothécies petites (*Cladonia*, Ach.), nos 166-183 ; 4º thalle à base indéterminée, granuleux, formé de papilles qui plus tard se montrent nues, claviformes souvent rameuses (*Pycnothalia*, Ach.), nº 179.

B. Apothécies rouges (*Scyphophoræ*, Ach. pr. p.). nos 185-194. Nous avons figuré le type de chacune de ces divisions :

145 C. endivicæfolia, Fr.— Europe mérid.	162 C. degenerans, Flk. — Europe bor. et c.	179 v. sylvatica, Hoffm. — id.
146 C. alcicornis, Flk. —' idem.	163 C. carneola, Fr, — Eur. bor. (Vosges) rare.	180 v. alpestris, Schœr. — régions froides.
147 C. firma. Nyl. — (Marseille).	164 v. cyanipes, — Norwège sept.	181 v. portentosa, Schœr. — France.
148 C. pyxidata. Fr. — Cosmopolite.	165 C. straminea, Fr. — Norwège, rare.	182 C. uncialis, Hoffm. — Eur. régions froides.
149 v. pocillum, Ach.— idem.	166 C. botrytes, Hoffm.— France, Allemagne.	183 C. Amaurochrea, Schœr. —idem.
150 C. leptophylla, Flk. — Angl. Fr. Suisse.	167 C. turgida, Hoffm. — Europe boréale.	184 C. papillaria, Hoffm. — Eur. cen. Vosges.
151 C. cariosa, Flk. — Cosmopolite.	168 C. furcata, Hoffm. — cosmopolite	185 C. cornucopioïdes, Fr. — cosmopolite.
152 C. fimbriata, Hoffm. — id.	169 v. racemosa, Flk. — Europe.	186 v. pleurota, Fr. — Europe.
153 v. carneo pallida, Ach. — Europe,	170 v. corymbosa, Ach. — Eur. centr. b.	187 C. bellidiflora, Schœr. — Eur. rég. fr.
154 v. radiata, Fr. —' Cosmopolite.	171 v. muricata, Del. — France.	188 C. deformis, Hoffm. —Europe (Fr. rare).
155 v. coniocrœa, Del. — id.	172 v. pungens, Fr. —Europe.	189 C. digitata, Hoffm. —Europe.
156 C. gracilis, Hoffm.— id.	173 C. crispata, Ach. — Europe.	190 C. macilenta. Hoffm. — cosmopolite.
157 C. verticillata, Flk. — Europe, rare.	174 C. cenotea, Schr, — Eur. bor.	191 v. polydactyla, Fr. — Europe.
158 C. cervicornis, Schœr. — Europe, rar.	175 C. squamosa, Hoffm. —cosmopolite.	192 v. seductrix, Del. — Europe, rare.
159 C. cornuta, Fr. — Europe boréale.	176 C. cœspititia, — Europe boréale.	193 v. ostreata, — France (Paris).
160 v. ochrochlora, Flk. — Allemagne, Fr.	177 C. delicata, Flk. — Europe cent.	194 C. Florkeana, Fr — Suisse, France, rare.
161 C. decorticata, Fr. — Europe boréale.	178 C. rangiferina, Hoffm. — cosmopolite.	195 Pilophoron robustum, Schœr. — id

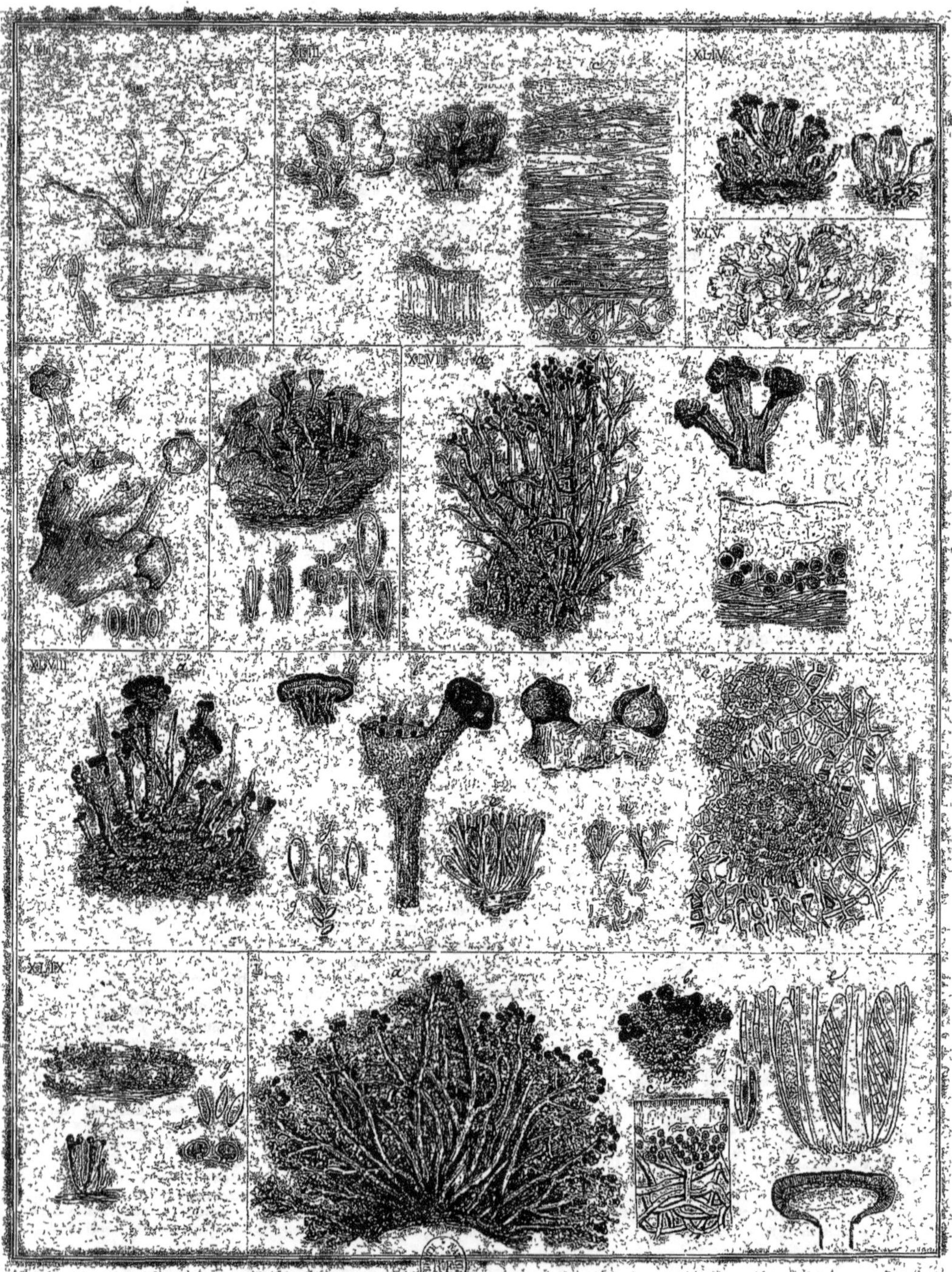

XLII. GLOSSODIUM AVERSUM nyl. XLIII. THYSANOTHECIUM HOOKERI b.ofm. XLIV. CLADONIA PAPILLARIA
ehrb. XLV. C. ENDIVIAEFOLIA fr. XLVI. C. PYXIDATA ach. XLVII. C. FURCATA hoffm. XLVIII. C. CORNUCOPIOIDES fr.
XLIX. PILOPHORON ACICULARE tuck. L. STEREOCAULON CORALLOIDES fr.

Les *Cladonia* vivent à terre, dans les lieux arides, parmi les mousses et les rochers, tantôt dans les plaines, tantôt dans les bois élevés. Le genre *Pilophoron* caractérisé par un thalle formé de podéties cylindriques chargées de granulations, presque semblables à celles des tiges des *Stereocaulon*, comprend seulement trois espèces, particulières aux régions arctiques. On les trouve sur la terre, sur les rochers et une seule, celle que nous avons figurée, est à la fois calcicole et corticole. L'Europe ne possède qu'une espèce.

Tab. xliv. C. *papillaria* a plante de gr. naturelle a' la forme *clavata*, Schœr., vue à la loupe. — Tab. xlv. C. *indiviæfolia* a plante de gr. nat. a deux apothécies sur un lobe du thalle, vues à la loupe ; g spores gross. 500 diam. — Tab. xlvi. C. *pyxidata*, a plante de gr. nat. g deux thèques et spores grosseur, 150 diam. (d'après M. Fée); g' trois spores gross. 1,000 diam. — Tab xlvii. C. *furcata* a plante de gr. nat. ; b extrémité d'un rameau fertile vue à la loupe ; c fragment d'une mince tranche du thalle gross. 275 diam. ; g spores gross. 1,000 diam. — Tab. xlviii. C. *cornucopioïdes*. a plante de grand. nat. d coupe verticale d'une apothécie vue à la loupe ; g spores gross. 1,000 diam. g' le même organe a un gross. de 300 diam. ; b fragment du lichen grossi portant une apothécie et sept spermogonies; h, disposées au bord de la petite coupe qui termine le podetium (cette figure et celles qui suivent d'après M. Tulasne); h' deux spermogonies très grossies, l'une d'elles est coupée verticalement par le milieu ; i et j stérigmates et spermaties ; e thèques et paraphyses ; c thalles naissants tirant leur origine d'un lacis de filaments (*prothallus*) imitant le mycelium des champignons. Cette figure est très grossie. — Tab xlix. *Pilophoron aciculare* Tuck. a plante de gr. nat. sur la terre nue ; b podetium vu à loupe ; d' coupe de deux apothécies ; g trois spores gross. 300 diam. environ

Trib. V. STÉRÉOCAULÉES.

Le genre *Stereocaulon* et deux genres exotiques : le genre *Argopsis*, Th. Fr. (une seule espèce des îles Campbell) ; le genre *Ozocladium*, Mont. (une seule espèce de la Guyanne), composent cette tribu.

Le thalle des *Stereocaulon* est centripète, vertical, caulescent, solide et composé exclusivement d'un axe plein (longs filaments soudés parallèlement entr'eux, n'ayant tous qu'un canal intérieur imperceptible), recouvert en partie par de petits grains ou par des fibrilles dans lesquels on trouve un *cortex*, des gonidies et une couche médullaire feutrée. — Apothécies therminales ou latérales, lécidéines, noires ou de couleur foncée, immarginées (de couleur pâle et marginées dans le jeune âge); lécanorines, noires dans quatre espèces seulement de l'Amérique septentrionale. Spores 6-8, incolores, cylindriques, septées 3-9; sommet des thèques coloré en bleu par l'iode ; paraphyses grèles. Spermogonies sur de petits capitules bruns dans le voisinage des apothécies, peu différentes, si ce n'est par la couleur, des granulations du thalle ; spermaties linéaires, presque droites.

On connaît vingt-sept espèces terrestres ou saxicoles de *Stereocaulon*. Les deux tiers sont particulières à l'Amérique septentrionale, à l'Asie et à l'Afrique méridionale. Les espèces Européennes appartiennent à la zone alpine ou sub-alpine. Elles forment d'élégants buissons sur les granits, mêlés aux mousses ou dans les fentes des rochers dans les bois élevés.

Nous divisons les *Stereocaulon* suivant la forme des folioles du thalle. A. granulations arrondies discoïdes (nᵒˢ 196-202) ; B. granulations crenelées, à divisions plus ou moins profondes (nᵒˢ 203-205); C granulations agglomérées, pulvérulentes (nᵒˢ 206-207).

196 S. **incrustatum**, Flk. — Allem. Fr. Ita. 200 S. **cereolinum**, Ach. — Eur. (Vosges). 204 S. **coralloides**, Fr. — Eur. (Vosges).
197 S. **denudatum**. Flk. — Eur. centrale. 201 S. **condyloideum**, Ach. — Eur. centrale. 205 S. **parchale**, Ach. — Eur. mérid.
198 v. **vesuvianum**, Pers. — Ital., Grèce. 202 S. **alpinum**, Laur. — Eur. zone alp. 206 S. **nanum**, Ach. — Eur. Fr. mérid.
199 S. **condensatum**, Hoff. — Europe Fr. rare 203 S. **tomentosum**, Fr. — Eur. cent. 207 S. **Delisei**, Bor. — France occid.

Tab. L. S. *coralloïdes*. a plante de gr. nat.; b extrémité d'un rameau fructifère vu à la loupe; c coupe verticale d'un fragment de foliole du thalle gross. 300 diam. d coupe d'une jeune apothécie gross. 25 diam ; e thécium ; g spores (ces deux dernières fig. gross. 400 diam. environ).

Section III. RAMALODÉS.

Thalle fruticuleux, comprimé ou cylindrique (dépourvu de folioles ou squamules horizontales), à fruits le plus souvent lécanors et plats.

Trib. VI. ROCCELLÉES,

Le genre *Roccella* Ach. et le genre *Combea* de Not. composent cette tribu. M. de Notaris a fondé ce dernier genre sur une seule espèce, le *Parmelia mollusca* d'Acharius, plante saxicole du cap de Bonne-Espérance dont les apothécies sont terminales.

Le genre *Roccella* réunit six espèces propres aux climats chauds ou tempérés ; trois sont Européennes et saxicoles et trois exotiques, vivant de préférence sur l'écorce des arbres.

Thalle centripète, cylindrique ou plan, rarement simple, plus souvent rameux, blanchâtre, comme saupoudré de farine et quelquefois couvert de glomérules sorédiques. Couche épidermique mince, cornée; couche médullaire épaisse consistant en filaments entrelacés que l'iode colore en bleu. Apothécies latérales, lécidéines (orbiculaires, planes, sessiles, munies d'un rebord fourni par l'*excipulum* propre); hypothecium noir; spores 8, fusiformes divisées par trois cloisons; gélatine hyméniale légèrement colorée en bleu par l'iode. Spermogonies indiquées sur les angles des rameaux par de très petits points noirs; spermaties aciculaires fléchies; stérigmates simples.

Les *Roccella* d'Europe vivent sur les rochers des bords de la mer. Ils forment de petites touffes dressées ou pendantes, composées souvent de plusieurs individus.

208. R. **tinctoria**, DC. — Iles de la Méditerranée. 209. R. **phycopsis**, Ach. — Littoral Europ. cent. et occ. 210 R. **fuciformis**, Ach. — Eur. occid. mer Méditer. (stériles).

Tab. LI. R. *phycopsis*; *a* plante de gr. nat. ; *d* apothécie attachée au thalle , vue à la loupe ; *d'* coupe verticale de deux apothécies gross. 40 diam. *c* coupe d'un fragment du thalle , gross 90 diam ; *g* trois spores, gr. 900 diam. — Tab. LII. R. *tinctoria*. *a* plante de gr, nat. ; *b* portion très grossie d'un rameau fructifié montrant *a a* petites apothécies normales du lichen, *m m* fructifications pulvinées, *o o* sorédies disciformes (d'après M. Tulasne). *d* coupe de deux apothécies ; *e* fragment de l'hymenium: *g* spores gross. 500 diam. ; *h* coupe d'une spermogonie gross 40 diam ; *i j*. stérigmates et spermaties gross. 300 diam.

Trib. VII. SIPHULÉES.

Cette tribu comprend deux genres : *Siphula*, Fr. et *Thamnolia*, Ach.

Le premier est caractérisé par un thalle formé de stipes cylindriques, rugueux, simples ou dichotomes ou rameux et à ramifications obtuses à leurs extrémités ; l'épithalle est blanc ou plus souvent opaque. L'anatomie du thalle a fait connaître 1° une couche corticale composée de fines cellules anguleuses; 2° des gonidies petites, colorées en vert foncé et disséminées dans la couche médullaire ; 3° cette dernière formée par des éléments filamenteux blancs, creux et placés longitudinalement. Apothécies et spermogonies dans leurs formes ordinaires encore ignorées. Fries (*Lich. Eur. p.* 406) et d'après lui Montagne (*Dict. d'Orbigny*), avaient dit à propos du *Siphula ceratites*, type du genre, et qui a été jusqu'à ces derniers temps la seule espèce qui le composait : *Apothécies d'abord closes, puis s'ouvrant par un pore renfermé dans les extrémités renflées du thalle*. Evidemment cette description incomplète des apothécies s'appliquait aux extrémités des vieilles tiges. Schœrer, qui décrivit cette plante en 1850, la tenait, comme la tient M. Nylander encore aujourd'hui, pour privée d'apothécies. Il nous a été impossible, en nous aidant d'un très fort grossissement, de découvrir dans les exemplaires que nous avons eu à notre disposition aucune trace de l'hymenium ou des spermogonies. Indépendamment du type de ce genre qu'on n'a encore trouvé que dans les Alpes de la Norwège et sur les monts Hymalaya en Asie, M. Nylander a fait connaître cinq autres espèces étrangères à l'Europe et qu'il a en partie retirées du genre *Stereocaulon* d'Acharius.

Le thalle du genre *Thamnolia* est formé de tiges cylindriques tantôt couchées, tantôt dressées, subulées, toujours simples, creuses, de couleur blanche ou citrine. La couche corticale consiste dans un lâche réseau de petites cellules ; les gonidies sont associées aux éléments filamenteux de la couche médullaire. Apothécies inconnues. Spermogonies, dans le *Th. Vermicularis*, d'organisation semblable à celle du genre *Bæomyces*. Cette dernière espèce, type du genre auquel M. Nylander réunit deux lichens exotiques qu'il a étudiés dans l'herbier du Muséum de Paris, est particulière aux régions froides et alpines de l'Europe. Elle se retrouve sur plusieurs points du globe toujours associée avec les Cladonies; elle est fort abondante dans les Pyrénées centrales.

M. Massalongo (*Flora* 1850 n° 15) a décrit la fructification du *Thamnolia*. Il dit que les apothécies sont : terminales, ressemblant à une pustule, pourvues d'un hymenium, de thèques et de spores semblables aux organes du genre Cladonia ; la description du professeur de Vérone n'est accompagnée d'aucune figure et il n'a pas compris la plante Italienne dans les *Lichenes exsiccati* qu'il a édités ; aussi sa découverte, nécessairement l'objet d'une méprise, ne saurait modifier l'opinion des lichénographes de notre époque qui considèrent, comme le faisait Fries, le *Thamnolia*, pour être constamment stérile.

211. **Siphula ceratites** Fr. — Sur la terre nue. Alpes de Norwège et mer glaciale.　　212. **Thamnolia vermicularis**, Ach. — Sur la terre parmi les mousses et les autres Lichens (Cetraires, Cladonies, Platysma) dans les parties élevées de la zone Européenne alpine.

Tab. LIII. S. *ceratites*. *a* plante de gr. nat. sur la terre nue ; *c* coupe d'une mince tranche du thalle du S. *torulosa* Tho. (d'après le docteur Nylander, gross. 275 diam ; *c'* filaments de la couche médullaire ; *c"* gonidies même grossissement. — Tab. LIV. T. *vermicularis*. *a* plante de gr. nat. croissant sur les mousses; *b* fragment du thalle vu à la loupe ; *i* stérigmates et spermaties, gross. 300 diam.

Trib. VIII. USNÉES

Thalle de couleur blanche, vert clair ou plus rarement jaunâtre ou jaune intense passant au vert, ramifié ou très rameux, cylindrique, rarement anguleux, dressé ou pendant, soutenu par un axe intérieur, filiforme et solide. Apothécies lécanorinespeltées, la plupart ciliées sur les bords (cils formés de la même texture que le thalle) ; spores petites, ellipsoïdes, incolores, simples. Paraphyses indistinctes, gélatine hyméniale colorée en bleu par l'iode. Spermogonies enfoncées dans le thalle ; stérigmates non articulés.

La couche médullaire est formée de filaments lâchement entrelacés, à la surface extérieure desquels sont distribués les gonidies. Un bouquet central, épais, d'éléments filamenteux associés dans leur longueur, rappelle par son organisation les tissus du thalle du genre *Stereocaulon*.

I. USNEA. Hoffm.

Thalle filiforme, glauque, d'abord dressé, puis pendant, extrêmement rameux, souvent couvert d'aspérités ou hérissé de ramules ou fibrilles horizontales très-courtes et composé d'un axe en cordon très-résistant qu'on peut séparer de l'écorce par la traction. Apothécies de la couleur du thalle, blanches, pâles ou glauques (rouges dans l'*U. capernis* Hoff. vertes dans l'*U. florida V saxicola* Roum.), terminales ou latérales dans la même espèce. Spermogonies latérales immergées (indiquées par une petite protubérance du thalle); conceptacle incolore, ostiole faiblement marqué; stérigmates simples, spermaties droites aciculaires (cet organe supplémentaire n'a pas encore été constaté pour les espèces qui vivent en Europe).

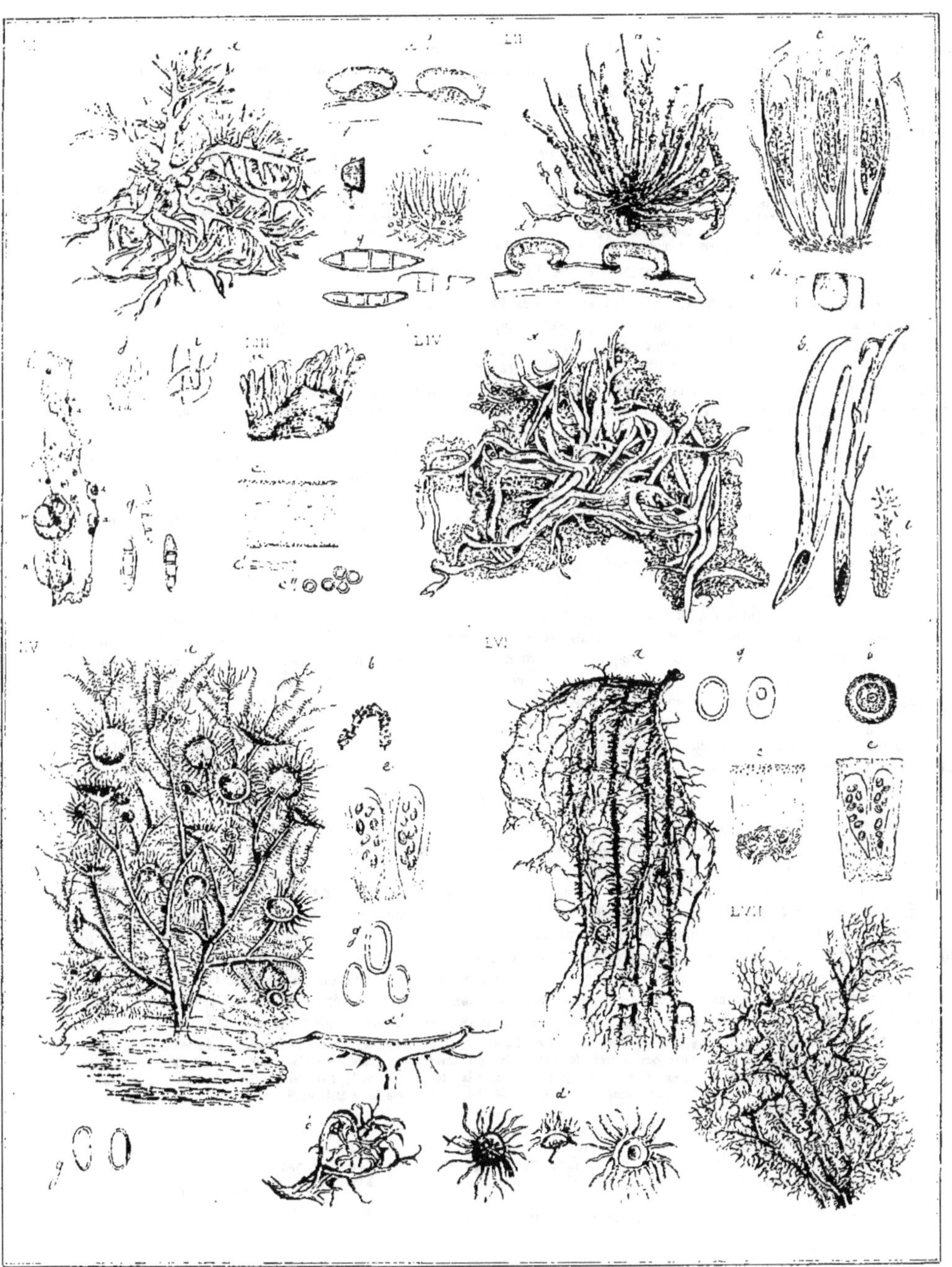

STELLATHYSCOPSIS ... R. TINCTORIA ... SIPHULA CERATITAS ...
THAMNOLIA VERMICULARIS ... USNEA FLORIDA ... CERATINA ... LVII.
...ENSIS ...

Les Usnées croissent sur les rochers, et les arbres (l'*Usnea florida var. saxicola* a pour habitat les graviers près des cours d'eau). Les formes Européennes sont à peu-près toutes cosmopolites ; elles découlent toutes pour Fries, d'un type, l'*Us. barbata* qui avec l'*U. longissima*, sont les deux Usnées auxquelles on accorde aujourd'hui le rang d'espèce. On connaît aussi cinq espèces Américaines, corticoles.

213 U. **barbata**, Fr. — cosm. (très Polymorphe)	216 v. **hirta**, Fr. — Europe. vulg.	219 v. **articulata**, Ach. —Eur. reg. Alp.
214 v. **florida**, Fr. —cosmopolite.	217 v. **dasypoga**, Fr. — Europe.	220 v. **ceratina**, Ach. — idem.
215 v. **saxicola**, Roum. — Fr. (Toulouse.)	218 v. **plicata**, Fr. — Eur. reg. Alp.	221 U. **longissima**, Ach. — Eur. cent. Pyr.

TAB. LV. U. *barbata v. florida*. *a* plante de gr. nat. sur l'écorce qui la porte ; *b* fragment du thalle vu à la loupe et montrant ses articulations et ses aspérités ; *d* coupe de l'apothécie vue à la loupe ; *e* deux spores gr. 300 diam. ; *g* trois spores gross. 1,000 diam. — TAB. LVI U. *barbata v. ceratina*. *a* la plante de gr. nat. ; *b* coupe transversale d'un rameau du thalle gross 60 diam. ; *e* coupe verticale de l'hymenium gross. 275 diam. ; *c* coupe verticale du thalle, même gross. (d'après le docteur Nylander) ; *g* spores gr. 1,000 diam. — TAB. LVII. U. *capensis* Hoffm. *a* plante de gr. nat. *b* un rameau vu à la loupe ; *b'* apothécies vues par dessus et en dessous ; *g* spores gr. 900 diam.

II. CHLOREA Nyl. classif. 2, p. 170.

Thalle cylindrique ou rameux, aplâti dans les angles des bifurcations de ses branches, offrant à sa surface et particulièrement à sa base des cavités plus ou moins irrégulières ; souple au toucher. Epithalle subopaque. Apothécies de nuances variées, mais ne s'éloignant pas de la couleur brune.

La couche corticale est représentée par une texture cellulaire cornée, pénétrée d'une matière colorante verte sous la forme de petits grains et différente de la chlorophylle. L'axe médullaire plein dans quelques espèces (*Chl. vulpina*), creux dans quelques autres (*Chl. californica* Lev. est formé d'éléments filamenteux agglutinés. A l'exception de la matière colorante verte de l'épiderme, l'iode colore en bleu les autres parties intérieures du thalle.

Ce genre, comme l'a limité M. Nylander, comprend six espèces corticoles et saxicoles ; deux sont américaines et deux appartiennent à l'Europe. Leur facies les rapproche du genre *Evernia* dont le type (*Chlorea vulpina*) a été détaché.

222. C. **vulpina** Nyl. — Rég. alp. et sub-alp. sur l'écorce des pins. (Vosges. Pyrénées).	223. C. **Soleyrolii** Nyl. —Europ. mérid. rochers. Corse.

TAB. LVIII. C. *vulpina*. *a* la plante de gr. naturelle. *b* apothécies vues à la loupe ; *c* fragment du thalle tranché longitudinalement gross. 150 diam. c' gonidies gross. 300 diam. *e* thecium gross. 500 diam. *g* quatre spores gross. 1,000 diam. *i* spermaties gross. 300 diam.

Trib. IX. RAMALINÉES.

Thalle cylindrique ou comprimé; d'abord érigé, ensuite pendant, constitué principalement par les éléments de la couche médullaire, feutrée, lâchement unis entr'eux, quelquefois creux. Apothécies lécanorines, de la même couleur que le thalle ou de couleur différente, entourées d'un rebord thallin entier, quelquefois très-apparent, quelquefois imperceptible, rarement découpé; paraphyses distinctes ou indistinctes; thèques contenant ordinairement 8 spores, rarement 3, 2 ou une; spores simples ou à deux loges, murales dans une seule espèce (*Alectoria loxensis*, Fée). Spermogonies latérales extérieurement indiquées ou par un ostiole noirâtre dans les espèces dont les apothécies sont de couleur foncée et même châtain, ou par un ostiole de couleur pâle ou de même couleur que le thalle dans les espèces qui portent des apothécies de nuance claire ou jaunâtre; stérigmates grêles, peu articulés; spermaties fusiformes, cylindriques ou oblongues.

I. ALECTORIA Ach. pr. p.

Thalle filiforme rameux ou filamenteux, d'abord droit, ensuite couché ou pendant, possédant un cortex solide, d'apparence cartilagineuse (*A. ochroléuca* et ses variétés); quelquefois complètement vide à l'intérieur (*A. divergens, bicolor, jubata*). Tissu de la couche corticale parcouru par d'étroites cavités tubulaires dirigées d'une manière irrégulière dans le sens de la longueur du thalle et plus ou moins rapprochées entre elles. Couche médullaire formée de filaments lâchement unis entr'eux et sur lesquels reposent les gonidies. Apothécies de couleur sombre sur les thalles fuscescents, et de couleur rougeâtre sur les thalles citrins. Gélatine hyméniale colorée par l'iode. Spermogonies situées à l'extrémité des rameaux et enfoncées dans le thalle (*A. ochroleuca*) ou renfermées dans les protubérances du thalle (*A. Bicolor*).

On connaît neuf espèces d'*Alectoria*, dont cinq appartiennent aux régions tempérées de l'Amérique. On trouve les quatre espèces Européennes dans les grandes forêts de la zone alpine suspendues en touffes épaisses aux branches des sapins ou vivant sur les rochers et sur la terre nue ; elles sont presque toujours associées sur le même support avec les Usnées.

Les espèces du genre *Alectoria* d'Acharius que nous conservons, avaient été fondues par Fries dans un genre qui ne manque pas d'affinités avec ce dernier, le genre *Evernia* qu'il comprenait dans la tribu des Parmeliacées. Schœrer n'admit pas davantage le genre *Alectoria* et il renvoya, à l'imitation de l'auteur de la Flore française, toutes ses espèces dans le genre *Cornicularia* qu'il plaça dans la tribu des Usnées. M. Nylander a limité ce genre à trois *Alectoria* et à deux *Cornicularia* d'Acharius, et la place qu'il lui donne dans la tribu des Ramalinées, est celle que lui a assignée M. Fée dans le Supp. à l'Essai sur les lichens des écorces exotiques. Officinales.

224 A. **divergens**, Ach. — Eur. arct. Suède.	228 f. **prolixa**, Ach. — Eur. Vosges, Pyr.	232 A. **ochroleuca**, Ehrh. —sur la terre. alp.
225 A. **bicolor**, Ach. — Eur. reg. Alp.	229 f. **cana**, Ach. — id.	233 v. **cincinnata**, Fr. — roc. marit.
226 f. **melaneira**, Ach. (1) — (Mont-Dore).	230 f. **setacea**, Eur. — reg. mont.	234 v. **sarmentosa**, Ach. —cort. bois. mont.
227 A. **jubata**, Ach. — Eur. reg. m. cort. et sax.	231 f. **chalibeyformis**, Ach. (Pyr.)	235 f. **crinalis**, Ach. — id.

(1) La lettre *f.* signifie *forme*, diminutif de l'expression *variété* indiquée par la lettre **v**.

Tab. lix. A. *ochraleuca* a plante stérile de gr. nat., c'est dans cet état qu'on la rencontre habituellement dans les Pyrénées ; a plante fructifiée, du Mont-Cenis ; d' coupe d'une apothécie vue à la loupe ; e thèques et paraphyses gross. 600 diam. ; g trois spores gr. 1,000 diam. — Tab. lx. a *jubata*. a plante de gr. nat. ; b rameau du thalle fructifié vu à la loupe ; c coupe transversale du même rameau gross. 50 diam. ; c' la 10ᵉ portion de la même tranche circulaire vu à une gross. de 300 diam. , c" coupe longitudinale d'une portion du thalle, même grossissement; g spores gross. 1,000 diam.

II. EVERNIA Ach. Nyl.

Thalle blanc, cendré, verdâtre, ou jaune opaque, mou, et quelquefois comme flétri, dressé ou s'élevant perpendiculairement , souvent couché ou pendant, déprimé, laminaire ou presque cylindrique, découpé diversement ou·très-rameux, privé de fibrilles rhizinoïdes ; intérieurement formé de filaments médullaires pressés, ne présentant aucun vide (couche corticale très-mince, formée de cellules peu distinctes et sous lesquelles on ne trouve que de rares gonidies). Apothécies latérales, spores petites, ellipsoides simples. Conceptacle des spermogonies noir à l'extérieur, incolore à l'intérieur ; stérigmates peu articulés; spermaties aciculaires, droites.

Trois espèces Européennes composent ce genre : on les trouve sous toutes les latitudes, mais plus fréquemment dans la zone boréale. Elles vivent généralement sur les écorces dans les bois élevés. Cependant on les voit attachées au bois mort et sur les rochers.

Ce genre se rapproche des Parméliacées par la forme de l'apothécie; aussi Acharius avait-il réuni les espèces qui le composent à son genre *Parmelia*. Cependant il s'éloigne de ce dernier genre par le thalle qui est fruticuleux, et constamment dépourvu des rhizines naissant de la face inférieure des Parméliacées. Acharius fonda plus tard pour nos *Evernia* le genre *Borrera* qui n'a pas été conservé. Hoffman plaça ces espèces dans l'ancien genre *Lobaria* ; De Candolle et Schœrer les placèrent dans le genre *Physcia*, toujours dans la tribu des Parméliacées. Fries conservait bien le genre Evernia, mais il le renforçait du genre *Alectoria* qui précède.

236 E. **furfuracea**, Man. — Europe, forêts montueuses, rare, sur les rochers.
237 E. **prunastri**, Ach. —Europe, vulgaire.
238 E. **saxatilis**, Fr. — sur les graviers.
239 E. **divaricatus**, Ach. —Sur les sapins dans les forêts montueuses.

Tab. lxi. E. *furfuracea*. a Plante de gr. nat. e thécium ; gr. 500 diam. ; g 3 spores, gr. 1000 diam.

III. DUFOUREA Ach. pr. p.

Thalle suffruticuleux presque cylindrique, fourchu, à rameaux courts, obtus à leurs extrémités, de couleur jaune. Couche corticale très-mince, cornée et formée d'un·tissu fort serré ; épithalle lisse et uni ; couche médullaire très-épaisse paraissant constituer tout le thalle et formée d'éléments filamenteux plus distincts au centre. Apothécies ignorées. Spermogonies noires légèrement proéminentes et placées latéralement et vers l'extrémité des rameaux; stérigmates simples ou bi-articulés ; spermaties aciculaires, droites.

On ne connaît qu'une espèce, dont le *facies*, moins la couleur, est celui du *siphula ceratites* et qui vit sur les rochers ou la terre nue dans la zone alpine Européenne, notamment en Suisse et en Allemagne.

240. D. **madreporiformis**, Ach. La plante que nous avons figurée (Tab. lxii a) de grandeur naturelle avec ses stigmates et ses spermaties (*ij* gross. de 300 diam.), provient des alpes du Valais. Sa place dans la distribution systématique des lichens doit être incertaine, tant qu'il n'aura pas été possible d'étudier l'apothécie.

IV. RAMALINA Ach. Fr.

Thalle uniformément blanc, jaunâtre ou de couleur pâle, cylindracé ou plan, brillant ou presque opaque, flasque, mais plus souvent raide, dressé, quelquefois couché ou pendant, diversement divisé. Apothécies éparses sur le thalle et occupant l'une et l'autre de ses faces lorsqu'il est plan ; de même couleur que le thalle ou plus pâles, recouvertes de poussière blanche dans quelques espèces ; spores incolores, oblongues, courbées et divisées en deux loges ; paraphyses grêles, isolées ; gélatine hyméniale colorée en bleu par l'iode. Spermogonies éparses, indiquées par des ponctuations noires ou incolores ; stérigmates peu articulés, allongés et anastomosés entr'eux; spermaties cylindriques droites.

La couche corticale offre deux sortes de structure : tantôt elle est solide, comme cornée et formée alors de cellules peu appréciables et indistinctes : tantôt, et c'est dans le plus grand nombre des espèces, le tissu n'est formé que par des filaments tubuleux, pressés et appliqués les uns contre les autres dans le sens de leur longueur. Toutes les parties du thalle se colorent en jaune brun dans l'eau iodée.

Les Ramalines sont corticoles ou saxicoles. Elles se rencontrent dans toutes les parties du globe, mais de préférence dans les régions tempérées. Tel qu'il a été limité par M. Nylander, ce genre renfermerait 15 espèces dont cinq seulement appartiennent à l'Europe.

Le célèbre Fries regarda ce genre comme une aberration de son genre *Evernia*, et les espèces qui la composent comme si voisines entr'elles, qu'il fut tenté de les réunir en une seule. Il ne fut dissuadé de prendre ce parti (il le dit dans la *Lich. Eur. ref.*, pag. 29) qu'en considérant les propriétés de ces espèces qui n'étaient point les mêmes; considération, il faut l'avouer, qui serait aujourd'hui de bien peu d'importance. M. Massalongo met le genre *Ramalina* au nombre de ceux qui, par la variation des formes de ses espèces, doivent excercer le plus l'attention et la patience des lichénologues. Indépendamment des variétés déjà admises du R. *calicaris*, il décrit dans ses *Lichenes Italici exiccati*, et il publie 9 formes distinctes qu'il rapporte à un type R. *polymorpha*, qui n'est pas l'espèce à laquelle Acharius a imposé ce nom. Ces formes, consistant dans le développement en longueur ou en largeur des ramifications thallines, sont faciles à constater dans toutes les stations lichénologiques; et personne en France n'a eu la pensée de les élever au rang de variétés. Les observations que M. Speerschneider a publiées sur l'anatomie microscopique des *Ramalina* dans le *Bot. zeitung* de l'année 1855, nous paraissent mériter une plus sérieuse attention. Le botaniste allemand essaie de prouver que les variétés *farinacea, fastigiata, canaliculata* et *calicaris* du *Ramalina fraxinea* (pour nous le R. *calicaris* est le type et la forme *fraxinea* la variété), sont autant de types distincts devant conserver conséquemment leur rang d'espèce. Voici les remarques de cet auteur : Il n'existerait que très peu de vide pour le tissu médullaire qui manquerait même par places, ainsi que la couche gonidique, entre les tissus supérieurs et inférieurs dans le R. *fraxinea*.

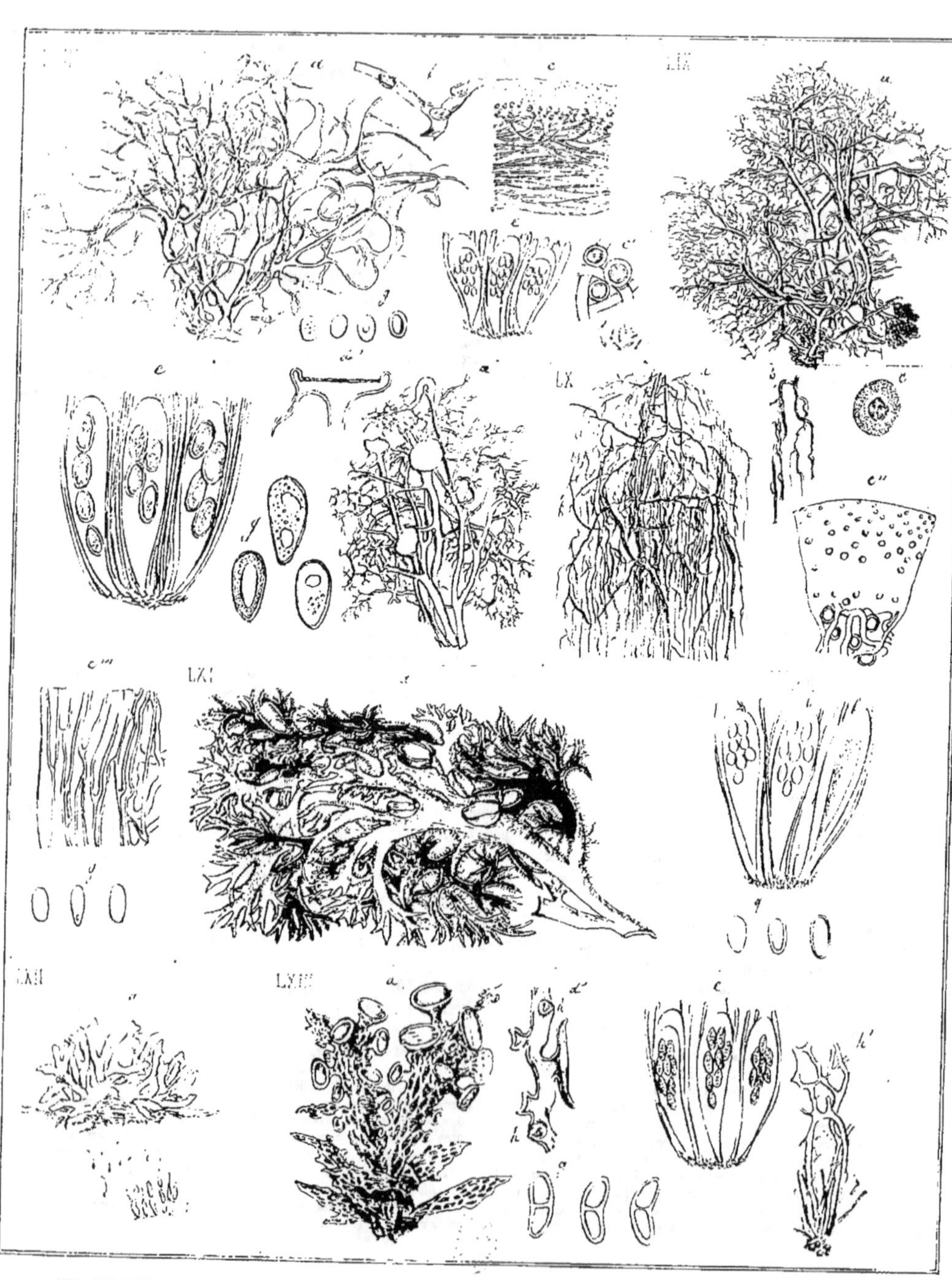

LVIII CALICREA VULPINA ...LIX. ALECTORIA OCHROLEUCA ...LX. A. JUBATA ach...LXI.
EVERNIA PURPURACEA mann...LXII. DUFOUREA MADREPORIFORMIS ach...LXIII. RAMALINA
FRAXINEA fr.

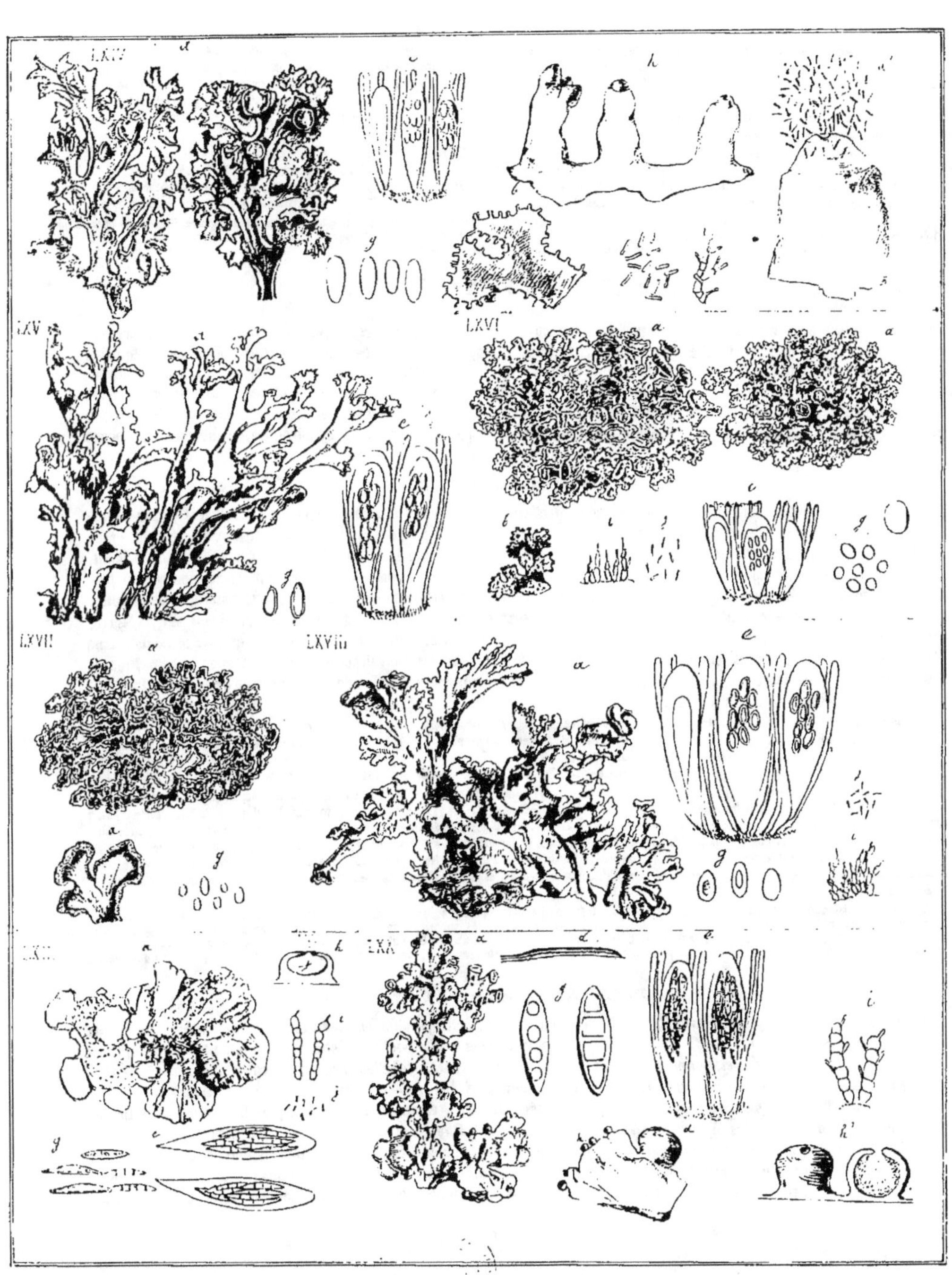

LXIV. CETRARIA ISLANDICA ach. LXV. PLATISMA CUCULLATUM, Hoffm. LXVI. P. JUNIPERINUM Nyl.
LXVII. P. PINASTRI, ach. LXVIII. P. GLAUCUM, Nyl. LXIX. NEPHROMA ARCTICUM, fr. LXX.
NEPHROMIUM TOMENTOSUM, Nyl.

Le tissu médullaire serait plus développé et la couche gonimique serait plus mince et fréquemment interrompue dans le R. *farinacea*. L'écorce ne serait jamais très épaisse et serait même assez mince dans les R. *canaliculata* et R. *fastigiata* ; la moelle lâche et laissant des vides ; la couche gonidique étant ordinairement plus mince et plus lâche que dans le R. *fraxinea*. Quant à l'anatomie du tissu cortical des *Ramalina* dont il s'agit, elle présenterait beaucoup d'uniformité. Ces différences dans l'organisation du thalle sont-elles suffisantes pour élever une variété au rang d'espèce? Nous répondrons négativement, puisqu'il est de règle admise aujourd'hui , que tous les éléments du lichen doivent concourir à sa classification, et qu'il serait téméraire de fonder une espèce sur un caractère isolé ou trop peu important comme celui par exemple de la consistance des tissus du thalle.

241 R. **scopulorum**, Ach. — rochers marit.	245 R. **calicaris**, Fr. — sur le chêne fréq..	249 **v. farinacea**, Fr. — cosmop.
242 **v. implexa**, Nyl. — id. et arb. Corse.	246 **v. canaliculata**, Fr. —	250 R. **pusilla**, de Pr. — Eur. mér. raré.
243 **v. cornuata**, Ach. — id. avec le type.	247 **v. fraxinea**, Fr. — cosmopolite.	251 R. **thrausta**, Fr. — roc. et arb. rare.
244 R. **polymorpha**, Ach. — id. et mont. alp.	248 **v. fastigiata**, Fr. — id.	252 R. **pollinaria**, Ach. — Rochers. Eur. mér.

Tab. LXIII. R. *calicaris* var. *fraxinea*. a Plante de gr. nat.; d coupe longitudinale grossie d'une apothécie et de deux spermogonies (h); h' fragment très grossi de la coupe d'une spermogonie (d'après M. Tulasne). À la base sont les stérimagtes et entre ceux-ci il en naît d'autres beaucoup plus grands et plus gros, anastomosés entr'eux et qui remplissent la cavité de la spermogonie d'un lacis peu serré.

Trib. X. CÉTRARIÉES.

Thalle de couleur brun-rouge, brun, quelquefois blanc ou jaune, ordinairement resserré, rarement tubuleux ou presque tubuleux, fruticuleux ou presque foliacé à ramifications étroites, allongées ou à larges expansions (membranacé), quelquefois lobées , à superficie (épithalle) luisante, intérieurement rempli par des filaments blancs rappelant les étoupes du chanvre. Apothécies lécanorines, marginales; spores au nombre de 8 dans chaque thèque, petites, incolores, simples; paraphyses, nullement divisées; gélatine hyméniale colorée en bleu par l'iode. Spermogonies marginées, renfermées dans le thalle à l'extrémité des poils ou des papilles, de couleur noire ou brune ; spermaties droites, cylindriques, fusiformes ou encore ellipsoïdes.

I. CETRARIA Ach. pr. p. Nyl.

Thalle de couleur roux-châtain ou châtain clair, raide, fruticuleux, dressé ou ascendant, légèrement resserré (ou membranacé-plan vers les extrémités des rameaux), formé de laciniures plus ou moins larges ou plus ou moins étroites et rarement creux au centre (C. *aculeata*, alors l'intérieur est très imparfaitement rempli par un lacis de filaments blancs) ; Epithalle brillant, seul coloré en roux-châtain; couche corticale formée d'un tissu cellulaire, corné, très-homogène. Apothécies marron ou bai-brun. Spermogonies renfermées dans le sommet des épines thallines : spermaties cylindriques, courtes, stérigmates simples.

Les Cétraires, limitées à 4 espèces, dont 3 Européennes, sont particulières aux régions froides et vivent sur la terre, parmi les mousses et sur les rochers. Le type du genre, le C. *Islandica*, qui fournit la décoction ou gelée que la médecine emploie avec succès dans les affections pulmonaires chroniques et dans les convalescences, est fort abondant en France, sur les Pyrénées, le Mont-Dore et les Vosges. Les Pyrénées seules fournissent annuellement au commerce de la pharmacie dans le Midi, plus de 30.000 kilog. du Lichen.

253 C. **islandica**, Ach. — ter. stér. Eur. alp.	257 F. **erinacea**, Schœr. — alp. Suisse.	261 **v. muricata**, Ach. — Allem. France.
254 F. **platyna**, Ach. — Eur. alp.	258 F. **delisei**, Schœr. — Laponie.	262 **v. acanthella**, Ach. — Fr. Bordeaux.
255 **v. crispa**, Ach. — Eur. alp. Suisse.	259 C. **nigricans**, Nyl. — id.	263 f. **Fourcadei**, Nob. — Pyr. cent.
256 F. **tubulosa**, Schœr. — Laponie.	260 C. **aculeata**, Fr. — Eur. bor. et cent.	264 C. **odontella**, Ach. — Eur. bor. Norwège.

Parmi les formes variées que présentent les C. *islandica* et *aculeata*, nous signalerons la sous-variété *Fourcadii* élégante et microscopique réduction du type qui croît dans les Pyrénées centrales, sur les mousses et sur le thalle d'autres lichens. M. Ch. Fourcadé, zélé bryologue, à qui nous l'avons dédiée , l'avait recueillie le premier. Fries comprenait dans le genre *Cetraria* la plupart des espèces du genre *Platysma* d'Hoffman. Pour lui, les Cetraires tenaient le milieu entre les lichens à thalle ascendant-fruticuleux et ceux dont la forme filiforme s'étend horizontalement sur le sol ou rampe parallèlement au corps qui les porte. M. Nylander a réduit considérablement le genre *Cetraria* en faisant revivre dans le genre *Platysma* les espèces de Cetraires des auteurs qui ont un thalle presque horizontal et foliacé. La présence simultanée sur les bords du thalle, des spermogonies et des apothécies dans les *Platysma*, a motivé d'un autre côté la conservation des deux genres.

Tab. LXIV. C. *islandica*. a Plante fertile et plante stérile ; e thécium, gr. 500 diam ; g 4 spores, gross. 1000 diam.; b lobe du thalle vu à la loupe : les cils raides qui le bordent donnent naissance aux spermogonies ; h trois de ces cils très grossis, l'un d'eux est surmonté d'un groupe de spermogonies, les deux autres n'en ont produit chacun qu'une seule (cette figure et les trois qui suivent, d'après M. Tulasne); h' l'une de ces spermogonies solitaires extrêmement grossie et représentée dans l'acte de la dissémination des spermaties ; i stérigmates ; j spermaties gross. 1000 diam. (ces petits corps mesurent 0mm0065 de longueur environ).

II. PLATYSMA. Hoffm. pr. p. Nyl.

Thalle de couleurs variées (jaune, blanchâtre, bai-brun, rarement noirâtre), raide ou assez résistant, fruticuleux rarement presque cylindracé (dans une espèce P. *tristis*), le plus souvent membraneux-foliacé, lobé ou lacinié ; pourvu de fibrilles rhizinoïdes (P. *Oakesianum, leucostigmum, ciliare*) et quelquefois portant ses cyphelles (dans une espèce exotique P. *Wallichiana*). Apothécies marginales on presque marginales de couleur pâle, bai-brun ou tirant sur le roux ; situées rarement à la partie inférieure du thalle (dans une espèce exotique P. *Stacheyi* Bab.), rarement encore presque dispersées sur le thalle. Spermogonies renfermées dans les épines ou les papilles du thalle (P. *Rhytidocarpum*) ou contenues dans les petits tubercules thallins (P. *triste, fahlunensis, glaucum*); spermaties aciculaires, un peu épaissies, en fuseau à une de leurs extrémités (P. *glaucum, juniperinum*) on aciculaires, très-légèrement épaissies au voisinage de leurs extrémités (P. *nivale, cucullatum*); couche corticale cellulaire, formée habituellement de cellules d'organisation obscure et rarement parcourue par des cavités tubulaires.

8

Les *Platysma* appartiennent aux deux hémisphères. Ils vivent sur la terre, les rochers, au tronc des arbres et sur le bois mort, principalement dans les régions froides. On en connaît 25 espèces dont 10 sont Européennes.

Le caractère extérieur qui permet de distinguer tout d'abord les lichens des genres *Cetraria* et *Platysma*; c'est, pour le premier genre, la forme tenue et arrondie des branches et l'aspect qu'ils ont d'un petit buisson. Pour les seconds, c'est la forme laminaire de leurs expansions.

265 P. **nivale**, L. — Eur. alp. Pyrénées.	271 **v. chlorophilla**, Whl. — r. s.-alpine.	277 **tabulosa**, Schœr. — Alpes, Suisse.
266 P. **cucullatum**, Hoff. — id.	272 P. **fahlunense**, Ach — sur les rochers alp.	278 **v. pinastri**, Ach. — Alpes, Pyr.
267 P. **complicatum**, Laur. — Bavière.	273 P. **commixtum**, Nyl. — id. zone alpine.	279 P. **glaucum**, Hoff. — mont. de toute l'Eur.
268 P. **oakesianum**, Tuck. — id.	274 P. **Juniperinum**, L. — Europe alpine.	280 **v. fallax**, Web. — avec le type. Pyrénées.
269 P. **triste Web**, — r. zone alp. Pyr.	275 *f* **terrestris**, Schœr. — terrest alp.	Aveyron. Mont-Dore.
270 P. **sœpincola**, Hoff. — sur les genévriers.	276 *f.* **alvarensis**, Whl. — Norwège.	

Après avoir conservé les *Parmelia tristis* et *fahlunensis* dans ce même genre formé par Acharius, M. Nylander les a récemment placées dans le genre *Platysma* ; sa détermination est plus facile à comprendre pour le P. *tristis* que pour le P. *fahlunensis*. Néanmoins le thalle fastigié de l'une et l'autre espèce, fruticuleux, à rameaux dichotomes, presque cylindriques, les éloigne un peu des *Parmelia* proprement dits ; leurs spermogonies sont marginales, tandis qu'elles sont éparses sur le thalle des *Parmelia* ; leurs apothécies sont presque terminales et elles sont dispersées dans les *Parmelia*.

Tab. LXV: P. *cucullatum*. *a* Plante fertile de gr. nat.; *e* thécium, gr. 600 diam.; *g* spores 1000 diam. environ. — Tab. LXVI. P. *juniperinum*. *a* Plante fertile de gr. nat.; *a'* plante plus jeune ; *b* lobe du thalle vu à la loupe ; *e* thécium, gr. 500 diam. ; *g'* spores, gross. 600 et 1000 diam.; *i* stérigmates ; *j* spermaties, gross. 300 diam. — Tab. LXVII. P. *pinastri*. *a* Plante de gr. nat.; *a'* lobe du thalle vu à la loupe ; on distingue les sorédies qui le bordent (cette espèce est fort rarement fructifère); *g* spores (d'après Hepp). — Tab. LXVIII. P. *glaucum*. *a* Plante fructifère de gr. nat.; *e* thécium, gross. 600 diam.; *g* spores, gr. 1000 diam.; *i* stérigmates ; *j* spermaties, gross. 300 diam.

Section IV. PHYLLODÉS.

Thalle foliacé, légèrement creusé au centre, lobé, stellé ou partagé en laciniures assez larges, rarement et par exception seulement, divisé davantage et alors fruticuleux. Tissu médullaire formé de filaments lâchement entrelacés, cependant solide dans le genre *Everniopsis*. Apothécies peltiformes (g. *Peltigera*) ou Lécanorines (g. *Parmelia*) ou Lécidéines simples (g. *Pyxine*), ou lécideines ou plissées en spirale (g. *Umbilicuria*). Spermogonies superficielles, stérigmates articulés ou arthostérigmates ; spermaties courtes aciculaires, ou presque cylindriques droites dans plusieurs espèces, retrécies au centre. Les Phyllodés représentent dans la famille des Lichens les espèces qui atteignent au plus haut degré de développement. Les genres *Sticta* et *Parmelia* sont placés au centre de cette section et ils méritent cette place d'honneur autant par leur beauté que par leur dimension et le développement de leur organisation intime.

Trib. XI. PELTIGÉRÉES.

Thalle (Fronde) étalé, dilaté ; couche corticale fesant le plus souvent défaut à la face inférieure. Apothécies peltiformes (arrondies, uniformes ou oblongues), marginales, placées soit à la face inférieure, soit à la face supérieure ou éparses à la superficie de la fronde ; spores au nombre de huit dans les apothécies marginales, incolores, fusiformes cylindriques ; dans les apothécies éparses : brunes, ellipsoïdes, biloculaires ; Paraphyses divisées, articulées, assez épaisses dans un grand nombre d'espèces. Dans les espèces pourvues de spermogonies, présence d'arthrostérigmates.

Couche corticale formée d'utricules cellulaires ; couche gonidique représentée par des grains gonidiaux souvent soudés les uns aux autres, mais toujours séparés dans le genre *Nephroma*.

I. NEPHROMA Ach. pr. p. Nyl.

Thalle pourvu d'une couche corticale qui occupe la face inférieure aussi bien que la face supérieure ; cette dernière de couleur ochracée ou pâle, face inférieure noire dans l'espèce Européenne, pâle ou blanche dans les espèces exotiques. Couche gonidiale formée de gonidies proprement dites (divisées en cellules). Apothécies brunes ou tirant sur le roux. Spermogonies indiquées par un petit tubercule de la même couleur que le thalle.

Ce genre comprend 4 espèces vivant sur les rochers, parmi les mousses et sur l'écorce de quelques arbres dans la zone arctique ou boréale. Une seule appartient à l'Europe.

281 N. **arcticum**, Fr. — Norwège, Suède, alpes de la Finlande. Stérile sur les monts Karpath.

Tab. LXIX. N. *arcticum*. *a* Plante de gr. nat., une portion est vue en-dessous avec ses apothécies ; *h'* coupe d'une spermogonie ; *i* stérigmates ; *j* spermaties vues à une gross. de 300 diam. ; *e* deux thèques; *g* cinq spores, gross. 500 diam.

Le genre se rapproche par ses formes extérieures du genre qui suit ; il n'en diffère essentiellement que par la composition de la couche gonimique. Dans le genre *Nephromium*, en effet, on ne trouve que des grains gonidiaux agglomérés par 7-8 ensemble. C'est le motif qui a autorisé M. Nylander à former un genre séparé.

II. NEPHROMIUM Nyl.

Thalle plus fragile que le thalle des *Nephroma* ; de couleur de cuir, glauque ou brunâtre ou rarement pâle ; couche gonidiale réduite à des grains gonidiaux arrondis, souvent soudés en chapelet ; rhizines composées d'éléments filamenteux complétement homogènes. Apothécies brunes tirant sur le roux, ou de couleur de brique ; gélatine hyméniale colorée en bleu par l'iode.

L'habitat des *Nephromium* ne diffère pas de celui qui est propre aux *Nephroma* ; cependant on les trouve dans une région

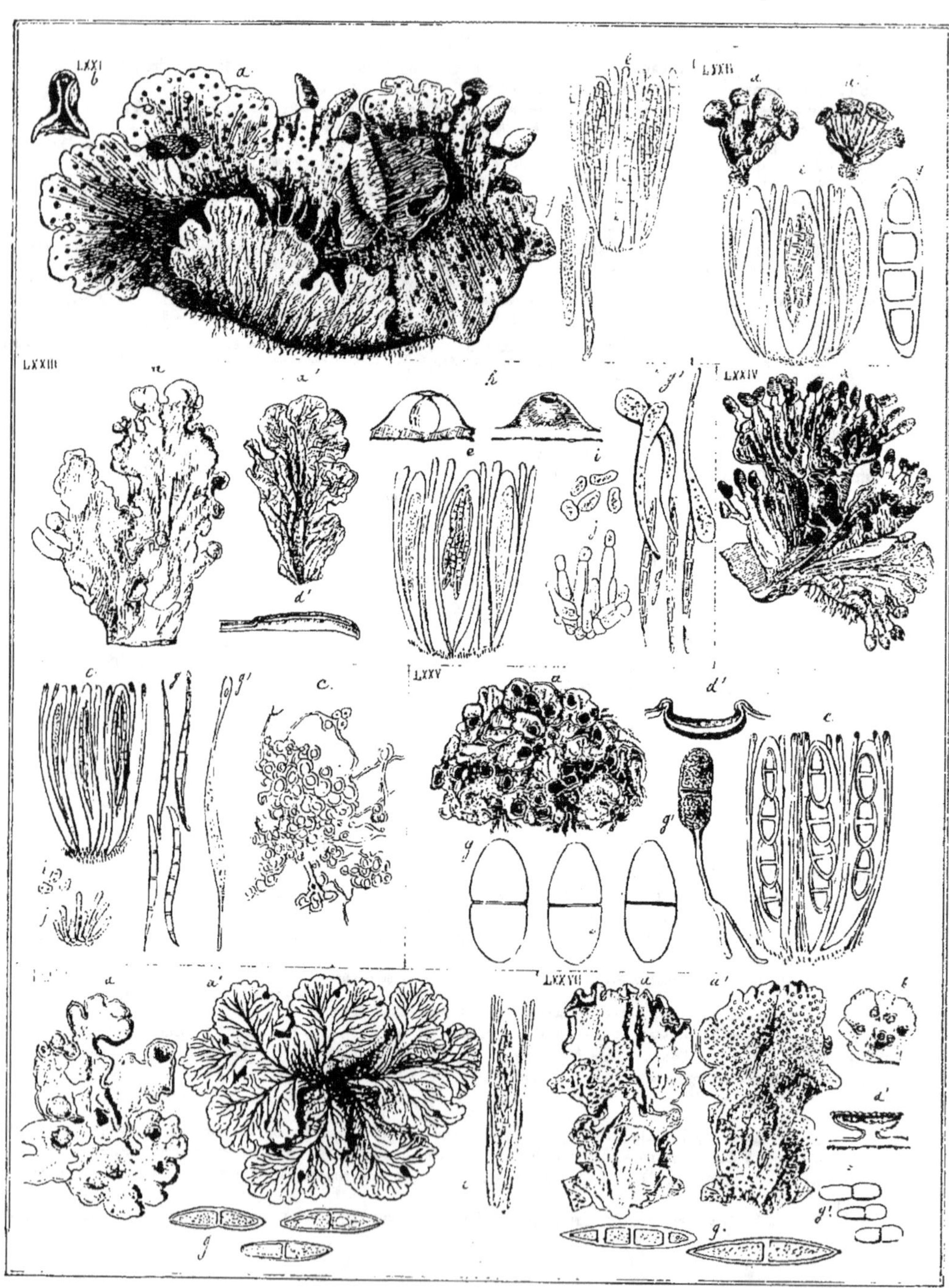

moins froide. Deux espèces et leurs variétés sont à peu près seules Européennes. On en connaît 4 autres qui appartiennent à l'Amérique.

282 N. **expallidum** Nyl. — alpes de Norwège.	284 **v. rameum** Schœr. — sur les sap. Suis.	287 **v. parile** Ach. — Alpes. Pyrénées.
283 N. **tomentosum** Hoff. — Eur. forêts mon-	285 **v. helveticum** Ach. — Suisse. Allem.	288 **v. papyraceum** Hoffm. — br. des sap.
tueuses.	286 N. **levigatum** Ach. — presque cosmopolite.	Pyrénées. Suisse.

TAB. LXX. N. *Tomentosum. a* plante de gr nat. ; *d* coupe d'une apothécie vue à la loupe ; *e* thécium gr. 500 diam. *g* deux spores gross. 1,000 diam. *d'* fragment du thalle grossi montrant une apothécie (*d*) et plusieurs spermogonies (*h*) ; *h'* spermogonie très grossie et coupe verticale de la même ; *i* stérigmates extrêmement grossis portant des spermaties.

III. **PELTIGERA.** HOFFM. — ACH.

Thalle fragile, privé de couche corticale à sa face inférieure qui est parcourue par de nombreuses veines ou nervures saillantes anastomosées, rhizines formées d'éléments filamenteux réunis en faisceau ; face supérieure de couleur verdâtre ou cendrée, ou livide ou même brune ; face inférieure blanc sale ou souvent noirâtre. Apothécies colorées en brun-rouge ou en brun tirant sur le noir, placées régulièrement sur les bords des lobes du thalle ; spores 3-6-8 ou en plus grand nombre, allongées, septées ; gélatine hyméniale colorée en bleu par l'iode, thèques également colorées par le même réactif soit à leur sommet, soit jusqu'à la moitié de la thèque, spores insensibles à l'action de l'iode.

Les spermogonies découvertes par M. Tulasne n'ont été constatées que dans trois espèces (*P. canina, P. horizontalis* et *P. rufescens*). Elles sont représentées à l'extrême bord du thalle, par de petits tubercules très obtus que l'on prendrait pour de jeunes apothécies, mais qui ont ordinairement une teinte brune plus foncée. M. Nylander voit uniquement dans ces organes des Pycnides. Selon M. Tulasne, indépendamment des spermogonies, le thalle du *P. canina* porte aussi des pycnides d'organisation variée et il a créé pour ces corps parasites le genre *Scutula* (l'espèce que nous figurons a été rapportée par M. Nylander à un *Lecidea*) et le genre *Celidium* (MM. Duby et Nylander attribuent le caractère de champignon aux espèces de ce dernier genre).

Les Peltigères sont terrestres et vivent parmi les mousses sur les rochers et de préférence dans les bois. Les espèces Européennes sont répandues avec une semblable abondance dans les régions boréales de l'Amérique. Le nouveau continent n'en possède aucune qui lui soit propre.

289 P. **aphthosa**, Hoffm. — Rég. alp. et sub. al.	294 *f.* **ulorrhiza**, Flk. — vulgaire	299 **v. scutata**, Fr. — Europe cent.
290 **v. leucophleibia**, Nyl. — France, rare.	295 *f.* **inflexa**, Del. — France occident.	300 *f.* **limbata**, Del. — France occid.
291 P. **malacea**, Fr. — Europe tempérée.	296 P. **rufescens**, Hoffm. — Cosmopolite.	301 **v. microcarpa**, Ach. — Id.
292 P. **canina**, Hoffm. — Vulgaire.	297 **v. spuria**, DC. — Europe centrale.	302 P. **horizontalis**, Hoff. — Vulgaire.
293 *f.* **membranacea**, Ach — Id.	298 P. **polydactyla**, Hoffm. — Cosmopolite.	303 P. **venosa**, Hoffm. — Rég. alpine, rochers.

TAB. LXXI. P. *aphtosa. a* plante de gr. nat. *b* apothécies ; *e* thécium gr. 400 diam. ; *g* 2 spores gr. 500 diam. — TAB. LXXII P. *venosa a* plante de gr. nat *a'* la même vue en dessous ; *e* thécium, gross. 500 diam ; *g* spore gr. 190 diam. ; — TAB. LXXIII. P. *canina a* fragment du thalle de gr. nat. *a'* le même vu en dessous *d* coupe verticale d'une apothécie vue à la loupe ; *e* thécium gr. 400 diam. ; *g* spores gross. 500 diam. ; *g'* spores germées ; *h* spermogonie et coupe verticale de la même ; *i* spermaties ; *j* stérigmates, gr. 400 diam. — TAB. LXXIV. P. *polydactyla a* plante de gr. nat. *c* filament du prothallius donnant naissance aux premiers rudiments cellullaires du thalle amplif. 380 diam. (d'après M Tulasne) ; *e* thécium gr. 400 diam. ; *g* spores gross. 500 diam. ; *g'* spore germée ; *i* spermaties ; *j* stérigmates gr. 400 diam. — TAB. CLXXXIV. *Scutula Wallrothii,* Tul. *a* fragment du thalle d'un *Peltigera canina* sur lequel on voit une multitude de petits points obscurs, qui ne sont autres que le lichen parasite ; *a'* portion grandie du même fragment ; elle porte à la fois des apothécies, des pycnides et des spermogonies du *Scutula; d* coupe verticale d'une scutelle où l'on distingue la couche corticale du Peltigera *c* et les gonidies *c*1; *g* six spores ; l'une d'elles a commencé à germer. Ces corps mesurent environ 13 millièmes de millim. ; *h* coupe verticale d'une spermogonie reposant, comme les scutelles, à la surface du *Peltigera.* On a figuré les spermaties sortant du conceptacle, *l* stérigmates tapissant l'intérieur de la spermogonie ; *j* spermaties isolées, leur longueur est d'environ un centième de millim. ; *k* coupe verticale d'une pycnide, de laquelle sort une multitude de stylospores; on voit la couche corticale du Peltigera couverte de longs poils, *c*, et quelques-unes de ses gonidies *c*1. *k*1. fragment plus grand de la même pycnide, *l* stylospores isolées, quelques-unes, encore très jeunes sont attachées à leurs styles ou stérigmates; parmi celles qui sont libres, il en est une de bi-loculaire ; mais elles sont rarement telles (d'après M. Tulasne). M. Nylander a rapporté ce *Scutula* à la forme *anomala* Ach. du *Lecidea vernalis* Ach. Il ne conserva plus dans le *Prod. gal. et alg ,* le genre *Scutula* qu'il avait placé dans son Essai de classification, dans la tribu des Lecideinés. —TAB. CLXXXVII. *Celidium fusco-purpureum* Tul. *a* portion non grandie du thalle du *Peltigera canina* sur laquelle on aperçoit plusieurs taches dues à la présence du *Celidium; a'* l'une de ces taches vue grossie ; *c* coupe verticale du thalle au travers du *Celidium* dont le centre *h* est occupé par des spermogonies ; les petites apothécies pulvinées *d, d* décroissent à partir du même point jusqu'aux limites du pore. On trouve aussi des spermogonies jusques vers les bords de celui-ci *b* coupe verticale, vue sous le microscope composé de la partie centrale du *Celidium; d, d* apothécies reposant sur la couche corticale *c* du *Peltigera; i* spermaties qui sortent des spermogonies engagées dans le parenchyme corticale déprimé ; *c* 2 quelques filaments appartenant à la médule du *Peltigera.* Les spermaties ont une très faible courbure et trois à quatre millièmes de millimètre de longueur ; *g* spores mûres dessinées à part, l'une d'elles qui est bi-loculaire a germé ; la plupart ont environ trois millièmes de millim. de longueur (d'après M. Tulasne).

IV. **SOLORINA.** ACH.

Thalle fragile, de même structure que celui des *Peltigera*, privé de couche corticale à sa surface inférieure qui est veinée et quelquefois lisse, de couleur de cendre à la surface supérieure et à l'état sec, mais d'une belle couleur verte pendant les pluies; couche gonidique formée de grains ovoïdes d'un vert gai, rarement bleuâtre, libres dans leurs cellules mères réciproques ; face inférieure du thalle de couleur blanchâtre ou orangée ; rhizines formées comme dans les *Peltigera.* Apothécies jaunâtres ou de couleur brun-noir, arrondies, planes ou convexes, éparses, adossées au thalle par toute leur surface inférieure (primitivement recouvertes d'un voile fourni par le thalle et qui se déchire pour les laisser à nu) ; spores brunes ou rousses, fusiformes-oblongues ou ellipsoïdes, à deux loges, renfermées par 8, 6, 4 ou 3 dans chaque thèque ; gélatine hyméniale colorée en bleu par l'iode de même que le sommet de la paroi thécale.

Ce genre renferme cinq espèces terrestres dont deux sont Européennes. Elles vivent dans la zone alpine et ne se montrent point dans les climats chauds.

304. **S. crocea** Ach. — Régions alpine et sub-alpine. Pyrénées.
306. **v. spongiosa** Sm. — idem. rare.

305 **S. saccata** Ach. — Régions alpine et sub-alpine. sols calcaires. Pyrénées.

Tab. LXXV. S. *saccata a* plante de gr. nat. ; *d* coupe verticale d'une apothécie vue à la loupe; *e* théclum gr. 500 diam. ; *g* spores, même amplif. ; *g'* spore germée. — Tab LXXVI S. *crocea a* plante de gr. nat. ; *d'* plante vue en dessous (selon le dessin de Wulfen rapporté par Hoffman) ; *e* thèques et paraphyses ; *g* spores gr. 500 diam.

Trib. XII. PARMÉLIÉES.

Thalle de couleurs variées (blanchâtre, cendré, jaune, jaunâtre, brun, rarement noirâtre), étalé, lobé, diversement découpé, stelliforme-lacinié, exceptionnellement fruticuleux et alors rarement cylindracé, plus rarement encore stipité au centre ou fixé par un faux ombilic. Apothécies lécanoriques (marginées par le thalle plus manifestement que dans la tribu précédente) et à peine biatorines, si ce n'est dans les formes dégénérées (marge thalline effacée) ; paraphyses divisées ou non distinctes ; spores fusiformes-septées ou simples (ellipsoïdes ou assez rarement sphériques), ou ellipsoïdes, bi-loculaires (incolores ou brunâtres); au nombre de huit dans chaque thèque (exceptionnellement au nombre de quatre ; un seul genre *Parmelia* et très rarement, offre des thèques polyspores. Spermogonies plongées dans le thalle (ou presque marginales), rarement rejetées à sa superficie, mais pourvues de stérigmates articulés ou d'arthrostérigmates.

Cette tribu compte parmi les tribus les plus considérables de la famille des lichens et renferme les plantes les plus remarquables. Elle réunit près de 150 espèces saxicoles ou corticoles qui sont diversement distribuées dans toutes les parties du monde et dont le tiers environ appartient à l'Europe.

I. STICTA. Ach.

Thalle foliacé, lobé ou lacinié (rayonnant d'un centre commun et formant d'amples rosettes faciles à détacher du support), presque stipité ou stipité dans quelques espèces, de couleur verte, grisâtre, brune glauque, rousse ou rarement jaunâtre (si ce n'est à l'état sec), souvent sorédifère ; rhizines simples ou fasciculées ; cyphelles urcéolées (vraies cyphelles) ou pulvérulentes (fausses-cyphelles), et cyphelles absentes (nulles) dans un certain nombre d'espèces. Apothécies recouvertes dans leur jeune âge par un rebord thallin (disque d'abord clos, naissant sous forme de nucleus globuleux sur la couche gonidique, puis dilaté, nu, et reposant sur la couche médullaire du thalle).

Couche gonidique consistant, tantôt en grains gonidiaux ovoïdes, solides, de couleur vert-plombé ou bleuâtre, très cohérents entr'eux (moniliformes), renfermés 2-3 ou 5-5 dans les cavités cellullaires multiloculaires dont les parois hyalines-gélatineuses permettent la distinction, tantôt en gonidies véritables, c'est-à-dire en grains isolés (libres) peu abondants, de forme plus petite, mais constamment de couleur vert-gai passant au jaune.

Cette différence dans le système gonidial des *Sticta* a fourni le sujet à M. Nylander de créer dans le *Synopsis* le genre *Stictina* pour les espèces à grains gonidiaux et de réserver le genre *Sticta* pour les espèces à gonidies thallines ordinaires. D'après cet auteur, le premier genre renfermerait 28 espèces; le deuxième 21, etc. Le genre *Ricasolia* démembré par M. de Notaris, du même genre *Sticta*, en fournirait 15 ; soit au total 64 espèces, dont 14 se rencontrent en Europe. La plus grande partie se retrouve dans les contrées presque équinoxiales et dans l'hémisphère austral; on compte 18 espèces dans la zone antarctique, tandis que la Laponie en revendique 3 seulement.

Les Stictes, répandant dans les lieux humides où ils croissent une odeur fétide qui leur est particulière et qui rappelle un peu celle du chanvre, ils perdent cette odeur par la disseccation, mais l'humidité la leur rend bientôt. L'habitat des *Stictina*, des *Sticta* et des *Ricasolia* est le même ; ils vivent au tronc des arbres, dans les forêts et sur les rochers parmi les mousses.

Tous les auteurs ont conservé le genre *Sticta*, sauf Eschweiler qui le regarde comme un simple démembrement du genre *Parmelia*. Acharius lui rendit dans la *Lichenograp. universelle* les espèces qu'il avait attribuées, dans sa *Méthode* au genre *Parmelia*. On a dû considérer que les cyphelles étaient un des caractères essentiels du genre *Sticta* ; que la forme des apothécies au début de leur développement et leur couleur assez conforme à celle du thalle ainsi que l'odeur particulière de la plante apportaient une certaine valeur pour leur séparation du genre *Parmelia*. Dans ce dernier genre encore les rhizines sout réduites à un simple tomentum, tandis qu'elles sont très prononcées et parfois fasciculées dans le genre *Sticta*. Les *Parmelia* ne présentent qu'un seul mode de couche gonidique, tandis que les *Sticta* ont les deux modifications : gonidies vraies et grains gonidiaux. Le genre *Ricasolia* ne nous paraît pas mieux autorisé que le genre *Stictina* et nous le considérons comme une des divisions du genre *Sticta*. Ses rhizines sont ou fasciculées ou absentes ; la couche gonidiale est à la vérité constamment formée dans toutes ses espèces de grains gonidiaux sans cellules ; le thalle n'est pas toujours dépourvu de cyphelles, quoiqu'elles soient rares dans ses espèces.

On observe sur le thalle de quelques Stictes des céphalodies particulières, des végétaux parasites et des glomérules collémoïdes. Dans le Sticte fuligineux, ce sont des efflorescences isidioïdes ou coralloïdes, brunes ou noirâtres, petites et dont la face supérieure du thalle est abondamment parsemée. Le Sticte pulmonaire est souvent chargé de sorédies sur les bords de la fronde et dans les intervalles des bosselures de la face supérieure du thalle. Les parasites de ce lichen se montrent de préférence à la face supérieure. Parmi les tubérosités thallines dont il est chargé nous signalerons le *Celidium stictarum*, Tul. (1) dont Acharius avait fait la variété *pleurocarpa* et plus tard M. Fée, les genres *Delisea* et *Plectocarpon*. Delise consacra une variété (*Sticta pulm. var aggregata*) à petits tubercules agglomérés sur le disque de l'apothécie et même à la surface inférieure du thalle, régulièrement de couleur rouge brique et nullement noirs. Le même naturaliste avait encore indiqué une autre variété du *Sticta pulmonacea*, la forme *papillaris*, pour les granulations isidioïformes qui se montrent souvent sur l'arête

(1) Dans son *Essai de classification des lichens* (1854), M Nylander ajoutait le genre créé par M. Tulasne à sa tribu des Lécidinés. Mais il crut devoir, dans le *Prodome lich. Gall. et Alg.* (1857), revenir sur sa manière de voir, et il renvoya le *Celidium stictarum* dans la classe des champignons.

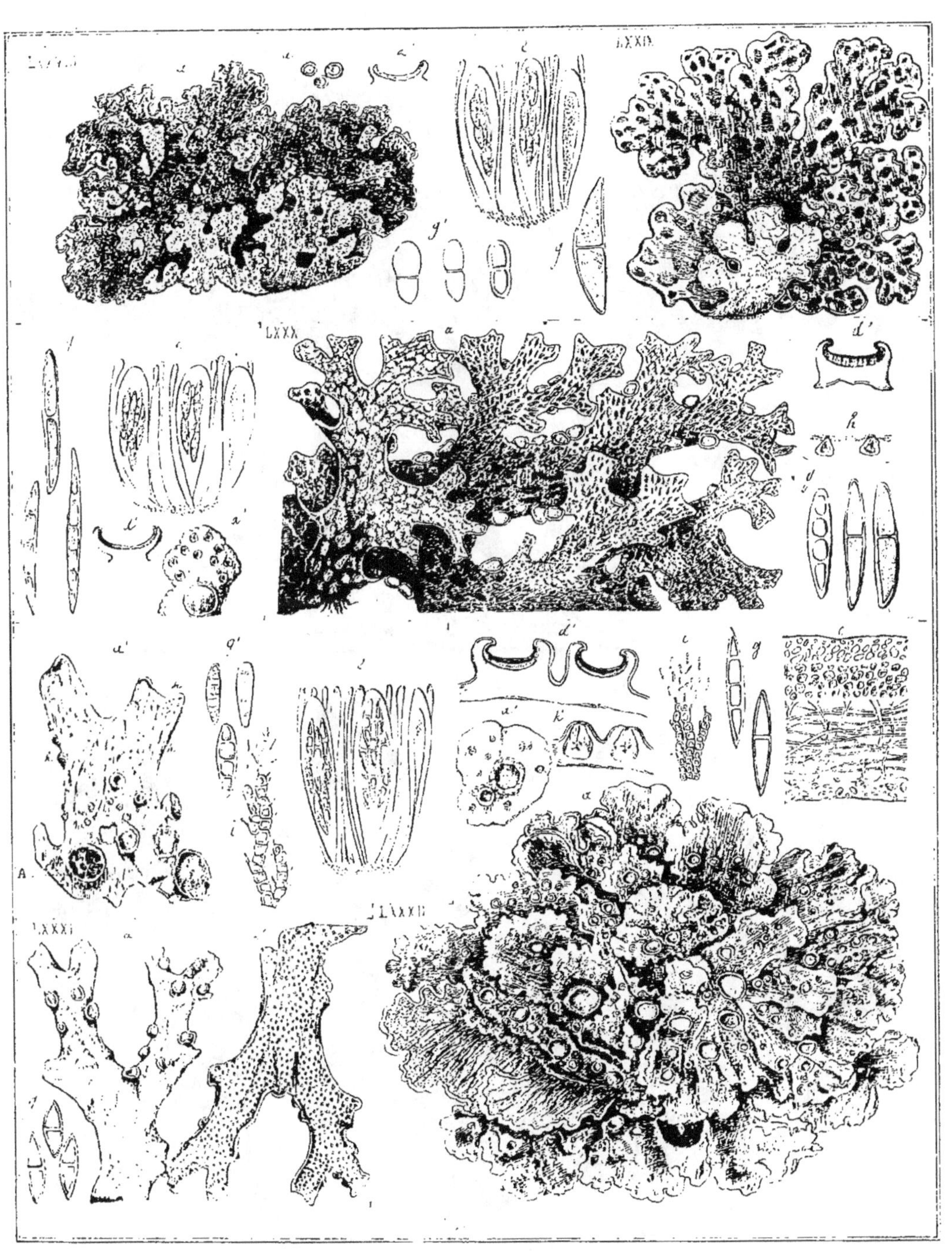

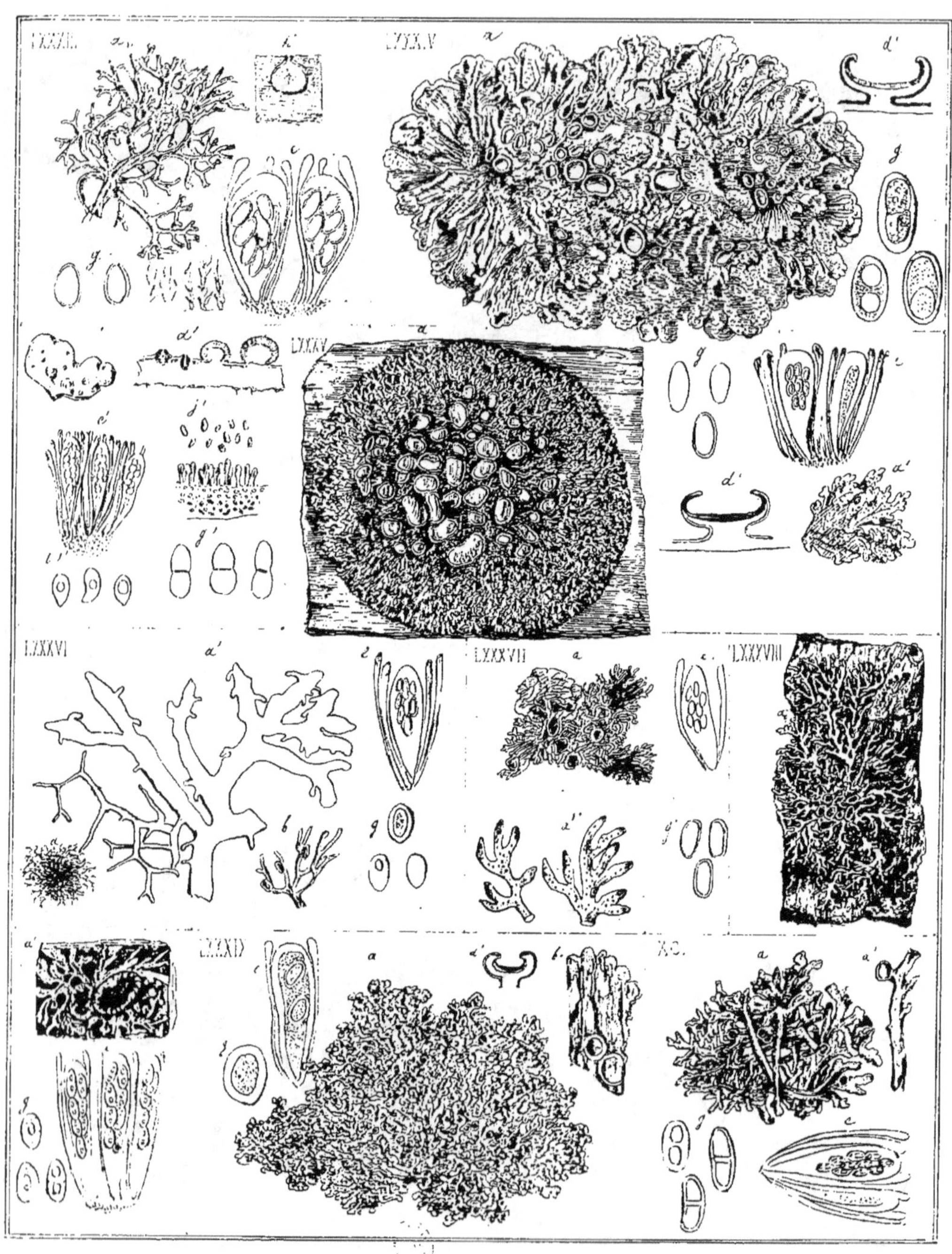

LXXXIII. EVERNIOPSIS TRULLA Nyl. _ LXXXIV. PARMELIA CAPERATA Ach. _ LXXXV. P. CONSPERSA Ach.
LXXXVI. P. LANATA Ach. _ LXXXVII. P. ENCAUSTA. _ LXXXVIII. P. FLABELLATA Ach. _ LXXXIX. P. PERTUSA. Ach.
XC. PHYSCIA FLAMMEA. Ach.

des lobes. Le *Ricasolia* (*Sticta*) *glomulifera* est parsemé sur tous les points de sa face supérieure de glomérules pulvinées, de couleur vert sombre, ressemblant au premier aspect à un *Leptogium*. Cette production qui paraît n'être qu'une érosion anormale de la substance des gonidies a été rapportée par différents lichénographes à une espèce des genres *Collema* ou *Lichina*. M. Massalongo hésitait, il y a quelques années (*Lich. Ital. exsic.*), à se prononcer pour l'un ou l'autre de ces genres, cependant il avouait qu'il n'avait pu reconnaître encore les organes de la fructification, si toutefois ils existaient dans cette singulière production.

I. STICTINA Nyl.	II. STICTA Ach.	*Cyphelles urceolées*
Cyphelles pulvérulentes	*Pas de cyphelles*	318 S. **damæcornis**, Ach. — Irlande.
307 S. **intricata**, Del. — Irlande. Ecos. rare.	313 S. **pulmonacea**, Ach. — Forêts de toute l'Europe.	*Cyphelles pulvinées*
308 S. **crocata**, Ach. — Europ. occid. Irlande.		319 S. **aurata**, Ach. — exclus. Europe. occid. (Normandie).
Cyphelles urceolées	314 v. **crispa**, Roum. — France méridio. (Sauvetat). Lot-et-Garonne.	III. RICASOLIA De N.
309 S. **limbata**, Ach. — Anglet. France. occid.	315 S. **linita**, Ach. — alpes suisses. Italie.	320 S. **glomulifera**, Del. — Europ. sub-alpin. (Pyr. Cévennes).
310 S. **fuliginosa**, Ach — presque toute l'Eur.	316 S. **Garovaglii**, Schœ. — Italie. (Tellina).	321 S. **herbacea**, Del. — id.
311 S. **sylvatica**, Ach. — id. Cévennes. Pyrén.	317 S. **scrobiculata**, Ach. — rég. alp. et sub-alp. Pyrénées. Vosges.	
312 v. **Dufourii**, Del. — France occidentale (Briquebec).		

Tab. LXXVII. *Sticta aurata. a* Un fragment du thalle de gr. nat.; *a'* le même vu sur sa face inférieure; *g* spores, gross. 1000 diam.; *b* lobe du thalle occupé par le *Celidium pelveti*, Hepp (*Sticta aurata b aburtiva*, Scher.); *d* coupe verticale très grossie de l'apothécie constituant le *Celidium*; *g* 3 spores du *Celidium*, gross. 1000 diam. (d'après Hepp). — Tab. LXXVIII. *S. Sylvatica. a* Plante de gr. nat.; *d* apothécies isolées; *d* coupe d'une apothécie vue à la loupe. Ce lichen réputé comme ne fructifiant pas en Europe, a néanmoins été trouvé avec ses apothécies dans les Cévennes, mais ces organes ne contenaient pas de spores. Les apothécies sont éparses sur le thalle, épaisses, sans bordure et ont le disque roux; on ne rencontre des types complétement fructifères qu'en Amérique. *e* Thécium, gr 500 diam.; *g* spore, gr. 1000 diam., leur dimension normale est de 0,026 millim de long. et leur largeur de 9 à 10. *g'* spores de l'*Abrathallus Welwitschii*, Tul., parasite sur la face supérieure du *Sticta sylvatica*. Les granulations noires de la figure a représentent les apothécies pulviniformes du lichen parasite.—Tab. LXXIX. *S. scrobiculata. a'* Plante de grandeur naturelle; *a'* portion d'un lobe du thalle contenant une apothécie et ses pulvinules tuberculeuses vu à la loupe; *d* coupe d'une apothécie; *e* thécium; *g* spores, gross 500 diam. environ. — Tab. LXXX *S. pulmonacea. a* Plante de gr. nat.; *a'* portion du thalle grossi montant plusieurs apothécies dont une (A) est habitée par le *Celidium stictarum*, Tul.; les sorédies et les ponctuations noires qui représentent le même fragment de thalle (h) indiquent la présence des spermogonies; *d* coupe verticale d'une apothécie vue à la loupe; *e* thérium; *g* spores, gr. nat 500 diam.; *g'* spores du *Celidium*; *h* coupe verticale de deux spermogonies très. grossies; stérigmates et spermatics. — Tab. CLXXXVI. *Celidium stictarum. d* Coupe verticale du thalle faite au-dessus de deux apothécies habitées par le lichen parasite; l'une de ces apothécies est encore très peu développée; *e* deux thèques très grandies; la membrane externe de l'une d'elles est brisée à sa base, ce qui paraît avoir mis à nu tout le *processus* continu à l'*epinucleus*; *g* spores mûres isolées; *i j* stérigmate et spermaties (d'après M. Tulasne). — Tab. LXXXI. *Sticta damæcornis. a* Fragment du thalle de gr. nat.; *a'* le même fragment vu en-dessous; *g* spores, gr. 500 diam. — Tab. LXXXII. *Ricasolia herbacea. a* Plante de gr. nat; *a'* portion d'un lobe du thalle vu à la loupe. On distingue deux jeunes apothécies et plusieurs spermogonies éparses à la surface du thalle; *c* lame du thalle coupée verticalement, gr. 160 diam.; *d'* coupe verticale grossie de deux apothécies; *g* spores, gr. 500 diam.; *h'* coupe verticale de deux spermogonies et stérigmates et spermaties, gross. 300 diam.

II. PARMELIA Ach. pr. p.

Thalle lobé ou à expansions diversement laciniées (très-rarement cylindracé et fruticuleux); épithalle quand il existe, brillant; de couleur jaune, blanche, grisâtre ou cendrée, rarement olivacé ou brun; médulle feutrée composée le plus souvent d'éléments filamenteux assez lâchement entre-croisés; couche gonidique constamment représentée par des gonidies thallines ordinaires. Apothécies à disque souvent un peu plus luisant que le thalle et éparses dans la plupart des espèces: thèques renfermant habituellement 8 spores, rarement un plus grand nombre, spores petites, ellipsoïdes ou sphœriques; paraphyses non séparées entr'elles. L'iode colore en bleu la gélatine hyméniale et très-particulièrement les thèques. Spermogonies superficielles et éparses, conceptacle noir ou de couleur sombre à l'extérieur et souvent incolore dans la portion qui est immergée; stérigmates à 2-5 articulations, spermaties aciculaires fusiformes.

On évalue à 50 environ le nombre des espèces connues de ce genre. Les 3 cinquièmes croissent en Amérique, une vingtaine d'espèces en Europe, et ces dernières sont toutes représentées en France; plusieurs y sont très-abondantes et si répandues dans le voisinage des habitations, qu'on les a souvent désignées avec la plupart des espèces du genre *Physcia* qui suit, sous le nom de *Lichens sociaux*. Le nombre des espèces diminue dans les climats froids; c'est ainsi qu'on en compte à peine huit dans la Laponie. Les *Parmelia* vivent sur les troncs d'arbres, sur les rochers, les pierres des murs, les vieilles barrières, et jamais sur la terre ni sur les feuilles.

M. Nylander a ajouté à la tribu des Parméliées le genre *Everniopsis* qu'il place avant le genre *Parmelia*. Il a fondé ce genre sur une seule plante Mexicaine le *Parmelia trulla* d'Acharius, qui avait été successivement compris dans les genres *Evernia* et *Sticta*. Nous le figurons avec quelques détails organiques. Ce genre est principalement caractérisé par un thalle complètement lacinié, de couleur jaunâtre, glabre en dessous, privé de rhizines et possédant une couche médullaire solide (non feutrée), cornée.

Les espèces Européennes de Parmelia dont nous donnons ci-après la nomenclature, appartiennent toutes aux formes normales. Trois espèces exotiques seulement représentent les formes exceptionnelles (Thalles cetrariiformes, cladonioïdes ou totalement divisés en laciniures filiformes.

A. THALLE A FIBRILLES RHIZINOIDES.		
322 P. **caperata**, Ach. — Vulgaire en France (rar. fruct.).	329 P. **lævigata**, Ach. — Europe occid.	338 v. **sulcata**, Tayl. — Europe, fréquent.
323 P. **perforata**, Ach. — Irlande (stérile).	330 P. **sinuosa**, Ach. — Presque cosmop. Pyr.	339 *f.* **contorta**, Bor. — Péloponèse.
324 P. **perlata**, Ach. — Eur. cent. Vosg. Pyr.	331 v. **Despreauxii**, Del — Fr. occident.	340 P. **Borreri**, Turn. — France. Rare, fertile.
325 v. **cetrarioides**, Dub. — France occid.	332 v. **revoluta**, Flk. — Allemagne.	341 P. **conspersa**, Ach. — Cosmopolite.
326 v. **ciliata**, Schœr. — France, Suisse.	333 P. **saxatilis**, Ach. — Vulg. forêts, Eur.	342 v. **stenophylla**, Ach. — Vosges.
327 P. **tiliacea**, Ach. — Presq. cosmop. vulg.	334 v. **aizoni**, Del. — France occid.	343 v. **hypoclysta**, Nyl. — France mérid.
328 P. **carporhizans**, Tayl. — France m. Pyr.	335 v. **omphalodes**, Fr. — Avec le type.	344 P. **Mougeotii**, Schœr. — Fr. occid. Vosg.
	336 v. **panniformis**, Schœr. — Zone alp. et sub-alpine. Aveyron.	345 P. **centrifuga**, Ach. — Allemag. (Cévenn).
	337 v. **lœvis**, Nyl. — Sur les hêtr. Pyr. cent.	346 P. **incurva**, Fr. — Europe cent. Fr. (Paris)
		347 P. **acetabulum**, Dub. — Eur. temp. Fr.

348 P. **olivacea**, Ach. — Cosmop. France vulg.
349 P. **exasperata**, DN. — Eur. sept. rare.
350 P. **prolixa**, Ach. — Eur. cent.
351 v. **fuliginosa**, Fr. — Eur. boréale.
352 P. **ryssolea**, Ach. — Russie orientale.
353 P. **stygia**, Ach. — Zone alpine, Europe.

354 P. **lanata**, Lin. — Zone sub alp. Roches

B.

THALLE GLABRE A LA FACE INFÉRIEURE

355 P. **physodes**. Ach. — Cosmop., rég. s. alp.
356 v. **obscurata**, Ach. — Alpes, Suisse.
357 v. **vittata**, Ach. — Pyrénées. Vosges.

358 v. **platyphylla**, Ach — Alpes, Suisse.
359 v. **tubulosa**, Schœr. — France occid.
360 P. **encausta**, Ach — Rég. alpines, Pyr.
361 v. **intestiniformis**, Ach. — Laponie.
362 v. **atro-fusca**, Schœr. — Alpes Suisse.
363 P. **pertusa**. Schœr. — Forêts montueuses.

TAB. LXXXIII. E. *trulla* a plante de gr. nat.; e thécium gr. 400 diam.; g spores gross. 600 diam.; i j stérigmates et spermaties gr. 300 diam.; — TAB. LXXXIV. *Parmelia caperata* a plante de gr. nat.; d' coupe verticale d'une apothécie vue à la loupe, g trois spores gross. 1,000 diam.; d' fragment du thalle du *Parmelia caperata*, lequel porte des apothécies et des Pycnides et l'*Abrothallus microspermus* Tul; d coupe verticale du même thalle passant au travers de deux apothécies et de deux pycnides de l'*Abrothallus*; ces dernières sont inégalement plongées dans leur support; e fragment de l'hymenium des apothécies; f stylospores libres et stylospores fixés à leurs styles (ces dernières figures d'après M. Tulasne). g' spores et stylospores de l'*Abrothallus* gross. 1,000 diam. (d'après Hepp). M Nylander avait compris (Essai de classification des Lich). le genre Abrothalle dans la tribu des Lécidinés, mais plus tard il considéra ce genre comme devant rentrer dans la famille des Champignons. — TAB. LXXXV P. *conspersa*. a plante de gr. nat; a' lobes du thalle grossis; d coupe verticale d'une apothécie vue à la loupe; e thécium gr. 500 diam.; g spores gr. 1,000 diam. — TAB. LXXXVI. P. *lanata* a fragment du thalle de gr. nat, a' une portion du même très grossie (selon le docteur Hepp.); b petite portion du thalle portant des apothécies vues à la loupe; e thèques et paraphyses gross. 600 diam.; g trois spores gr. 1,000 diam. — TAB. LXXXVII. P. *encausia*. a plante de gr. nat. a lobes du thalle vus à la loupe; e thèques et paraphyses gross. 600 diam.; g' spores gr. 1,000 diam. — TAB. LXXXVIII. P. *flabellata* Fée. a plante de gr nat.; a' fragment du thalle portant une apothécie vue à la loupe; e thèques et paraphyses; g spores gr. 500 diam. — TAB. LXXXIX, P. *pertusa* d plante de gr. nat.; b lobe du thalle vu à la loupe; d coupe d'une apothécie gross. 25 fois; e thèques et paraphyses; g spores gross. 300 fois.

III. PHYSCIA Fʀ. pr. p.

Thalle de couleur jaune ou cendrée, rarement brune, de formé laciniée ou lobée, dans le plus grand nombre d'espèces stellée-orbiculaire, ascendante-fruticuleuse ou cylindracée. Apothécie de couleur orangée ou jaune, ou brune ou noirâtre, paraphyses divisées; spores incolores ou brunes, biloculaires ou rarement quadri-loculaires ou encore exceptionnellement simples. Habituellement les thèques contiennent 8 spores, très-rarement un plus grand nombre. Spermogonies munies de stérigmates articulés ou d'arthrostérigmates; spermaties claviformes ou cylindriques. Couche gonidique constituée par des gonidies thallines ordinaires.

On connait 36 espèces de *Physcia* dont plusieurs sont à la fois corticoles et saxicoles. La moitié de ces espèces appartiennent à l'Europe et dans ces dernières 6 seulement vivent en Laponie. Les espèces Européennes se retrouvent en France sur lés branches, dans les jardins fruitiers, sur les vieilles écorces et dans les forêts, sur les rochers ou sur les pierres.

ESPÈCES EVERNIIFORMES.

364 P. **flavicans** DC. — Esp. Angl. Fr. occid
365 P. **villosa** Dub. — Europe. mérid. Corse.
306 P. **intricata** Schœr. — Europ. mérid.
367 v. **cylindrica** Mont. — Morée.

ESPÈCES PARMELIIFORMES.

368 P. **chrysophthalma** DC. — Eur. cent. Fr.
369 v. **denudata** Hoffm. — Pyrénées.
370 P. **parietina** DN. — abondante en Europ.
371 v. **aureola** Fr. — Région maritime.
372 v. **ectanea** Nyl. — France mérid.
373 v. **polycarpa** Ehrh. — Rég. sub. alp.
374 v. **lychnea** Ach. — Suisse. Pyr. Céven.
375 f. **pycmea** Fr. — Vosges. Pyrénées.
376 v. **lobulata** Fr. — France occid. Suède.
377 f. **turgida** Schœr. — Suisse.

378 P. **candelaria** Ach. — Europ. France fréq.
379 v. **substellata** Ach. — avec le type.
380 P. **ciliaris** DC. — Europ. temp. vulgaire.
381 v. **solenaria** Dub. — sur les sap Fr.
382 v. **saxicola** Nyl. — lieux montueux.
383 P. **leucomela** Mich. — France occidentale Briquebec (Manche).
384 P. **speciosa** Fr. — reg. mont. rare.
385 P. **pulverulenta** Fr. Europ. mérid. fréq.
386 v. **pithyrea** Ach. — cortic. urbaine.
387 v. **angustata** Sch. — id. Pyrén rare.
388 v. **detersa** Nyl. — Vosges.
389 v. **muscigena** Whl. — Europ. alpine
390 P. **venusta** Ach. — Eur. aust. Pyr.
391 P. **subaquila** Nyl. — Fran. médit. Corse.
392 P. **aquila** Fr. — littoral et reg. maritime.

393 P. **stellaris** Fr. — vulgaire, lieux cultivés.
394 f. **albinea** Ach. — saxic. France occid.
395 f. **incisa** Fr — saxic. Suède.
396 v. **leptalea** Ach. — avec le ty. pl. rar.
397 v. **tenella** Ach. — vulg. rare. fruct.
398 v. **angustata** Nyl. — Pyrénées.
399 v. **subobscura** Nyl. — roches maritimes. Suède.
400 P. **astroidea** Fr. — Espag. France. rare.
401 P. **cæsia** Fr. — vulgaire. saxicole.
402 P. **obscura** Fr. — très vulg. écor. et pier.
403 f. **virella** Ach. — roch. marit
404 v. **sciastra** Ach. — saxic. moins vulg.
405 v. **ulothrix** Fr. — cort avec type.
406 v. **adglutinata** — cort. Europ. cent.

TAB. xc. *Physcia flammea* Ach. a plante de gr. nat.; a' fragment du thalle portant une apothécie vu à la loupe; e thécium; g trois spores gross. 500 diam. — TAB. xci. P. *parietina*. a plante de gr. nat.; a' fragment du thalle vu à la loupe; d' coupe verticale d'une apothécie; e thèques et paraphyses; g spores gross 500 diam.; g' spores germées; h fragment du thalle portant une apothécie et plusieurs spermogonies. vue à la loupe. h' coupe verticale d'une spermogonie gross, 250 diam.; j stérigmates et spermaties — TAB. CLXXXV. *phacopsis varia* Tul. e fragment de l'hymenium; spores isolées, i spermaties; j stérigmates (d'après M. Tulasne). M. Nylander qui avait admis en 1854 le genre *phacopsis* dans la tribu des Lécidées de son Essai de classif. ne le conserva pas dans le Prodrom Lich., il le considéra comme appartenant à la famille des Champignons. — TAB. xcii P. *chrysopthalma*. a' plante de gr. nat.; sur une branche de cérisier. a' apothécies et son support vue à la loupe; e thèques et paraphyses; g' trois spores gross. 500 diam.; — TAB xciii. P. *ciliaris*. a' fragment du thalle de gr. nat.; a' un rameau du même vu sur la surface inférieure; b apothécie vue à la loupe; d coupe verticale un peu grandie d'une apothécie; e thèques et paraphyses; g spores gr. 500 diam.; h' coupe d'une spermogonie: i stérigmates et spermaties. — TAB. CLVII. coupe verticale du thalle au travers d'une spermogonie (c couche corticale; i j stérigmates et spermaties) d'après M. Tulasne — TAB. xciv. P. *pulverulenta* a plante de gr. nat. sur l'écorce du chêne; a' lobe du thalle vu à la loupe; e thèques et paraphyses; g trois spores gr. 500 diam.

Trib. XIII GYROPHORÉES

Thalle dilaté, pelté, cartilagineux, monophylle, rarement polyphylle, ombiliqué (fixé par le centre, d'où le nom générique), nu ou fibrilleux en dessous. Apothécies noires simplement patelliformes, mais le plus ordinairement plissées en spirale.

Cette tribu comprend le seul genre *Umbilicaria* fondé par Hoffmann et dont le nom fut changé plus tard en celui de *Gyrophora* par Acharius Ce changement ne pouvait être accepté qu'à une condition, c'est que le genre serait dédoublé. Les apothécies présentent, il est vrai, deux formes particulières. Elles sont simplement scutelliformes, à disque plan comme chez les Lécidées dans l'*U. pustulata* et plissées comme certaines Graphidées dans les autres espèces. Cette différence avait amené M. Mérat (*Flor. med. Belge*) à proposer pour l'*U. pustulata* le genre *Lassalia*. Un caractère plus important que celui de la forme de l'apothécie, le nombre des spores dans la thèque a servi à M. Massalongo à dédoubler le genre d'Hoffmann. Il a fait de l'*U. pustulata* dont les thèques sont monospores, tandis ue les thèques des autres Ombilicaires sont constamment octospores, le genre *Macrodyctia* Ce genre n'a pas été adopté.

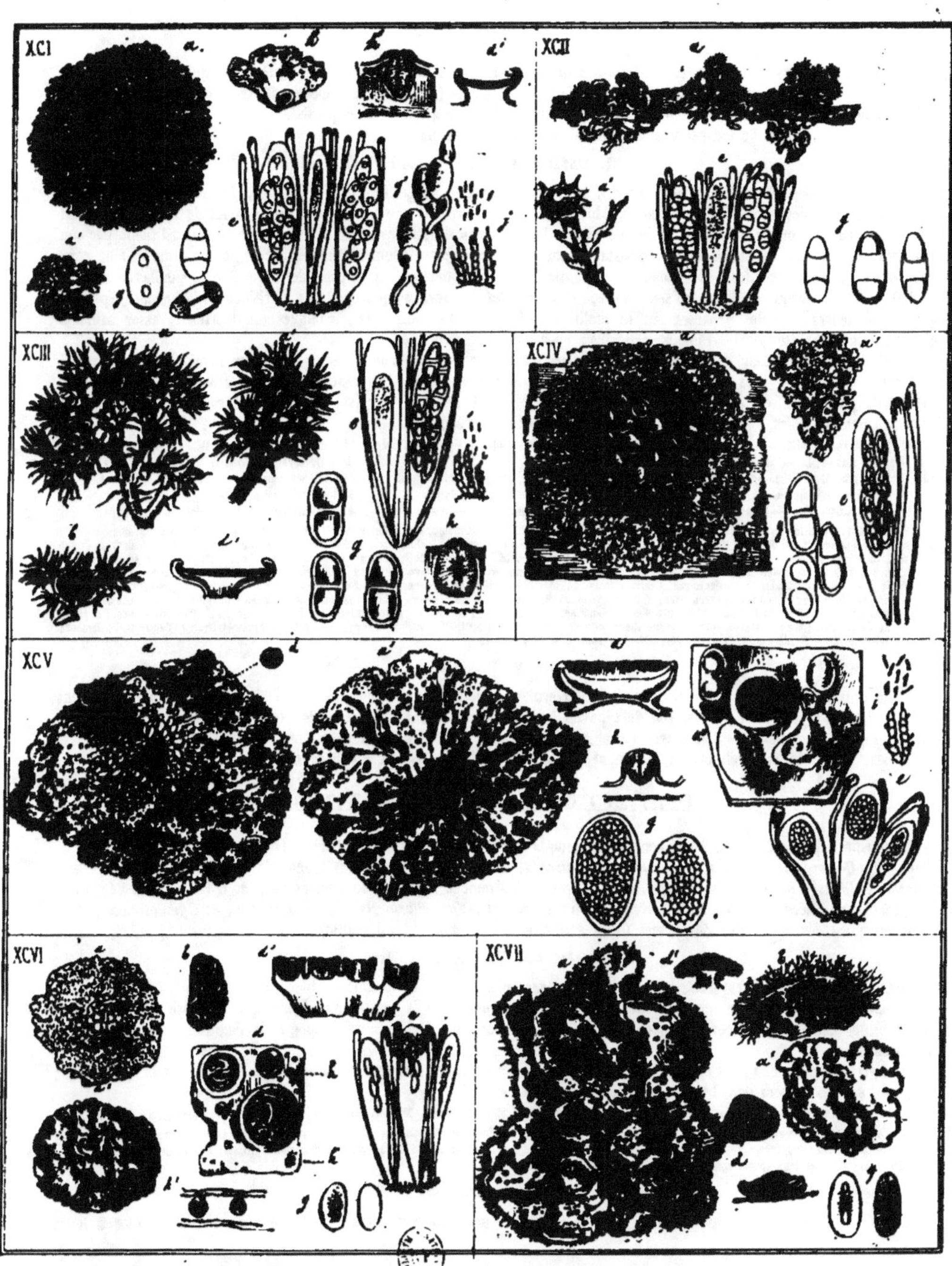

XCI. PHYSCIA PARIETINA Dellot._XCII. P. CHRYSOPTHALMA. DB._XCIII. P. CILIARIS fr._LCIV. P. PULVERULENTA fr._LCV. UMBILICARIA PUSTULATA. Hoff._LCVI. U. PROBOSCIDEA fr._LCVIL U. CYLINDRICA fr

Fries comprenait les *Gyrophora* et les *Umbilicaria* dans sa tribu des Pyxinées où il avait réuni quelques espèces de lichens particulières aux tropiques. M. Nylander a fait des Pyxinées (réduites à 3 espèces des régions équinoxiales) une tribu distincte qu'il place immédiatement après les gyrophorées. Le genre Pyxine possède un thalle lacinié, semblable à celui d'un grand nombre de Parmelia, et des apothécies noires, lécidéines.

I. UMBILICARIA. Hoffm.

Thalle vert glauque, noirâtre, blanc, cendré ou gris à sa partie supérieure et à l'état sec, le plus souvent voilé par une sorte de poussière furfuracée; de couleur brune-olivâtre et prenant une teinte verte au contact de l'eau; coloré en jaune-roux, en brun ou en noir à sa partie inférieure. Couche corticale sur les deux faces; l'inférieure constituant par son épaisseur presque tout le Lichen et de consistance cornée, très-hygrométrique; gonidies accumulées en une couche continue entre la couche corticale et la médulle, ou entre les éléments filamenteux de cette dernière. Spores simples au nombre de 8 dans chaque thèque et dans une seule espèce (*U. Pustulata*), spore unique, grande, pluri-loculaire (*murale*). Spermogonies globuleuses, simples, éparses sur le thalle, formées de tubercules noirs, coniques ou déprimés, assez saillants quoique immergés; stérigmates rameux, articulés; spermaties fines, droites.

Les Ombilicaires ont leur centre géographique dans les régions polaires ou boréales des deux hémisphères, et quand elles arrivent dans les pays chauds, c'est sur les hautes montagnes qu'on les rencontre; elles y sont attachées sur les rochers de granit. On en connaît 18 espèces, dont onze appartiennent à l'Europe et sont toutes représentées en France principalement dans les Vosges, les Alpes, les Cévennes et les Pyrénées.

407 U. **pustulata**, Hoffm. — M.-Dore et Pyr.
408 U. **polyrhiza**, L. — Mont-Dore, Cév. Pyr.
409 U. **polyphylla** Hoffm.—M. Dore, Pyrénées et région sub-alpine.
410   v. **deusta** Ach. —E. alp. et sub. alp.
411 U. **hyperborea** Hoff. —Pyrénées. Lozère. Vosges.
412   v. **arctica**, Sm. — Alp. Suisses.
413 U. **erosa**, Hoffm. — Eur. alpine.
414 U. **atropruinosa**, Sch. — Suisse, Pyr.
415 U. **proboscidea**, DC. — alp. et sub. alp.
416 U. **cylindrica**, L. — M.-Dore. Pyr. s. alp.
417 U. **vellea**, L. — Vosg. Pyr. Cévennes.
418 U. **hirsuta**, DC. — id
419 U. **murina**, DC. Suisse, Cévennes, freq

Tab. xcv. *Umbilicaria pustulata. a.* Plante de gr. nat. face supérieure; *a'* la même, face inférieure; *a''* fragment du même thalle montrant une apothécie et quatre tubérosités qui donnent naissance aux spermogonies. (Ces tubérosités ont sans doute autorisé le nom spécifique de cette Umbilicaire). *d* Coupe verticale d'une apothécie; *e* thèques et paraphyses; *g* deux spores gr. 500 diam.; *h* coupe verticale d'une spermogonie; *i* stérigmates et spermaties. — Tab. xcvi. *U. proboscidea* Fries. *a* Plante de gr. nat. (face supérieure); *a'* la même face inférieure; *b* fragment du thalle vu à la loupe; *d* fragment du thalle montrant 3 apothécies et plusieurs corps verruciformes (*h*) qui représentent les spermogonies; *d* coupe verticale de 4 apothécies groupées comme elles le sont sur le thalle; *e* thèques et paraphyses; *g* deux spores isolées gross. 500 diam. leurs dimensions sont habituellement de 16 à 20 millièmes de millim. en longueur et de 18 de largeur); *h* coupe grossies de deux spermogonies. — Tab. xcvii. *U cylindrica. a* Plante de gr. nat. (face supérieure); *a'* jeune plante de gr. nat. (face inférieure), *b* fragment du thalle vu à la loupe; *d* deux apothécies vues à la loupe, une est vue horizontalement, l'autre verticalement; *d'* coupe de cette dernière apothécie; *g* spores isolées gross 500 diam. environ,

Section V. PLACODÉS.

Thalle crustacé (squameux, radié, granuleux-pulverulent, quelquefois presque nul) rarement hypophlœode, rarement encore pelté (se rapprochant parfois, soit du type thallin des *Ramalodés*, soit de celui des *Phyllodés*), manquant de couche médullaire, formée d'éléments filamenteux lâchement entrecroisés comme dans la tribu précédente. Apothécies lécanorines, biatorines, lécidéines ou lirelliformes, rarement privées de thalle propre ou parasites sur un thalle étranger,

Trib. XIV. LÉCANORÉES.

Cette tribu la plus riche en espèces, comprend, selon la manière de voir de M. Nylander, 15 genres Européens (*Psoroma, Pannaria, Coccocarpia, Heppia, Amphiloma, Squamaria, Placodium, Lecanora, Glypholecia, Urceolaria, Dirina, Pertusaria, Phlyctis, Thelotrema et Belonia*). Les genres exclusivement exotiques sont au nombre de 8 (*Erioderma* Fée, *Cora* fr., *Dichonema* Nées ab. Es., *Peltula* Nyl., *Dermatiscum* Nyl., *Varicellaria* Nyl., *Ascidium* Fée, et *Gymnotrema* Nyl.). Tous possèdent des apothécies lécanorines (orbiculaires, entourées d'un rebord thallin).

I. PSOROMA Fr. pr. p. Nyl.

Thalle verdâtre lorsqu'il est frais, brun lorsqu'il est sec, membranacé-cartilagineux, blanc à sa face inférieure; squames lobées-crénelées, libres à la circonférence et absentes souvent dans la masse granuleuse qui compose seule quelquefois tout le thalle. Couche corticale occupant la face supérieure du Lichen aussi bien que la face inférieure. Apothécies bai-brunes.

M. Nylander comprend dans ce genre 7 espèces, dont 5 sont exotiques et deux Européennes. Vivant sur la terre et les mousses, sur les rochers dans les lieux les plus élevés.

420 P. **Hypnorum** Fr. — Laponie, Suisse, France (Lozère, Pyrénées).   421 P. **Paleaceum** Fr. — Allemagne (Poméranie), Dannemarck.

Tab. xcviii. *Psoroma hypnorum* Fr. *a* Plante de gr. nat. *a'* fragment du thalle portant des apothécies, vu à la loupe; *c* coupe d'un fragment du thalle gross. 200 diam.; *g* spores, gross. 500 diam. *d'* coupe d'une spermogonie très-grossie; *l* stérigmates extrêmement grossis; *e* deux thèques mûres du *P. Pallidum* Nyl.; *g* deux spores sphériques du même, gross. 600 diam.

II. PANNARIA. Del. pr. p. Nyl.

Thalle squamiforme ou irrégulièrement rayonné (à rayons contigus non divisés, ni découpés en deux lobules à leurs extrémités), surchargé parfois de pulvinules bleuâtres dans la partie centrale, garni dans quelques espèces d'un tomentum spongieux hypothallin. Apothécies ou grandes ou petites, de couleur de chair, rouge-brun ou noire, crénelées, pruinéuses; spores oblongues-ovoïdes, simples ou 1, 2 ou 3 septées, gélatine hyméniale colorée par l'iode en bleu intense et peu après en rouge vineux, dans quelques espèces, en rouge vineux seulement, dans quelques autres, en bleu passant à une teinte obscure. Gonidies (souvent d'un vert pâle bleuâtre) en forme de chapelet, jamais simples ni revêtues d'une membrane cellulaire propre.

On connait 23 espèces de *Pannaria* dont 10 sont particulières aux régions boréales de l'Amérique. Les espèces Européennes vivent sur la terre, sur les rochers et sur les écorces d'arbres, dans les montagnes les plus élevées ; cependant quelques espèces descendent jusque dans la région sous-alpine.

422 P. **rubiginosa**, Del — Ecosse, Suède, France occidentale (Saint–Sever).	427 P. **Saubinetii**, Mont. — Cort. Fr occident.	433 P. **subradiata**, Nyl. — Saxic. Pyrénées. Bagn.-de-Bigorre.
428 P. **triptophylla**, Ach. — Sax. vulg. forêts	
423 v. **conoplea**, Ach — Suisse, Allemagne	429 v. **nigra**, Ach. — Id. id.	434 P. **Hookeri**, Sm. — Roc. schisteux (Ecos.).
424 P. **brunnea**, Mass. — Suisse, France, Angl.	430 v. **cæsia**, Schœr. — Id. id	435 P. **eleina**, Whln. — Laponie.
425 P. **nebulosa**, Nyl. — France, Cévennes.	431 P. **lutosa**, Ach. — Saxic. Cévennes (Mende).	436 P. **muscorum**, Ach. — Saxic. (Pyrén.).
426 P. **microphylla**, Mass. — Rég alp. et s. a.	432 P. **Schœreri**, Mass. — Bavière.	

TAB. XCIV. *Pannaria brunnea v. coronata*. Hoffm. *a* Plante de gr. nat. croissant sur la terre ; *a'* fragment de la même vu à la loupe ; *g* deux spores gross. 1000 diamètres (la dentelure de l'une d'elles est due à la présence de débris du protoplasma qui leur adhèrent parfois accidentellement).

III. COCCOCARPIA Pers. Nyl.

Thalle membraneux orbiculaire d'une consistance plutôt gélatineuse que coriace, rude au toucher, composé tantôt d'expansions réni ou flabelliformes se soudant entr'elles au centre de la fronde, tantôt de lanières linéaires rayonnant du centre à la circonférence, d'une couleur verte ou plombée et fixé sur les écorces au moyen d'un tomentum (hypothallé) épais d'un vert bleuâtre ou noirâtre. Apothécies constamment biatorines (ni marginées par le thalle, ni munies d'excipulum), de couleur baï-marron passant au noir; thèques, 4-8 spores; paraphyses articulées ; spores elliptiques, bi-loculaires ; Spermogonies isolées à la surface du Lichen, représentées par un petit tubercule de couleur brune; spermaties en très-grande quantité, droites, à peine longues de quatre millièmes de millimètre.

Genre tropical composé de 4 espèces auxquelles M. Nylander a réuni une espèce Européenne du genre *Pannaria*, le *Coccocarpia plumbea* qui croît indifféremment sur les rochers et sur les troncs d'arbre, spécialement dans la France occidentale. La couche médullaire de cette espèce est homogène et presque sans lacunes, elle y est formée par des cellules cylindriques et flexueuses soudées par un tissu compacte et formées de grains isolés représentant le tiers de l'épaisseur du Lichen. Les gonidies sont bleuâtres.

437 C. **plumbea**, Light. — Italie, Espagne, Ecosse, France (Pyr. Normandie).	438 v. **cyanoloma**, Schœr. — France occidentale.	439 v. **myriocarpa**, Dub — France (Normandie), Italie.

TAB. C. *Coccocarpia plumbea*. Plante de gr. nat. sur l'écorce du chêne ; *g* 3 spores gr. 1000 diam.

IV. HEPPIA. Naeg.

Après l'avoir intercallé parmi des *Pannaria*, M. Nylander plaça définitivement à la suite du genre *Coccocarpia*, le genre *Heppia* de Naegeli qu'il consacra au *Solorina Despreauxii* décrit par Montagne dans son *Histoire naturelle des îles Canaries* (*Solorina Virescens* Despr., *Heppia urceolata* Nœg., *Lecanora agglutinata*) Krempb.). Cette espèce fut découverte dans les forêts de la Bavière, et plus tard elle fut signalée en Suisse (Saint-Morits) et en Italie, dans les montagnes de la province de Vérone.

Voici les caractères de ce nouveau genre :

Thalle cartilagineux presque foliacé, verruqueux, lobé, subimbriqué, agglutinant, de couleur vert-sombre maculé de brun. Apothécies d'abord closes puis développées (patelliformes), enfoncées en sac, urcéolées (moulant à la partie inférieure du thalle des pustules ressemblant à des bosses) entourées d'un rebord thallin très-prononcé; excipulum mince, de la consistance de la cire, couleur de chair, brun ou sombre; thèques claviformes contenant huit spores; paraphyses épaisses ; spores ovoïdes, diaphanes uniloculaires.

440 H. **Virescens**, Despr. — Allemagne, Suisse, Italie (Tregnago), dans les bois des coteaux.

TAB. CI. *a* Plante de gr. nat. croissant sur la terre ; *a'* squame isolée vue à la loupe ; *d'* coupe d'une apothécie grossie ; *e* thèques et paraphyses gross. 300 diam. *g* 3 spores gr. 1000 diam.

V. AMPHILOMA. Fr.

Thalle membraneux pulvérulent, recouvert d'une fine poussière jaunâtre), orbiculaire, lobé, crénelé. Apothécies inconnues. Une seule espèce Européenne et une espèce de l'Amérique (A. gossypium Mont.).

Fries employa le nom d'*Amphiloma* pour désigner une tribu du genre *Parmelia* dans laquelle il comprenait les espèces de *Pannaria* de Delise et le *Parmelia lanuginosa* d'Acharius qui seul constitue actuellement en Europe le genre *amphiloma*. Fries a distingué deux formes de ce Lichen. Le thalle fertile (apothécies à disque brun-roux et à rebord thallin pulvérulent) et le thalle stérile (granuleux pulvérulent) se montrant fréquemment dans les lieux ombragés et presque privés de lumière. Cette dernière forme est la seule que l'on rencontre en France.

441 A. **lanuginosum**, Fr. — Sur les rochers, dans les portions ombragées des forêts, plus rarement sur la terre ou sur l'écorce du bouleau.

TAB. CII. Plante de gr. nat. provenant de l'Espagne méridionale. *a* Coupe grossie d'une apothécie ; *g* spores gross. 1000 diam. (d'après un dessin de M. Dufour).

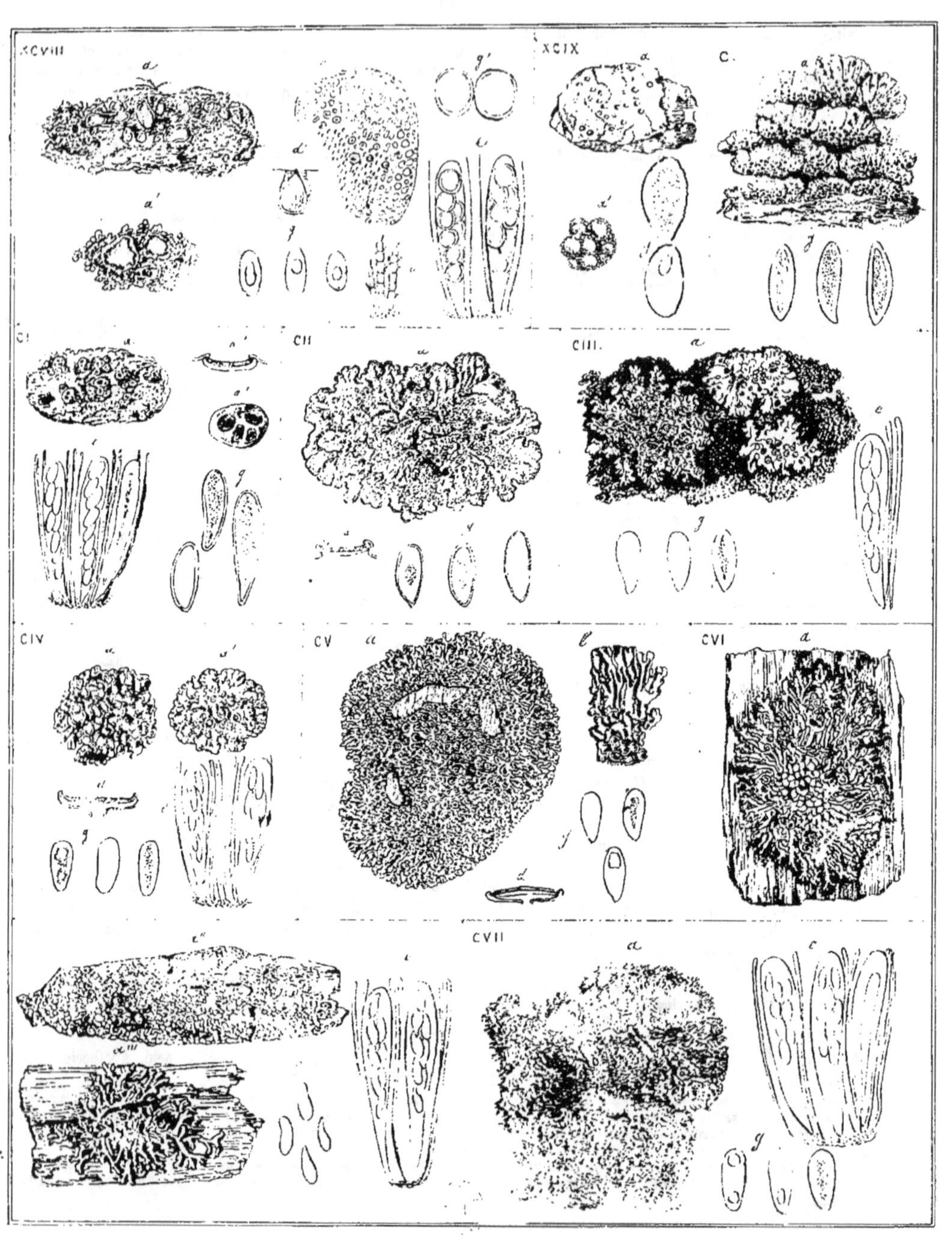
XCVIII ... PANNARIA BRUNEA HAG. GLOEOCARPIA PLUMBEA Tay. — CI. HEPPIA
... GUEPINI Tay. — CII. APPELLIA CANESCENS Sch. b. — CIII. SOLENARIA VENTOSA DC. — CIV. S. CHRYSOLEUCA Sm.
CV. S. PANICEA DC. — CVI. S. ANDENA HAG. — CVII. PLACODIUM FULGENS. DC.

VI. SQUAMARIA. DC.

Thalle cartilagineux, mince ou lacinié à rayons, aplati (rappelant la forme des *Parmelia*) ou squameux, à squames épaisses circulaires, centre parfois aréolé. De couleur blanche, pâle tirant sur le jaune, ochracée, cendrée et virescente. Huit spores dans chaque thèque; paraphyses flexueuses; spores monoloculaires, ovoïdes, elliptiques, diaphanes. Spermogonies immergées, indiquées extérieurement par de petites verrues, brunes simples ou multiples, quelquefois déchiquetées, mais conservant lorsqu'elles sont isolées la forme globuleuse. Spermaties excessivement nombreuses, fortement courbées en arc (longueur moyenne 35 millièmes de millimètre, épaisseur 1 millième de millimètre seulement).

On compte 16 espèces dans ce genre, la plupart terrestres ou saxicoles appartenant (moins 4) à l'Europe.

A. ESPÈCES TERRESTRES OU SAXICOLES.	448 v peltata DC. — Id. id.	456 **v. disperso areolata**, Schœr. — Pyr. Pic du Midi, Canigou.
442 S. **crassa**, DC. — Régions calcaires, midi.	449 v **lipparia**, Ach. — Vosg. (Canigou.)	457 S. **straminea**, Ach. — Norvège.
443 v. **Dufourii**, Fr. — Fr. mérid. Algérie.	450 v. **melaloma**, Ach. — Id. (Lac bleu.)	458 S. **concolor**, Ram. — Pyr (Canig. Pic Midi.
444 S. **lentigera**, DC. — Lieux champ. vulg.	451 S. **cartilaginea**, DC. — Vosg. Cév. Pyr	459 S. **gelida**, L. — Fr. occ. (Vire), Suède.
445 S. **gypsacea**, Sm. — France mér., Algérie.	452 S. **saxicola**, Ach. — Cosmopolite.	**B. ESPÈCES CORTICOLES, LIGNICOLES.**
446 S. **lagascæ**, Sm. — Cévennes, Pyr. rare.	453 v. **versicolor**, Pers. — Vulg. toute la F.	
447 S. **chrysoleuca**, Sm. — Zone alpine, Pyr. Pic du Midi.	454 v. **pruinosa**, Chaub. — Fr. mérid. (Ag.)	460 S. **ambigua**, Hoff. — Région des Montag.
	455 v. **diffracta**, Ach. — France oc. Urville	461 S. **aleurites**, Ach. — Idem.

TAB. CIII *Squamaria lentigera* DC a Trois thalles d'âges différents croissant sur la mousse; e thèques et paraphyses gr. 500 diam.; g 3 spores isolées gross. 1000 diam. — TAB. CV. *S. Saxicola* Ach. a Plante de gr. nat.; b fragment du thalle vu à la loupe; d' coupe verticale grossie d'une apothécie; g spores gross. 1000 diam. — TAB. CVI. *S. ambigua* Wulf. a Plante corticole de gr. nat.; a' plante âgée, ne montrant plus dans cet état les lobes du thalle; a'' jeune plante; e thécium; g spores gr. 1000 diam. environ.

VII PLACODIUM. DC. NYL.

Thalle lobé-arrondi, uniforme (peu divisé), à lobes plans ou à lasciniures secondaires rampantes quelquefois dressées, verruqueux, crevassé ou aréolé au centre; de couleur blanchâtre, cendrée, jaune ou brune. Apothécies jaunes, brunes ou noirâtres. Huit spores généralement bi-loculaires; paraphyses filiformes, épaissies à leurs extrémités. Spermogonies proéminentes à la surface du thalle, de forme arrondie ou oblongue, de la couleur du thalle, soulevant la couche corticale pour élever leur ostiole (ce qui leur donne une grande ressemblance avec les apothécies naissantes), groupées deux trois ensemble ou isolées; stérigmates rameux, articulés; spermaties linéaires droites. — Dans ce genre et les genres qui suivent (composant les sous-tribus des Placodées), les gonidies sont formées de grains simples (jamais moniliformes), revêtus d'une membrane cellulaire propre.

Ce genre renferme dix-sept espèces vivant sur les pierres, les murs et les rochers calcaires, sur les enduits de chaux des vieilles murailles, quelques-unes paraissent se plaire dans les régions maritimes, sur les côtes granitiques. Les espèces Européennes au nombre de treize, sont répandues pour la plupart dans la zone tempérée; quatre seulement ne quittent pas la zone alpine (*P. circinnatum, P. Reuteri, P. aureum, P. elegans*).

THALLE CENDRÉ OU BLANCHATRE.		
462 P. **candicans**, Dub. — France méridional. Montpellier.	468 P. **chalybæum**, Duf. — France méridion Montpellier. Bagnères.	475 var **bracteatum**, Hoffm. alpes. Pyr.
463 P. **circirnatum**, Pers. — pierres calcaires taillées. Pyrénées.	469 P. **Reuteri**, Schœr. — alpes suisses. Pyrén.	476 P. **aureum**, Schœr. — alpes suisses. Pyr.
464 var **myrrhinum**, Ach. — Suisse. (roches dures).	470 P. **alphoplacum**, Whlnb. — alpes Pyr. Cévennes.	477 P. **elegans**, DC. — Pyrénées. alpes. Vosges.
465 var **variabile**, Pers. — calcaires. Pyr. Cévennes.	471 P. **melanaspis**, Wahl. — Lozère. Pyrén. (Lac bleu.)	478 P. **murorum**, DC. — comospolite.
466 var **psorale**, Ach — Pyren. alpes, sur les schistes.	472 P. **teicholytum**, DC — vieux mortiers. France mérid.	479 var **lobulatum**, Flk. — Mont-Dore. Normandie. Roch. marit.
467 P. **Agardhianum**, Hepp. — alpes suisses.	473 var **arenarium**, Pers. — id. id.	480 var **steropeum**, Ach. — avec le type
	THALLE JAUNE OU BRUN APOTHÉCIES JAUNES.	481 var **citrinum**, Hoffm. — France mérid.
	474 P. **fulgens**, DC. — roch. marit. zone alp.	482 var **miniatum**, Hoffm. — Céven. Pyr.
		483 var **cinnabarinum**, Ach. — Fr. mér.
		484 P. **callopismum**, Nér. — France mérid.

TAB. CVII. *Placodium fulgens* DC a plante de gr. nat. croissant sur la mousse; e thécium; g spores gross. 1,000 diam. environ. — TAB. CVIII. *P. circinnatum* Pers. a plante de gr. nat. étalée sur un rocher, e thécium gr. 500 diam.; g spores gr 1.000 diam.

VIII. LECANORA. ACH. pr. p. NYL. classif. 2, p. 178.

M. Nylander a réformé le genre *Lecanora* d'Acharius. Il le compose de six groupes, dans lesquels il fond la plupart des *Lecanora* propres d'Acharius; quelques *Parmelia* de ce dernier auteur, les *Patellaria* d'Hoffman et de De Candolle, plusieurs *Biatora* et *Parmelia* de Fries, des *Lecidea* d'Acharius et de Schœrer, des *Squamaria* de De Candolle, des *Urceolaria* d'Acharius, enfin une partie notable des genres récents *Candellaria* et *Blastenia* de M. Massalongo, *Acarospora, Aspililia* et *Callopisma* de M. Korber et *Myriospora* de Hepp.

Voici les divisions proposées par le lichénologue suédois et que nous appliquons à la distribution des Lécanores Européennes.

A. Thalles placodiiformes ou se rapprochant de la forme des *Placodium* (souche typique du *Lecanora cerina*). Spermogonies pourvues d'astrostérigmates. Apothécies le plus souvent biatorines (esp. 485 — 506).

B. Thalles crustacés-squamuleux ou aréolés. quelquefois ruinés, disparaissant presque, très rarement ayant des limites circulaires ou rayonnées. Apothécies parfois urcéolées. Thèques polyspores dans le plus grand nombre d'espèces. Spermogonies enfoncées dans le thalle ; spermaties petites, oblongues ellipsoïdes portées sur des stérigmates simples, souche typique : *L. cervina* esp. 507—525). Thalle brun ou noirâtre (esp. 507—520). Thalles Citrins. (esp. 521—525).

C. Thèques 4-8 spores, spores grandes. Spermaties aciculaires, droites, portées sur des stérigmates excessivement simples. Souche typique : *L. cinerea*. Apothécies superficielles, entourées d'un léger bord. thallin. (esp. 526—553).

D. Apothécies de couleur pâle, largement marginées par le thalle. Souche typique ; *L. tartarea*. (esp. 543—549).

E. Apothécies lécanorines ou rarement (dans les formes atypiques ; celles dans lesquelles le thalle commence à manquer), biatorines ; thèques contenant huit spores (rarement 12-48); spores médiocres ou petites, incolores, simples, rarement 2-3 septées. Spermaties courbées ou droites (esp. 550—592). Apothécies pâles, jaunâtres, brunes, noirâtres ou noires. Souche typique : *L. subfusca*. (esp. 550—591). Apothécies rouges, nombreuses ; spores oblongues à trois cloisons. (esp. 592).

F. Souche typique : *L. sophodes*. Thèques renfermant huit spores ; spores brunes à une seule cloison. Stérigmates simples portant des spermaties droites, courtes (esp. 593—604). Thalle jaune ou citronné, placodiiforme, radié (esp. 593—594). Thalle cendré ou brunâtre (esp. 595—602—604), blanc (esp. 603—).

G. Souche typique : *L. ventosa*. Spores allongées, fusiformes, grandes, spermaties droites, stérigmates des plus simples (esp. 605—607).

Le tissu blanc (médullaire) qui compose la majeure partie du thalle est friable et se réduit sous le moindre frottement en molécules fort tenues; il est presque exclusivement formé de filaments très fins et très fragiles, entrelacés. Les gonidies sont renfermées en des cellules sphériques et épaisses dans lesquelles la matière verte est condensée en grumeaux peu nombreux, et la zone étroite qu'elles occupent est voilée par un cortex épais, blanc comme la médulle, mais plus solide.

Les *Lecanora* se trouvent sur l'écorce lisse des arbres (peupliers, hêtres), sur l'écorce verruqueuse de l'ormeau, du frêne, des vieux saules et sur les bois des barrières ; on les rencontre encore sur la terre, mêlées aux mousses dans les lieux arides, sur les murs et sur les pierres schisteuses, les talcites et les rochers du littoral. On connaît cent espèces environ dont les deux tiers appartiennent à l'Europe. Parmi ces dernières, la plus grande partie ne s'éloigne pas de la zone méridionale et tempérée, six espèces seulement persistent dans la zone boréale.

A

485 L. cerina, Ach. — écorces lisses. vulg.
486   var. biatorina, Nyl. — ormes vulg.
487   f. gilva, Ach. — cortic. France, Suisse.
488   f. pyracea, Ach. — cortic. Suisse, Vosg
489   f. holocarpa, Ach. — bois. Vosges. Pyrénées. Alpes.
490   var. rupestris, Scop. — Pierres Rare
491   var stillicidiorum, Schœr. — Pierres Rare.
492 L. Hæmatites, Chanb. — peupliers. France méridionale.
493 L. fuscolutea, Dick. — cort. Suisse, Fr.
494 L. aurantiaca, Light. — frênes (zone m.
495   v. erythrella, Ach. — pierres. Eur. m.
496   v. convexa, Nyl. — Norwège
497 L. ochracea, Schœr. — Pyr. Alp. Suisse.
498 L. ferruginea, Hud. — corticole. vulg.
499   v. festiva, Nyl. — saxic. muscicole.
500   v. polypæna, Ach. — Espagne
501   v. fuscoatra, Bayr. — sax. corticole. (France mérid.
502 L. Lallavei. Clem. — sax (France mérid.)
503 L. rubelliana, Ach. — alpes Suisses. Pyr.
504 L. epanora, Ach. — Pyr. Alpes. Norwège.
505 L. phlogina, Ach. — cortic. (France mér
506 L. vitellina, Ach. — rochers granit. Pyrénées. Cévennes.

B

507 L. purpurascens, Nyl. — France mérid. (Montpellier),
508 L. endocarpea, Fr. — Espagne. Algérie.
509 L. molybdina, Ach. — Europe sept.
510 L. cervina, Ach. — roch. gran (Pyr. Alp.)
511   v. smaragdula, Schœr. — saxicole. (Vosges. Pyrénées).
512   v. castanea, Schœr. — calcic. (France. Angleterre).
513   v. glaucocarpa, Schœr. id.
514   v. sinopica, Schœr. — saxic. Pyr. Vosg
515   v. pruinosa, Sm. — roch. gran. Pyr.
516   v. simplex, Dav. — saxic Fran. mérid.
517   v. cineracea, Nyl. — sur la terre. Fr.
518 L. Heppii, Nœg. — Bavière.
519 L. oligospora, Nyl. — France méridionale. (Agde).
520 L. rutilans, Korb. — Allemagne.
521 L. chlorophana, Ach. — saxic. Pyr. Céven.
522   v. oxytona, Ach. — id.
523   v. tersa, Fr. — Pyrén. orient.
524 L. Schleicheri, Ach. — France méridionale (Roussillon).
525 L. microcarpa, Nyl. — Fran. mér. Agde.

C.

526 L. cinerea, L. — Roch. granit. Europe.
527   v. polygonia, Ach. — Id.
528   v. cinereorufescens, Ach. — Id.
529   v. Acharii, West. — Sur les schistes.
530   v. diamarta, Ach. — Europe.
531   v. obscurata, Fr. — France, Suède.
532 L. gibbosa, Ach. — Sur les schistes. Pyr.
533 L. calcarea, L. — Saxic Europe.
534   f. phlyctiformis, Nyl. — France mér.
535   f. farinosa Flk — Europe.
536   f. cœsioalba, Fr. — id.
537   f. Hoffmanni, Ach. — id.
538   f. lundensis, Fr. — id.
539 L. odora, Ach — Saxic. (Pyrénées).
540 L. oculata, Dicks. — Europe.
541 L. mutabilis, Ach. — Cort (Fr. mérid.)
542 L. verrucosa, Laur. — Sur la terre (Pyr.).

D.

543 L. parella. Ach. — Cosmop. (écor. roch.).
544   f. Upsaliensis, — Sur les mousses, alp.
545   v. pallescens, Ach. — Cortic vulg.
546   v. Turneri, Sm. — cortic. rare.
547 L. tartarea, Ach. Saxic. Pyr. Vosges.
548   v. frigida, Ach. — S. les mousses, id.
549   v. gonatodes, Ach. — Europe.

E.

550 L. carneopallida, Nyl. — Eur. Bor.
551 L. leucolepis, Ach. — Laponie.
552 L. subfusca, Ach — Cosmop. (cort. et sax.)
553   v. epibrya, Ach. — Europe.
554   v. angulata, Ach. — Cort.
555   v. biatorea, Nyl. — Sur les schistes.
556   v. albella, Pers. — Cort.
557   v. galactina, Nyl. — Sur les murs.
558   v. lainea, Ach. — Europe.
559 L. Hageni, Ach. — cort. et sax.
560   f. crenulata, Dick. — Europe.
561 L. cenisia, Ach. — Saxic. (Pyr. Cév.).
562   calcarea. — Europe.
563   f. cateila, Ach. — Cort. (Pyrén).
564 L. glaucoma, Ach. — Cosmop. Saxic.
565   v. subcarnea, Ach. — Sur les steasch.
566   v. lecideina, Schœr. — Alpes, Pyrén.
567 L. helicopis, Whln. — Europe, arctique.
568 L. erysibe, Ach. — Mortiers des murs. Fr.
569 L. scrupulosa, Ach. — Europe.
570 L. athroocarpa, Dub. — Europe.
571   var conferta — Fr. Europe.
572 L. constans Nyl. — France. cort. (Paris).
573 L. varia, Ach. — corticole. vieux bois. Fr.
574   var lutescens, DC. — cort. chênes.
575   var symmicta, Ach. — vieux bois.
576   var orosthea, Ach. — rochers quartz.
577   var polytropa, Ehr. — saxic. Pyrén.
578   var aitema, Schœr. — Europ.
579   f. sarcopis, — vieux bois.
580 L. sulfurea, Ach. — roch. marit. murs.
581 L. frustulosa, Ach. — sax. (Pyrén.)
582   var thiodes, Schœr. — id. id.
583 L. atra, Ach. — cosmopolite. cort et saxic.
584   var grumosa, Ach. — rochers.
585 L.   var discolor, Schœr. — mortiers.
586   torquata, Fr. — Suisse. Pyr. (lac bleu).

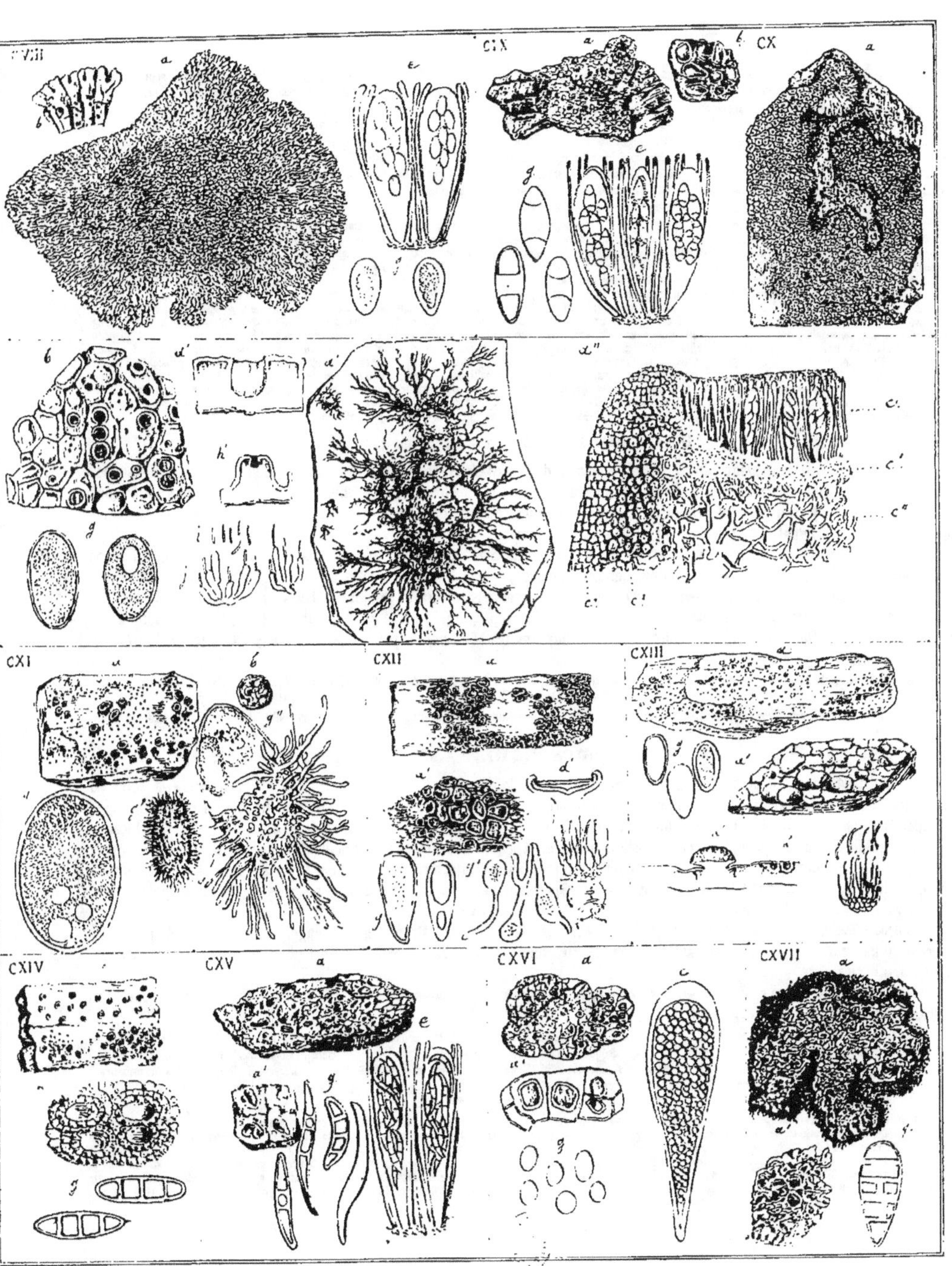

CVIII. PLACODIUM CIRCINNATUM Pers _ CIX. LECANORA FERRUGINEA Ach _ CX. L. CINEREA L. _ CXI. L. PARELLA Ach.
CXII. L. SUBFUSCA Ach _ CXIII. L. VARIA. VAR. POLYTROPA. Ehr _ CXIV. L. RUBRA Ach _ CXV. L. HAEMATOMMA Ach.
CXVI. OXYPHELEGIA RHAGADIOSA Ach _ CXVII. URCEOLARIA SCRUPOSA VAR. BRYOPHYLA Ach.

587 L. **badia**, Ach. — rochers Pyr. Mont-Dore.
588 L. **atriseda**, Fr. — Sax. (Suède. Ital.).
589 L. **Montagnei**, Fr. — France mérid.
590 L. **cupreobadia**, Nyl. — schistes. (Pyr. c.
591 L. **olivacea**, Duf. — France mérid.
592 L. **rubra**, Ach. — chênes. (France).

F.

593 L. **carphinea**, Schœr. France mérid. Pyr. orient.

594 L **oreina**, Ach. — France mérid., Pyr. ori.
595 L. **sophodes**, Ach. — cortic. vulg
596 f. **metabolica**, Ach. — Europe.
597 f. **atrocinerea**, Fr. — rochers.
598 f. **lævigata**, Ach. — pierres calc.
599 f. **controversa**, Mass — Italie.
600 var **Zwackhiana**, Krpb.— sax Alle.
601 L. **turfacea**, Ach. —Alpes. Pyrén.
602 L. **amniocola**, Ach. — id. id.

603 L. **milvina**, Wlnb — Europ. sept.
604 L. **isidioïdes**, — Borr. Angleterre.

G.

605 L. **hæmatomma**, Ach. — rochers. ombr. (Pyrénées).
606 L. **elatina**, Ach. — Corse. (Bavière. Norw)
607 L. **ventosa**, Ach. — saxie. Pyr. Céven.

TAB. cix *Lecanora ferruginea* Huds. *a* plante de gr. nat. sur un débris de rocher. *b* fragment de la même vu à la loupe ; *e* thèques et paraphyses gross. 500 diam. *g* trois spores gross. 1,000 diam. — TAB. cx. L. *cinerea* L. *a* plante de gr. nat sur une pierre ; *b* fragment du thallé fructifié grossi. Les spermogonies sont indiquées sur ce thalle par de fines ponctuations ; *d'* coupe verticale d'une apothécie ; *d'* fragment de la coupe verticale d'une apothécie, vu sous le microscope composé ; *e* hyménium : *c'* hypothécium ; *c 2* couche médullaire ; *c 3* gonidies ; *c 4* couche cellulaire épidermique (cette figure et la suivante d'après M. Tulasne) ; *a'* jeune lichen grossi. Ce thalle présente des tessellations qui témoignent de son mode de végétation ; à droite de la figure sont représentés trois petits thalles naissants qui sont isolés et indépendants Spores gross. 500 diam. ; *h* coupe verticale grossie d'une spermogonie ; *i j* stérigmates et spermaties gr. 500 diam. ; *g* TAB. cxi. L. *parella* Ach. *a* plante de gr. nat. ; *b* apothécie isolée vue à la loupe ; *g* spores gr. 500 diam. ; *g'* spore germée gr. 200 diam. ; *g"* spore qui a été par le frottement dépouillée partiellement de son *epispore*. L'*Endospore* contient une grosse goutte d'huile et une masse de *protoplasma* muqueux granuleux ; cette cellule interne ne prend point part à la formation des filaments que porte l'épispore (d'après M. Tulasne). — TAB. cxii L. *subfusca* Ach. *a* plante de gr. nat sur une écorce de saule *a'* fragment du même thalle vu à la loupe ; *d'* coupe verticale d'une apothécie vue à la loupe ; *g* deux spores isolées gr. 1,000 diam. ; *g'* trois spores germées ; *i* stérigmates ; *j* spermaties gross. 600 diam. — TAB. cxiii. L. *Varia* v. *polytropa* Ehr. *a* plante de gr. nat. sur une roche basaltique. *a* fragment du thalle vu à la loupe ; *d'* coupe verticale d'une apothécie et de deux spermogonies (*h'*) ; *g* trois spores isolées gross. 1,000 diam ; *i* stérigmates et spermaties très grossies. TAB. cxiv. L. *rubra* Ach. *a* plante corticole de gr. nat. *a'* quatre apothécies vues à la loupe ; *g* deux spores gross. 1,000 diam. — TAB. cxv. *Lecanora hæmatomma* Ach. *a* plante de gr. nat. ; *a'* fragment du thalle vu à la loupe ; *e* thèques et paraphyses gr. 250 diam. ; *g* quatre spores isolées gross. 500 diam.

IX. GLYPHOLECIA Nyl. Alger, p. 526.

Thalle squameux-crustacé, blanc, épais, raide ; squames disposées circulairement, flexueuses, arrondies, à bords découpés. Apothécies brunes, punctiformes associées par groupe au centre de chaque squame. Thèques polyspores ; spores sphériques ou oblongues ; paraphyses nettement articulées ; gélatine hyméniale colorée en bleu par l'iode. Spermaties oblongues-ellipsoïdes reposant sur des stérigmates simples.

Ce genre diffère des *Lecanora* par la structure de ses apothécies. Elles sont jointes ensemble sans ordre ou alignées régulièrement ; elles possèdent un hypothécium non coloré , mais ce n'est qu'insensiblement qu'elles se réunissent en un groupe commun par suite de leur développement, le thalamium restant toujours distinct dans chaque concéptacle. M. Nylander signale trois espèces saxicoles : deux pour l'Europe , une pour l'Afrique. Des deux premières une a été rapportée au genre *Endocarpon*, par Delise, et l'autre aux genres *Lecanora*, par Acharius, *Laurériella*, par Schœrer, et *Acarospora*, par Th. Fries.

608 G. **placodiiformis**, Del. — Alpes suisses et Alpes françaises. 609 G. **rhagadiosa**, Ach. — Mont Cenis. Alpes suisses et Alpes françaises. 610 G. **candidissima**, Nyl. — Mont Djbel Tougour (Algérie).

TAB. cxvi. *Glypholecia rhagadiosa* Ach. *a* Plante de gr. nat.; *a'* fragment du thalle grossi ; *e* thèque gross. 500 diam. *g* spores isolées, gross. 1000 diam.

X. URCEOLARIA. Ach.

Thalle crustacé adné ; hypothalle, ou confondu avec le thalle, ou fibrilleux et rayonnant à la périphérie de celui-ci. Apothécies nées dans le thalle et immergées dans des protuhérances thallodiques ; Epithécium urcéolé, noirâtre, marginé (quelquefois il porte une double marge, l'une thalline, l'autre hypthéciale; aussi les apothécies sont-elles à la fois lécanorines, et lécidéines), et saupoudré d'une poussière grisâtre. Thèques claviformes contenant 4-8 spores, ovoïdes-elliptiques, 3-5 septées en largeur, 1-2 septées en longueur ; paraphyses capilliformes, colorées en brun à l'extrémité. La solution aqueuse d'iode colore en jaune la gélatine hyméniale. Spermogonies ovales-globuleuses, spermaties linéaires, portées par des stérigmates courts et simples.

Ce genre a été établi par Acharius pour des Lichens de la tribu des Parmelies. Sprengel et Fries en réunirent les espèces au genre *Parmelia*, n'admettant pas comme caractère de première valeur les formes un peu différentes du thalle et des apothécies.

Les espèces de ce genre croissent sur les rochers et la terre nue, rarement sur les troncs d'arbres ; 4 sont Européennes et deux exclusivement Américaines.

611 U. **ocellata**, DC. — saxic. Fr. mér. Pyr.
612 U. **scruposa**, Ach. — Terre et roch vulg.
613 v. **diacapsis**, Schœr. — Savic. (Al. S.)
614 v. **cretacea**. Schœr. — Saxic. (Anglet. Suisse; France).

615 v. **bryophila**, Ach. — Sur les mouss. fréquente dans la région sub-alpine.
616 f. **arenaria**. Schœr. — Sables maritimes. assez fréquente.
617 v. **ecrustacea**, Nyl. — Ter. calc. Fr.

618 U. **actinostoma**, Schœr. — Saxic. France mérid. (Montpellier), Pyrénées-Orient.
619 U. **Montagneii**. Duf. — Roch. granitiques. Pyrénées (Pic du Canigou).

TAB. cxvii. *Urceolaria scruposa*, v *bryophila*. Ach. *a* Plante de gr. nat. *a'* fragment du thalle grossi : *g* spores gross. 600 diam. — TAB. cxviii. U. *scruposa*, Ach. *a* Plante de gr. nat ; *a* fragment du thalle grossi ; *d'* coupe verticale d'une apothécie, vue à la loupe ; *g* deux apothécies mûres gr 1000 diam.; *h* coupe de deux spermogonies ; *i* stérigmates et spermaties très-grossies. —TAB. cxix U' *ocellata* DC. *a* Plante de gr. nat.; *d* coupe verticale grossie d'une apothécie ; *h'* coupe sur le même thalle d'une spermogonie ; *h"* cette spermogonie très-grossie; *g 2* spores gr. 1000 diam. ; *l* stérigmates et spermaties gross. 600 diam. — TAB. cxx. U. *actinostoma*, Pers. *a* Plante de gr. nat.; *a'* fragment du thalle grossi ; *d* apothécie isolée sur une aréole de thalle grossie ; *d'* coupe verticale également grossie de cette apothécie ; *e* thèques et paraphyses gr. 700 fois ; *g 3* spores gross. 1000 diam ; *l* stérigmates et spermaties gr. 600 diam.

XI. **DIRINA** Fr. Nyl. classif. 2, p. 180.

Thalle crustacé, lisse, fendillé en aréoles, très-épais, formant sur son support des plaques limitées par des folioles plissées et finement frangées par un hypothalle blanc très-apparent. Apothécies semblables par leur forme et leur évolution à celles du genre *Lecanora* ; hypothécium noir à l'intérieur, renflé en dessous ; spores fusiformes, 3 septées. Spermaties arquées, grêles.

Ce genre comprend trois espèces dont le type seul est Européen et qui a été successivement rangé parmi les *Parmelia*, les *Urceolaria*, les *Leconôra* et les *Chiodecton*, avant que Fries l'eût élevé au rang de genre. Deux espèces sont propres à l'Amérique et à l'Afrique. Le *D. repanda* habite les roches calcaires et quelquefois les arbres dans la France méridionale ; en Algérie on le rencontre sur les cactus.

620 D. **repanda**, Fries. — Marseille, Narbonne, N. D. de Pena (Pyr. Orient.), Corse.

TAB. CXXI. *a* Plante de gr. nat ; *a'* fragment du thalle grossi ; *d"* lobes du thalle vus à la loupe ; *d* coupe verticale grossie d'une apothécie ; *g* 3 spores, gr. 1000 diam.

XII. **PERTUSARIA.** DC. Nyl., classif. 2, p. 180.

Thalle crustacé blanc ou jaunâtre, aréolé-verruqueux ; quelquefois indéterminé, lépreux ou isidoïde dans ses formes anormales (*Variolaria, Isidium*). Apothécies veruciformes irrégulières, à plusieurs loges ; épithécium (appelé dans ce genre et improprement pore, d'où le nom de *Porine* imposé jadis à une section du genre *Pertusaria*) fermé par la gélatine hyméniale, excipulum simple, formé de protubérances thallines spéciales. Thèques grandes ou normales ; 1-2 spores ou 5-8 spores ; paraphyses linéaires longues (ces organes sont tous plongés dans une sorte de gelée incolore que l'eau distend extrêmement et ne sont point pressés les uns contre les autres). L'iode colore les thèques et les paraphyses en bleu très-vif, mais la gangue muqueuse qui les entoure reste incolore ainsi que l'endospore. Spermogonies éparses, noirâtres (indiquées à la surface du thalle par de très-fines ponctuations), stérigmates simples, spermaties droites, aciculaires.

On connait 35 espèces de Pertusaires dont une vingtaine habitent les régions extrêmes de l'Amérique. Ce genre est plus particulièrement représenté dans la région tempérée en Europe. Ces espèces sont en grande partie corticoles ; néanmoins on en rencontre quelques-unes sur la terre et sur les mousses dans la région alpine ; d'autres aussi ; le type, *P. communis*, et ses variétés, indifféremment sur les écorces et sur les rochers.

1-2 SPORES DANS CHAQUE THÈQUE.
621 P. **macrospora**, Hepp. — Suisse.
622 P. **communis**, DC. — Cosmopolite.
623   v. **sorediata**, Fr. — Id. (état variol.).
624   v. **areolata**, Dub. — Id. (état isidioïde).
625 P. **melaleuca**, Dub. — Corticole (hêt.) Fr.
626 P. **coccodes**, Ach. — Vulg. troncs d'arb.
627 P. **glomerulata**, Nyl. — Finlande.

628 P. **Hutchinsiæ**, Turn. — Irlande.
629 P. **ceuthocarpa** Borr. non. Fr. — Irl.
630 P. **globulifera**, Nyl. — Cortic. vulg.
631 P. **cœsio-alba**, Flk. — Europe.
5-8 SPORES DANS CHAQUE THÈQUE.
632 P. **Wulfenii**, DC. — Cortic. vulg.
633   v. **isidioidea**, Le Jol. — Cortic. rare.
634   v **variolosa**, Fr. — Cort. fr. en Fr.

635 P. **pustulata**, Ach. — Saxic. Europe
636 P. **Sommerfeltii**, Flk. — Cort. Laponie.
637 P. **leioplaça**, Sch. — Cosmopolite (éc. lisse)
638 P. **glomerata**, Schœr. — Zone alpine. Pyrénées. Suisse.
639 P. **xanthostoma**, Fr. — Laponie.
640 P. **nivea**, Fr. — Cort. (Suède), rare.

TAB CXXII. *Pertusaria communis.* *a* Plante de gr. nat. ; *a'* fragment du thalle fructifié vu à la loupe ; *d* coupe verticale grossie du thalle à travers de 3 apothécies ; *e* thèques et paraphyses gross. 450 diam. ; *g* spore isolée, gross. 500 diam. *g'* coupe transversale d'une thèque et de la spore qu'elle renferme ; *h* coupe verticale de deux spermogonies ; *h* coupe verticale plus grossie d'une spermogonie ; *j* stérigmates et spermaties gross. 450 diam.

XIII. **PHLYCTIS.** Walr.

Thalle superficiel, dissocié, imitant celui des Opégraphes, délicatement gercé et crevassé et formant des taches irrégulières d'un blanc cendré. (Il se développe, comme l'a indiqué M. Tulasne, sous une couche infiniment mince des cellules tabullaires de l'écorce qui le porte). Apothécies enfoncées dans le thalle, petites, aréolées, arrondies ou oblongues, d'abord recouvertes, puis bordées seulement par une portion pulvérulente du thalle ; epithécium noirâtre ; paraphyses filiformes, divisées ; thèques claviformes, à paroi excessivement mince, insensibles à l'action de l'iode ; 1-2 spores grandes, elliptiques, allongées, mucronées aux deux extrémités, divisées transversalement en 12 ou 15 étages, subdivisés en loges nombreuses contenant chacune un *nucleus* distinct.

M. Nylander conserve ce genre de Walroth, dans lequel il comprend deux espèces de cet auteur appartenant à l'Europe, et deux nouvelles espèces Américaines. Peut-être faudra-t-il réunir plus tard ces espèces à la tribu des graphidées, bien qu'elles aient les plus grandes affinités avec le genre *Thelotrema*, auquel Acharius avait déjà associé l'une d'elles. M. de Flotow justifia le genre de Walroth en 1850, par la notice qu'il a insérée dans le *Bot. Zeitung*, p. 574. MM. Korber et Massalongo l'ont également adopté dans leurs récents ouvrages.

Les *Phlyctis* se montrent communément sur les écorces du chêne et du hêtre dans la partie méridionale de l'Europe. Le *P. argena* seul se développe dans les bois des montagnes.

641 P. **agelœa**, Walr. — Ecorce du hêtre, et de beaucoup d'autres arbres. — Vulgaire en France.
642 P. **argena**, Walr. — Ecorce du sapin notamment (Pyrén., Cévennes, Mont-Dore).

TAB. CXXIII. *Phlyctis agelœa.* *a* Plante de gr. nat. sur une écorce d'ormeau ; *e* thèques et paraphyses, gross. 500 diam. ; *g* 2 spores isolées.

XIV. **THELOTREMA.** Ach. Nyl.

Thalle crustacé, uniforme, illimité, lisse ou rugueux. Apothécies verruciformes (à la fois lécanorines et lécidéines) formées

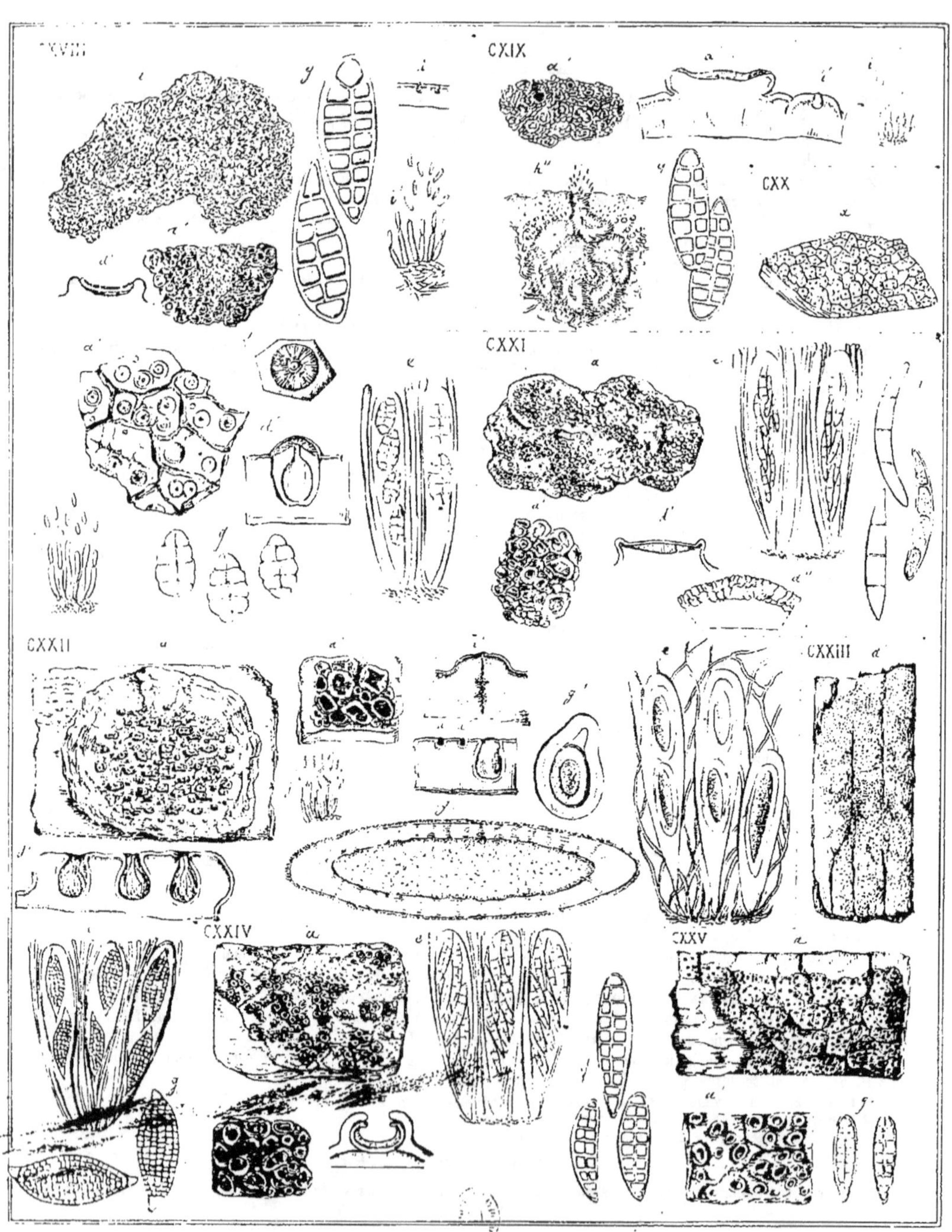

CXVIII
CXIX
CXX
CXXI
CXXII
CXXIII
CXXIV
CXXV

par le thalle, d'abord closes, puis ouvertes, marginées (double marge, l'une thalline, l'autre hypothéciale); excipulum intérieur, membraneux (filaments ostiolaires à la partie supérieure et à la face intérieure de l'hypothécium), se déchirant au
sommet et laissant à nu un nucleus discoïde profondément enfoncé; 4 spores oblongues ou elliptiques, divisées transversalement par 7-9 cloisons, et longitudinalement par une seule (dans l'espèce Européenne). Gélatine hyméniale nulle. Spores
colorées en bleu par la solution d'iode.

De Candolle avait d'abord institué ce genre sous le nom de *Volvaria*, mais c'est le nom d'Acharius qui a prévalu. Il
renferme 38 espèces corticoles (dans ce nombre, 18 environ, ont été revisées ou créées par M. Nylander). Une seule espèce
vit en Europe ; toutes les autres sont propres aux tropiques et à leur voisinage.

643 T. **lepadinum**, Ach — sur le tronc des vieux chênes, sur l'écorce du houx (France, Angleterre, Suîsse).

TAB. CXXIV. *a* Plante de gr. nat ; *a* fragment du thalle fructifère grossi ; *d* coupe verticale grossie d'une apothécie ; *e* thèque et paraphyses; *g* 3 spores gr. 500 diam. — TAB. CXXX. T. *concretum* fée. *a* Plante de gr. nat.; *a* fragment du thalle vu à la loupe ; *g* deux spores, gr. 500 diam

M. Nylander mentionne, dans ses différentes publications, le genre *Belonia* de Korber qui clôture la tribu des Lécanorées.
Ce genre, fondé par le botaniste allemand, sur un lichen saxicole unique d'Allemagne, B. *russula*, Korb., qu'il a publié
dans ses *Lichenes selecti Germanici*, n° 79, n'est pas encore assez connu pour avoir une place certaine dans la classification. M. Nylander dit, dans le *Prodrome*, page 100, que l'apothécie du Belonia, « *privée de paraphyses*, doit le faire
distinguer, d'une manière particulière, parmi toutes les Lécanorées. » Les paraphyses seraient remplacées par des spores
séparées des thèques et qui demeureraient dressées dans le thalamium, simulant ainsi des paraphyses réelles, de forme
mince et allongée. Quant à l'epithecium (sommets supérieurs des spores agglutinés), il n'est pas élargi pour M. Nylander, et
il contredit ainsi ce que M. Korber avait avancé, probablement par erreur, en signalant son nouveau genre comme « voisin
des *Segestrella*. »

Quelle que soit la place réservée à ce genre, lorsqu'il sera mieux connu, il faudra nécessairement lui donner un autre
nom. On a déjà employé dans l'*Englisch flora*, vol. 5, le nom de *Belonia* (B. *Torulosa*, Carm.) (βελόνη, aiguille) pour désigner un genre d'Algues de la tribu des Oscillariées.

Trib. XV. LÉCIDÉINÉES.

Les Lécidéinées représentent en Europe la tribu la plus riche en espèces. M. Nylander a évalué qu'elles constituaient
20 p. 0/0 du nombre total des lichens Européens, c'est-à-dire 51 p. 0/0 du nombre total des espèces connues de cette
tribu. En France, on compte 18 espèces fréquentes et très-répandues. Quant à leurs stations diverses, on évalue à 24
espèces les Lécidéinées qui sont essentiellement corticicoles (ou en partie lignicoles), et à 55 celles qui sont essentiellement
saxicoles (ou terrestres). Les espèces du genre *Lecidea* qui végètent presque indifféremment sur les écorces ou le bois, sur
les rochers, la terre ou les mousses, sont en petit nombre. Les voici : L. *vernalis*, *decolorans*, *canescens*, *parosema*, *lenti-
cularis*; *amylacea*, *alboatra*, *premnea*, *disciformis*, *myriocarpa* et *sanguinaria*. Parmi les espèces les plus obstinément
saxicoles, les L. *alpicola*, d'après Schœrer et L. *rivulosa*, se rencontrent aussi, mais rarement, sur l'écorce des arbres.

Dans son *Essai d'une nouvelle classification des lichens*, M. Nylander composait la tribu des Lécidéinés des genres suivants : *Biatora*, Fr., *Gyalecta*, Ach., *Lecidea*, Fr., *Gyrothecium*, Nyl., *Abrothallus*, Dat., *Scutula*, Tul., *Celidium*, Tul.
et *Phacopsis*, Tul. Dans le *Synopsis lichenum*, dernière publication inachevée du savant suédois, cette tribu ne compte
plus les 4 derniers genres qui sont considérés comme faisant partie de la famille des champignons. Les genres *Gyalecta*,
Ach. et *Biatora*, Fr., forment les 1re et 2e divisions du genre *Lecidea*. Le genre *Gomphillus*, Nyl., qui devrait peut-être
bien être réuni aux champignons, formait dans le *Prodrome* une sous-tribu des Lécidéinés et il figure ainsi dans la classification qui ouvre le *Synopsis lichenum*, mais l'auteur l'a placé dans ce même ouvrage à la tête de la tribu des Bæomycées.
Le genre *Gyrothecium*, Nyl., représenté par un lichen unique d'Allemagne, conserve sa place dans la tribu des Lécidéinés;
mais 3 autres genres viennent s'y grouper : le genre *Odontstrema*, (1) créé par M. Nylander, pour une seule espèce de la
Corse, le *Phac. Umbilicatum*, Lev. qui peut-être sera revendiqué par la famille des champignons. Enfin les deux genres
voisins *Cænogonium*, Ehr. et *Byssocaulon*, Mont., viennent compléter la tribu ; l'un et l'autre renferment un très petit
nombre d'espèces qui sont toutes spéciales aux régions inter-tropicales.

I. LECIDEA. ACH. NYL.

Ce genre est particulièrement caractérisé par des apothécies lécidéines, toujours noires (marge propre formée par le
pourtour de l'excipulum et dans la constitution de laquelle le thalle reste étranger), ou biatorines, jamais noires (c'est-à-dire
convexes, à marge indistincte, presque effacée) et dans quelques espèces, lirellines (de forme irrégulière, flexueuses ou anguleuses, comme dans les *Lecidea myrmecina*, *cerebrina*, *jurana*, etc.). Hypothécium coloré uniformément, quelquefois

(1) Thalle difficile à distinguer (consistant en une maculation blanche. Apothécies thélotrémoïdes nues, d'abord fermées, simulant des apothécies endocarpées et
ouvertes ensuite, montrant alors une double marge, l'une thalline, l'autre hypothéciale; cette dernière pourvue de dentelures 6-8, rayonnant vers le
centre ; épithécium concave, caché, comme le permettrait un opercule, par les dentelures marginales. Gélatine hyméniale colorée en bleu par l'iode.

diversement coloré dans ses parties latérales. Gélatine hyméniale habituellement colorée en bleu, quelquefois en jaune ou en rouge vineux par la solution d'iode ; peu colorée et insensible à l'action du réactif dans plusieurs espèces ; thèques souvent colorées à leur sommet par la même solution.

Dans la division des *Biatora*, les éléments cellulaires des thalles amorphes ou pulvérulents sont épars sur des filaments incolores et fragiles, presque privés de cavité intérieure ; ça et là se montrent de petits coussinets blanchâtres, formés à l'intérieur de gonidies sphériques à membrane très mince, et extérieurement d'utricules épidermiques, qui ont la même forme que les gonidies et des parois fort épaisses. Ces utricules sont remplis d'une matière solide et blanchâtre que l'iode colore en brun ; ils sont liés les uns aux autres par une abondante matière intercellulaire qui se colore en bleu sous l'action de l'iode, employé après l'acide sulfurique.

La couche médullaire forme la majeure partie du thalle dans les espèces de la division des *Lecidea* de Fries. Cette couche est formée par un tissu (filaments blancs entrelacés) dense et friable, plus résistant dans la partie inférieure, celle qui adhère au support du lichen. Les filaments primaires, souvent colorés, ainsi que l'a fait connaître M. L. R. Tulasne, ou se terminent tous aux bords épais et entiers du thalle, comme dans les *Lecidea atro-brunnea* et *morio* Schœr et d'autres semblables, ou ils les dépassent et ajoutent au lichen une zone marginale confervoïde, sur laquelle les couches diverses du thalle s'étendent ensuite peu à peu en la recouvrant. Ces mêmes filaments prennent surtout un extrême développement dans le *L. Petrœa* Flt. où par leur ténuité, leur élégante ramification et leur couleur d'un vert sombre, ils ressemblent beaucoup à certaines Oscillaires. Tout en conservant la même organisation, le thalle semble, dans quelques espèces de cette division, fuir la lumière et il s'insinue dans les plus étroites fissures des rochers et ne se développe que là ; les apothécies seules se montrent au jour et indiquent que le thalle existe par la disposition linéaire qu'elles affectent. Le *L. Contigua* Fr. offre le type de cette dernière organisation.

Spermogonies globuleuses ou ovalaires, noires ou rosées, ordinairement solitaires sur le thalle ou groupées deux ou trois ensemble, quelquefois mêlées aux apothécies, inconnues dans les *Lecidea* dont les apothécies ne sont pas développées (*L. ostreata*). Pycnides rares, distinctes sur le thalle ou mêlées aux apothécies (*L. Vernalis*).

Nons appliquons aux espèces de *Lecidea* Européennes, les divisions à peu près telles que M. Nylander les a adoptées dans le Prodrome des Lichens de France.

A. Thalle rare, granuleux, pulvérulent, uniforme ou usé (mince, se moulant exactement sur les pierres calcaires ou les écorces qu'il recouvre et ne semblant faire qu'une chose avec elles). Apothécies de couleurs vives, jaunes ou roses nombreuses et urcéolées-patelliformes (concaves) dans la plupart des espèces ; thèques cylindriques. Spermogonies sphériques, émergées, de consistance cornée. Spermaties médiocres ou petites, droites ; stérigmates des plus simples. Cette division représente les espèces de l'ancien genre *Gyalecta*. — (esp. 644-659).

B. Apothécies planes ou souvent convexes, de couleurs diverses, souvent noirâtres, mais point absolument noires, de couleur pâle dans leur jeunesse et particulièrement la marge de l'apothécie (excipulum). Cette division représente la plus grande partie des espèces de l'ancien genre *Biatora*. — (esp. 660-732).

1. Thalle squamuleux, spores ellipsoïdes, simples (esp. 660-662). — 2. Thalle aréolé, granuleux, uniforme ou presque nul (esp. 663-733). — ' Thalle aréolé 663-666). — '' Thalle granuleux, pulvérulent, uniforme ou presque nul. Spores illipsoïdes ou oblongues fusiformes, simples ou médiocrement cloisonnées (667-710. — ''' Thalle granuleux, pulvérulent ou presque nul ; spores aciculaires: (711-724). — '''' Thalle rare ou nul, spores globuleuses, thèques souvent polyspores (725-729). — ''''' Thalle granuleux, presque nul, généralement uniforme dans les espèces exotiques Excipulum (hypothecium) épais ; thèques monospores (2-8 spores dans quelques espèces exotiques); spores à plusieurs cloisons (730) ou murales (731-732.

C. Apothécies typiquement noires, brunâtres dans un très petit nombre d'espèces (L. *parasema*, L. *rivulosa*, L. *albocœrulescens*). Les espèces de cette division renferment celles dont Fries composait son genre *Lecidea*. (esp. 733-869).

1. Thalle radié ou lacinié-radié, de couleur blanche, blanchâtre ou bai; spermaties droites, stérigmates simples. Espèces représentant en partie les genres *Circinnaria* Fée et Pyxine, Fr. (733-738.) — 2. Thalle cartilagineux-squamuleux ou épaissi-aérolé, de couleur rosée, rousse ou blanche (739-740) — 3 Thalle varié squamuleux, en peloton granuleux, lisse fragmenté, ruiné, usé et quelquefois nullement propre à l'apothécie ; spores incolores ; spermaties aciculaires, arquées (741-772). 4. Thalle aréolé-granuleux ou pulvérulent, ou presque nul ; spores variées de forme (simples. cloisonnées ou murales) incolores, brunes ou noirâtres ; spermaties droites, cylindriques, courtes ou très raccourcies et oblongues, ellipsoïdes (773-860). — ' Thalle cendré, roux, jaunâtre ou blanc (les teintes roses, rouges ou orangées sont accidentelles et résultent de l'action des oxydes ferrugineux). Spores généralement au nombre de 8 (773-852). — Thèques polyspores (737), 1-2 spores (786), spores (esp 778) brunes. — Esp. 782-786, incolores ou brunes, diversement divisées. — Esp 807, petites, incolores, à une cloison. — Esp. (834-837) incolores, oblongues-cylindriques ou oblongues fusiformes, 3 ou multi-septées. — Esp. 782-784. 830-850. brunes, à une cloison. — '' Thalle citrin. (esp. 853-860); spores brunes, 1-3 septées (838); — spores incolores aciculaires très longues (859) - 5. Espèces parasites, représentées par les apothécies seules se montrant sur un thalle étranger (861-868) — ' Spores septées (861-864). — '' Spores des plus simples, incolores (865-867). 6. Thalle distinct renfermant dés thèques monospores, paraphyses non séparées ; spermaties droites, courtes (868-869).

DIVISION A. *s. genre* GYALECTA	DIVISION B. *s. genre* BIATORIA
614 L. **carneolutea**, Turn. — Anglet. France occidentale, saxic.	652 L. **truncigena**, Ach. — Cort. (France).
645 L. **exanthematica**, Sm. — Région sub. alpine, saxicole.	653 L. **chrysophœa**, Pers. — Saules, France (Melun).
646 L. **epulotica**, Ach. — Suisse.	954 L. **carneola**, Ach. — Cort. France.
647 L. **Prevostii**, Schœr. — Saxicole, Vosges, Cévennes.	655 L. **thelotremoïdes**, Nyl. — Saxic. France, Italie.
648 v. **cœrulea**, DC. — Saxic. Céven. Pyr.	656 L. **leucaspis**, Krp — Bavière.
649 L. **cupularis**, Ach. — reg. temp., pierres calcaires.	657 L. **pallida**, Pers. — Corticole (Vosges, Mont-Dore).
650 L. **foveolaris**, Ach. — Suisse, Italie.	658 L. **lutea**, Schœr. — Terrest. cort. (France occidentale).
651 L. **geoica**, Ach. — Suède et Norwège.	659 L. **pineti**, Ach. — Ecorces rugueuses (Fr.)
	DIVISION B. *s. genre* BIATORIA
	660 L. **lurida**, Ach. — Europe, roch. calc. fréq.
	661 L. **globifera**, Ach. Saxic. Mont-Dore, Pyr.
	662 L. **testacea**, Ach. — Saxic terrest. France méridionale.
	663 L. **viridiatra**, Sten. — Suède et Norwège.
	664 L. **panœola**, Fr. — Suède.
	665 L. **castaneola**, Duf. — Saxic. Fr mérid.
	666 L. **flavo-rufescens**, Nyl — Ecosse.
	667 L. **russula**, Ach. — Europe mérid, sur le Myrte.
	668 L. **cinnabarina**, Smf. — Ecorces rézin. Suisse, Suède.

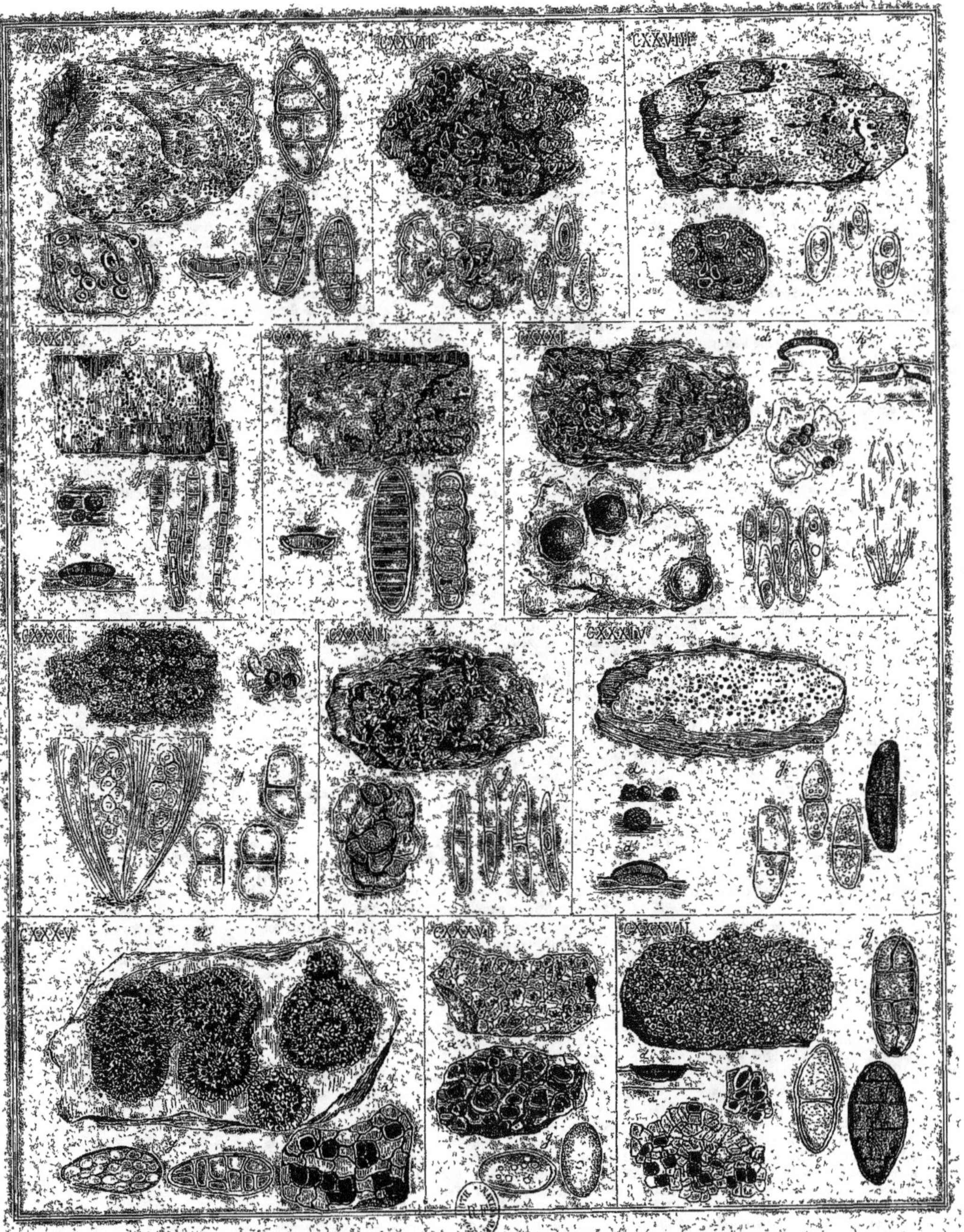

CXXVI. LECIDEA CUPULARIS Ach. — CXXVII. L. TESTACEA Ach. — CXXVIII. L. DECOLORANS Flk. — CXXIX. L. LUTEOLA Ach. — CXXX. L. PACHYCARPA Duf. — CXXXI. L. DECIPIENS Ach. — CXXXII. L. EPIGAEA Pers. CXXXIII. L. CANDIDA Ach. — CXXXIV. L. PARASEMA Ach. CXXXV. L. PETRAEA Flw. — CXXXVI. L. TURGIDA Schœr. CXXXVII. L. GEOGRAPHICA Schœr.

669 L. **intermixta**, Nyl. — Cortic Fr. occid.
670 v. **parasemoïdes**, Nyl. — France, (Paris).
671 L. **diaphana**, Krb. — Cortic. Allemagne.
672 — **Lightfootii**, Ach. — Cort. France, Angl.
673 L. **Ehrhartiana**, Ach. — France occident.
674 L. **xanthella**, Nyl. — Roch schist. Pyr. centrales.
675 L. **lucida**, Ach. — Roch. gran. France:
676 L. **sanguineo-atra**, Ach. — Mousses, bois m. (Vosges).
677 v. **planiuscula**. Nyl. — Saxic. (Vosg)
678 L. **fuscorubens**, Nyl. — Europe (Espagne)
679 L. **vernalis**, Ach. — Sur les mousses, fréq.
680 v. **muscorum**, Schœr. — Mortiers, écorces.
681 v. **milliaria**, Fr. — Terre hum. musc. (France).
682 v. **melæna**, Nyl. — Mousse, Fr. occid. (Vosges).
683 v. **anomala**, Ach. — Ecorce de sapins.
684 f. **Walrothii**, Tul. — France.
685 v. **turgidula**, Fr — Cortic. (France, Italie).
686 v. **similis**, Man. — Id.
687 v. **denigrata**, Fr. — Bois mort.
688 v. **prasina**, Schœr. — Id.
689 v. **sabulosa**, Korb. — Allemagne, Ital.
690 v. **trachona**, Flt. — Saxicole, (France, Allemagne).
691 v. **montana**. Nyl. — Terrest. musc. (Pyrénées).
692 L. **cuprea**, Sml. — Europe alpine (Suisse, Italie).
693 L. **viridescens**, Ach —Troncs. Zone mont.
694 v. **gelatinosa**. Flk. — Vieux troncs id.
695 L **flexuosa**, Fr. — Cortic. pin (France, Suisse).
696 L. **decolorans**, Flk. — Terrest. zon. mont. France.
697 L. **globulosa**, Fr. — Saxicole et cort. zon. mont.
698 L. **atrorufa**, Ach. — Eur. bor. et alp. terr.
699 L. **uliginosa**, Ach — Terrest. bois de Pins.
700 v **cœnosa**, Ach — Cort. (France).
701 L. **quernea**, Ach. — Chênes, bois mort (Europe).
702 L. **adpressa**, Hepp. — Suisse.
703 L. **metamorphea**, Nyl. — France occid.
704 L. **hyalinescens**, Nyl. — Terrest. Pyr. (Bagnères-de-Big.).
705 L. **protuberans**, Ach. — saxic. alp. Pyr.
706 L. **Phæops**, Nyl. — Suède.
707 L. **coarctata**, Ach. — rochers et pierres des murs
708 L. **Bruyeriana**, Schœr. — id (Vosges).
709 L. **lævigata**, — Nyl. — sax. Fr. occid. (Cherbourg).
710 L. **gibbosa**, Ach. — roch inondés (Vosges).
711 L. **rosella**, Ach. — cort. hêtre. France.
712 L. **luteola**, Ach. — cort cosmopolite.
713 v. **inundata**, Fr. —cort. sax. Europ
714 v. **fuscella**, Fr. — cort. sax. id.
715 v. **arceutina**, Ach. —cort. orme. Eur.
716 v. **endoleuca**, Nyl. — cort. Eur.
717 v. **incompta**, Bor. — cort. et sax Fr.
718 f. **muscorum**, — sur les mousses. id.
719 L. **cuprea**, Mass. — Bavière.
720 L. **flavicans**, Nyl. — cort. Fr. occid.
721 L. **holomelæna**, Flk. — pierres schist.

722 L. **cæsitia**, Nyl. — saxic Fr. mérid.
723 L. **dryina**, Ach. — cort. Eur. (Fr. Allem.
724 v. **lilacina**, Ach. — id. id
725 L **fossarum**, Duf. — terr. hum. France.
726 L. **resinæ**, Fr. — écorces résineuses. Fr. Bavière.
727 v. **tantilla**, Nyl. — id.
728 L. **fuscescens**, Smf. — id. Fr. Norw.
729 v **microspora**, Nyl. — Bavière.
730 L. **pachycarpa**, Duf. — cort (chat. hêtres. Pins
731 L. **pezizoïdea**, Ach. — Europ. alp. écorce.
732 L. **leptospora**, Nyl. — bois de sap. (Vosg).

DIVISION **C.** *s. genre* LECIDEA.

733 L. **epigea**, Schœr. — Eur mérid. terrestre.
734 L. **canescens**, Ach. — Eur. murs. écorces. fréquentes.
735 L. **opaca**, Duf. — France mérid.
736 f. **adglutinata**, Duf. — id. Espagne.
737 L. **morio**, Schœr. — saxic. Pyr. fréq.
738 v. **coracina** Scœhr. — Eur. alp.
739 L. **decipiens**, Ach. — terre sablon Fr.
740 L. **mamillaris**, Duf — sax. Fr. mérid. fréq.
741 L **cæsio-candida**, Nyl. — sax Pyr. Ital
742 L. **candida**, Ach. — Sax. Fr mérid Pyr.
743 L. **vesicularis**, Ach. — terr. cal. sub-ma.
744 L. **pennina**, Schœr. — Suisse.
745 L. **tabacina**, Schœr. — terr. sab. (Fr. mé.)
746 L. **albilabra**, Duf. — terrest. (Fr. mérid.)
747 L. **squalida**. Ach. — sax. (Alp et sub-alp.)
748 L. **cinereovirens**, Ach. — sax (Vosges. Pyrénées).
749 L. **conglomerata**, Ach. — Eur. cen. Pyr.
750 L. **aromatica**, Ach. — vieux mortiers. (Cherbourg).
751 L. **acervulata**, Nyl. — Suède.
752 L. **verrucarioïdes**, Nyl — saxic. Pyr. (Bagn Big.).
753 L. **accline**, Flt. — Allemagne. Suisse. Ital.
754 L. **parasema**, Ach. — corticole. cosmopol.
755 v. **coniops**, Ach. — Eur. saxic.
756 v. **crustulata**, Flt — Eur. pierres schist.
757 v. **enteroleuca**, Ach. — Id. cortic. et saxic.
758 v. **elæochroma**, Ach. — id. corticol.
759 v. **flavida**, Fr. — cort. (Cherbourg.).
760 v. **exigua**, Chaub. — cort. (Agenais).
761 v. **lutosa**, Schœr. — roch. ferrug. Pyr.
762 L. **episema**, Nyl. — parasite S. thalle erus.
763 L. **vitellinaria**, Nyl. — Suède. Anglet.
764 L. **collematoïdes**, Nyl. — saxic (Paris).
765 L. **confusa**, Nyl. — saxic. bois montueux.
766 f. **fuliginosa**, Tayl. — id.
767 v. **pyrenaica**, Schœr. — Saxic. (urs le houx).
768 L. **jurana**, Schœr. — Saxic. (Jura, Pyr.).
769 L. **microspora**, Nyl. — Saxic. Pyrénées (Pic du Midi).
770 L. **miscella**, Ach. — Europe, France.
771 L. **Dovrensis**, Nyl. — Norwège.
772 L. **arctica**, Smf. — Europe alpine.
773 L. **caudata**, Nyl — Saxic. Europe bor.
774 L **lugubris**, Smf. — Europe bor.
776 L. **tenebrosa**, Flt. — Roch. gr. France.
777 L. **intumescens**, Flt. — Id. id.
778 L. **coracina**, Moug. — Sax (Vosg. Pyr)
779 L. **atroalba**, Flt. — Roch. gr (Fr Italie).
780 L. **stellulata**, Tayl. — Roch. quart. Pyr.

781 L. **ocellata**, Flk. — Allem. France.
782 L. **badioatra**, Flk. — Eur. alp. Pyrén.
783 L. **petræa**, Flt. — Eur. Rochers fréq.
784 v. **concentrica**, Dav. — Id. pierres schist.
785 L. **umbilicata**, Ram. — Saxic Pyrén.
786 L. **geminata**, Flot. — Rochers gran. Fr.
787 L. **Montagnei**, Flot. — Europe.
788 L. **panæola**, Ach. — Eur bor. (Vosges).
789 L. **contigua**, Fr. — Rochers vulgat.
790 v. **confluens**, Schœr. — Zone alpine et sub-alpine.
791 v. **platycarpa**, Fr. — Rochers, murs, France.
792 f. **ochrochlora**, Ach. — Eur. saxic.
793 v. **flavicunda**, Ach. — Id. rochers ferrugineux
794 v. **flavocærulescens**, Ach. — Id.
795 v. **albocærulescens**, Ach. id. rochers.
796 v. **calcarea**, Fr. — Europ Lieux mont.
797 L. **turgida**, Schœr. — Saxic (Alp. Italie).
798 L **lapicida**, Fr. — Saxic. (Pyrénées).
799 v. **silacea**. Ach. — Roch. ferrug. (Vosges, Pyrénées).
800 L. **tessellata**; Flk. — Europe, rochers mont.
801 v. **daphœna**, Smf. — Id. saxic.
802 L. **polycarpa**, Fr. — Eur. saxic.
803 L. **albocærulescens**, Fr. — Roch. ferr. (Pyrénées).
804 v. **goniophila**, Schœr. — Eur. (Pyr.).
805 v. **atrosanguinea**, Hoff. — Saxic. (Pyrén. alp.).
806 L. **cyclisca**, Mass. — Saxic. (Bav. Italie).
807 L. **calcivora**, Chr. — Eur. roch. calc.
808 v. **chondrodes**, Mass. — Id. id.
809 L. **sublugens**, Nyl. — Bavière
810 L. **ambigua**, Ach. — Saxic. zone mont.
811 v. **melanophæa**, Fr. — Eur. Roch. ferrugin.
812 L. **fusco-atra**, Ach. — Saxic. Fr. fréq.
813 v. **deusta**, Stenh. — Saxicole.
814 v. **grisella** Flk. — Europe. Roch.
815 L. **atrobrunea**, Schœr. — Saxic. Pyr.
816 v. **atropallens**, Nyl. — Pyrén. Pic du Midi.
817 L. **armeniaca**, Schœr. — Europe alp.
818 v. **melaleuca**, Schœr. — Id.
819 v. **alpestris**. — Id.
820 L. **aglæa**, Smf. — Eur. alp. Sax. Pyr.
821 L. **areolata**, Schœr. — Alpes, Suisses.
822 L. **elata**, Schœr. — Zone alp. Pyrén.
823 L. **ænea**, Duf. — Id. id.
824 L. **rivulosa**, Ach. — Roch. quart. id.
825 v. **Kochiana**, Schœr. — Id. id.
826 L. **exilis**, Flk. — Allemagne.
827 L. **trachylina**, Nyl. — France occ. terrest.
828 L. **myrmecina**, Fr. — Corticole. Vosges. alp suéd.
829 L. **ostreata**, Schœr. — Id. id. id.
830 L. **caradocensis**, Leigt — Angleterre.
831 L. **xanthococca**, Smf. — Suède, Laponie.
832 L. **euphorea**, Flk. — Europe.
833 v. **ecrustacea**, Nyl. — France.
834 L. **premnea**, Ach. — Cort. et saxic. Eur.
835 L. **abietina**, Ach. — Cort. sapins France.
836 v. **incrustans**, Fr. — France occident. mousses.
837 L. **amylacea**, Ehrh. — Corticole (Vosges, Pyrénées).

838 L **albo-atra**, Schœr. — France corticole, saxicole.

839 *f.* **epipolia**, Ach.. — Europe, mortiers des murs.

840 **v. populorum**, Mass. — Cortic. France méridionale.

841 L. **disciformis**, Fr. — Saxic. cort. cosmop.

842 **v stigmatea**, — Saxic . Pyrénées.

843 **v, ecrustacea**, Nyl. — Europe.

844 L. **micraspis**, Smf. — Paras., thalle crust.

845 L. **myriocarpa**, DC. — Sur les pins Fr. fréquent.

846 *f.* **saxicola**, — Roch. schist. (Cherbourg)

847 L. **nigritula**, Nyl. — Cort. pins France.

848 L **cerebrina**, Schœr. — Europe alp. sax. Pyrénées.

849 L. **badia**, Flt. — Europe, saxic. granit.

850 L **Hookeri**, Schœr. — Terrest alp Pyr.

851 L. **grossa**, Pers. — Cortic. (Chênes, hêtres).

852 L. **incana**, Del. — Cortic. France mérid.

853 L. **galbula**, Ram. — Saxicole. Pyrénées

854 L. **scabrosa**, Ach. — Europe alpine. Cév. Pyrénées.

855 L. **alpiola**, Ach. — Id. Pyr. cent.

856 L. **geographica**, Schœr. — Idem, saxic. cosmopolite.

857 **v. atrovirens**, Schœr. — Id.

858 **v. viridiatra**, Flt. — Id. id.

859 L. **citrinella**, Ach. — Saxic. Pyr cent.

860 **v. alpina**, Schœr. Id. Vosges.

861 L. **parasitica**, Flk. — Eur. thalle cr.

862 L. **glaucomaria**, Nyl. — Id. id.

863 L **uniseptata**, Nyl. — Suisse.

864 L. **cladoniaria**, Nyl. — France occid.

865 L. **oxyspora**, Tul. — France (parasite sur le *Platysm glaucum*).

866 L. **oxysporella**, Nyl. — Tyrol.

867 L. **inquinans**, Tul. — Paris (parasite sur les *Bæomyres*).

868 L **sanguinaria**, Ach. — Saxic. Pyr. Vos

869 **v. affinis**, Schœr — Cortic. Suisse.

—

870 **Gyrothecium polysporum**, Nyl — Allemagne.

—

871 **Odontotrema phacidioides**, Nyl.— Corse.

Tab. cxxvi *Lecidea cupularis* Ach. *a* plante de grandeur naturelle ; *a'* fragment du thalle grossi ; *d'* coupe verticale d'une apothécie ; *g* spores de divers âges, grossissement 1,000 diam. environ. — Tab cxxvii L. *testacea* Ach *a* plante de gr. nat. ; *a'* fragment du thalle grossi ; *g* spores gross. 1,000 diam — Tab. cxxviii L *decolorans* Flk. *a* plante de gr nat.; *a* fragment du thalle grossi ; *g* trois spores gr. 1,000 diam — Tab. cxxix. L. *luteola* Ach. *a* plante de gr nat. ; *d'* trois apothécies vues à la loupe ; *d'* coupe verticale grossie de l'une d'elles ; *g* quatre spores isolées, de divers âges, gross 500 diam. — Tab cxxx L *pachycarpa* Duf *a* plante de gr. nat. ; *d* coupe verticale grossie d'une apothécie ; *g* deux spores d'âge différent gross. 300 diam — Tab cxxxi. *Lecidea decipiens* Ach. *a* plante de gr. nat. ; et squames du thalle grossies ; *a* fragment du thalle plus grossi ; *d'* coupe verticale vue à la loupe d'une apothécie ; *g* cinq spores gross 1,000 diam ; *h'* coupe verticale grossie d'une spermogonie ; *l* stérigmates et spermaties gross. 600. diam. — Tab. cxxxii L. *epigaea* Pers *a* plante de gr. nat. ; *a'* fragment du thalle vu à la loupe ; *e* thèques et paraphyses, gross. 500 diam. ; *g* trois spores gr. 1,000 diam — Tab cxxxiii. L. *candida* Ach. *a* plante de gr. nat ; *a'* fragment du thalle grossi ; *g'* quatre spores gr. 1,000 diam. — Tab. cxxxiv L. *parasema* Ach. *a* plante de gr nat. ; *d* apothécies vues à la loupe ; *d'* coupe verticale grossie d'une apothécie ; *g* quatre spores de différents âges gross. 1 0.0 diam — Tab. cxxxv. L' *petræa* Flot *a* plante de gr. nat. ; *a'* fragment du thalle grossi ; *g* deux spores gr. 500 diam — Tab cxxxvi L. *turgida* Schœr *a* plante de gr nat ; *a* fragment du thalle grossi ; *g* deux spores gr, 500 diam — Tab. cxxxvii. L. *geographica* Schœr. *a* plante de gr. nat. ; *a'* fragments du thalle grossi ; *d'* coupe verticale d'une apothécie vue à la loupe ; *g* spores isolées gross. 1,000 diam. — Tab. cxxxviii. L. *oxyspora* Tul. (*Abrothallus*). *a* plante de grandeur naturelle d'après le dessin de Jacquin *g* trois spores gr. 1,000 diam. — Tab. cxxxix. L *sanguinaria* Ach. *a* plante de grandeur naturelle ; *d'* coupe verticale d'une apothécie vue à la loupe ; *g* spore isolée gross. 500 diam.

Trib. XVI. GRAPHIDÉES.

Apothécies lirellines sans forme précise, thalamium contenant des paraphyses vraies et des paraphyses non distinctes. Spores cloisonnées, rarement simples.

Les graphidées sont très abondantes dans les pays chauds qui sont néanmoins les plus pauvres en lichens. Elles y occupent le premier rang sous le rapport du nombre total des espèces de la tribu. On les voit (principalement le genre *Opegrapha*) dessiner leurs hiéroglyphes à peu près sur chaque arbre de la zone tempérée, mais elles disparaissent près des poles et n'offrent plus en Laponie qu'une espèce ou deux.

On compte deux cent vingt espèces dans cette tribu. Soixante-deux appartiennent à l'Europe et la France en possède cinquante-trois, ainsi divisées selon leur habitat : trente-trois espèces corticoles, neuf saxicoles et onze corticoles et saxicoles à la fois. D'après le relevé fait par M. Nylander, la Guyane aurait soixante espèces particulières à son climat et la Bolivie et le Pérou cinquante-cinq.

M. Nylander comprend dans la tribu des Graphidées, indépendamment des deux genres types d'Acharius *Graphis* et *Opegrapha* dans lesquels il a fondu les genres *Fissurina* et *Sarcographa* de M. Fée : 1° le genre *Thelographis* qu'il crée pour un lichen de l'Inde, le *Graphis polymorpha*, Fée; 2° le genre *Helminthocarpon*, Fée, réduit à une seule espèce de l'Amérique équinoxiale; 3° le genre *Platygrapha* qu'il crée pour treize espèces exotiques et trois espèces Européennes détachées pour la plupart du genre *Graphis* de M. Fée et quelques-unes comprises auparavant dans les genres *Parmelia*, *Lecanora*, *Lecidea*, *Chiodecton* et *Schismatomma* ; 4° le genre *Stigmatidium*, Mey, revisé et dont la moitié des espèces sont Européennes; 5° le genre *Arthonia* profondément remanié (comprenant les espèces des genres *Coniangium* et *Coniocarpon* de Fries) et accru d'un grand nombre d'espèces nouvelles fournies par les belles collections de M. Fée; 6° le genre *Melaspilea* Nyl., nouveau pour la famille des Lichens et comprenant quatre espèces tropicales du genre *Melanotheca* et deux espèces Européennes que M. Fée et Schœrer avaient réunies aux genres *Lecidea* et *Opegrapha*; 7° le genre entièrement exotique *Lecanactis* Eschw. réduit à sept espèces retirées en partie des genres *Graphis* et *Arthonia*; 8° le genre *Pseudographis* Nyl. créé pour un vrai champignon de l'écorce des sapins, l'*Hysterium elatinum* Pers; 9° le genre *Glyphis* Ach., caractérisé par des apothécies composées, comprenant quatre espèces seulement, toutes des régions tropicales. (Une espèce le *L. favulosa* a été recueillie par Montagne sur l'écorce du chêne en Portugal); 10° le genre *Chiodecton* Ach., dont la plupart des espèces croissent sous les tropiques; 11° enfin, le genre *Mycoporum* Flt., que son inventeur fonda pour une espèce observée sur l'écorce des pins en Suisse et en Allemagne et qui a été augmenté par M. Nylander de deux autres espèces, l'une de France, l'autre du Mexique.

C'est dans le *Prodrome Lich. Gall. Alg.* p. 147, que M. Nylander a introduit la nouvelle tribu des Xylographidées qui précède celle-ci. Il la caractérise ainsi : Thalle lignicole ou saxicole, caché ou très peu apparent. Apothécie lirelline ou

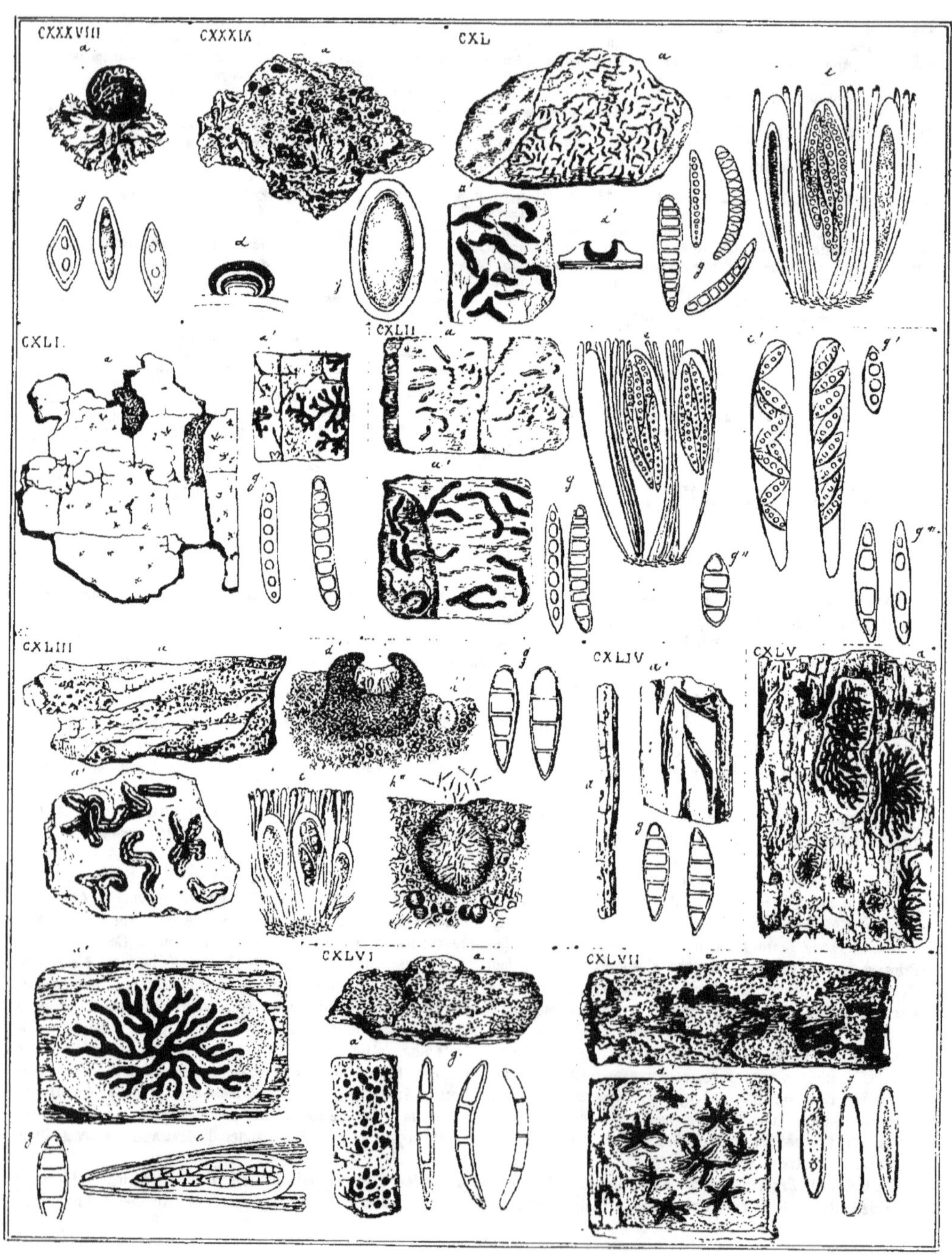

CXXXVIII LECIDEA OXYSPORA DL. __CXXXIX L SANGUINARIA ach __CXL GRAPHIS SCRIPTA ach CXLI
G COMETIA Ro __CXLII G PICTA Me __CXLIII OPEGRAPHA SAXATILIS ach __CXLIV G RIMALIS ach __CXLV
SARCOGRAPHA TRISTIS Me __CXLVI PLATYGRAPHA PERIDEA tyl __CXLVII STIGMATIDIUM STELLULATUM Me.

presque patellarioïde ; spores incolores; simples. — Trois genres composent cette tribu. 1° *Litographa* Nyl. (une espèce saxicole de l'Algérie l'*Opegrapha petræa* DC. et l'*O. tessereta* DC. espèce européenne). 2° *Xylographa* Fr., comprenant l'*Hysterium abietinum* Pers. et la *Peziza flexella* Moug. espèces lignicoles européennes. 3° *Agyrium* Fr., une. seule espèce lignicole le *Stictis rufa* fréquente dans les Vosges et dans le Mont-Dore. Ces deux derniers genres nous paraissent être étrangers à la famille des Lichens et appartenir plutôt à celle des Champignons.

I. GRAPHIS Ach.

Fries (*Pl. hom.* p. 272), avait consacré ce genre à des Lichens croissant sur le tronc des arbres des régions tropicales et lui assignait pour principaux caractères : un nucleus tetraquêtre en forme de disque canaliculé et couvert dans le principe d'une teinte blanchâtre ; périthèse divisé en deux, latéral, plan, ouvert avec l'excipulum formé par le thalle, soudé enfin après la déhiscence. — Spores de toutes les espèces Européennes, sauf d'une seule (*G. reniformis*, Fée), colorées en bleu par l'iode, diversement septées, murales dans le *S. anguina;* gélatine hyméniale constamment insensible à l'action de ce réactif. Paraphyses grêles, allongées, divisées (non pressées les unes contre les autres). Spermaties droites ou presque droites, médiocres de volume.

Ce genre renferme un grand nombre d'espèces toutes corticoles, 70 environ dont sept sont Européennes. Quelques auteurs ont réuni les genres *Graphis* et *Opegrapha*, considérant, par opposition à la manière de voir d'Acharius, que leur structure était la même ; d'autres ont essayé de multiplier les variétés de ces genres en prenant pour base la disposition, la forme ou le volume des apothécies. Ainsi, les apothécies sur divers thalles ont été observées rayonnantes par rapport au centre du thalle, entrecroisées, parfois parallèles ou isolées, d'autrefois assemblées confusément ou dans un ordre particulier ; quant à la forme, sans cesser d'être linéaires, on les a remarquées droites, recourbées, à angles ouverts, rameuses, courtes, etc., etc. Ces divisions sont trop subtiles pour être conservées, précisément à cause de leur peu de fixité et de leurs fréquents passages de l'une à l'autre dans le même type.

872 G. **scripta**, Ach. — Cosmopolite, cort.	877	**v. serpentina**, Ach. — Sur les chênes.	882 G. **inusta**, Ach. — Eur. occid. chênes, orm.
873 **v. varia**, Ach. — Sur les hêtres.	878	**v. recta**, Ach. — Sur l'écorce des Boul.	883 G. **dendritica**, Ach — Eur. occ. Fr. mér.
874 **v. hebraica**, Ach. — Sur les chênes.	879 G. **anguina**, Mont. — Cort. France, occid. Angleterre		884 **v. medusula**, Pers. — Europe occid. avec le type.
875 **v. tenerrima**, Ach. — Sur les hêtres.			
876 **v. pulverulenta**, Ach. — Sur le chêne Cosmopolite.	880 G. **elegans**, Ach. — France, houx et pins.		885 G. **lyellii**, Ach. — Eur. occid. (St Sever).
	881 **v. parallela**, Schœr. — Sur les boul. r.		886 G **reniformis**, Fée. — Europe équinoxiale.

TAB. CXL. *Graphis scripta*. *a* Plante de gr. nat. sur une écorce lisse de chêne; *a'* fragment du même thalle vu à la loupe; *d* coupe verticale grossie d'une apothérie; *g* 4 spores à divers états de maturité, gross 500 diam.; *e* thèques et paraphyses, gross. 600 diam. — TAB. CXLI. *G. cometia*, Fée. *a* Plante de gr. nat.; *a'* fragment du thalle grossi (d'après M Fée); *g* spores gr. 500 diam — TAB. CXLII *G. rigida*. Fée. *a* Plante de gr. nat. *a'* fragment vu à la loupe; *e* thécium. gross. 60 diam.; *g* 2 spores gross 500 diam.; *e'* deux thèques, *g'* une spore du *Gr. Dumastii* Fée (*Fissurina* de cet auteur), *g''* spore du *G. incrustans* Fée ; *g'''* deux spores du *G. lactea* Fée.

II. OPEGRAPHA. Ach. Nyl.

De Jussieu supposait que les lirelles constituaient chez les Opégraphes le Lichen tout entier. La ressemblance des apothécies avec les Hystérium les fit placer par De Candolle à la suite des Hypoxylon. Thalle hypophléode (caché sous l'épiderme des arbres). Eléments fibreux ou médullaires très-peu distincts. Au moment du développement du thalle s'opère la disjonction des couches cellulaires les plus superficielles de l'écorce et il apparaît extérieurement des taches blanches privées de limites précises comme les véritables thalles en sont pourvues. Apothécies noires, nuancées dans quelques espèces de blanc ou de bleu obscur (Nucléus arrondi ou allongé, membraneux, recouvert entièrement ou à moitié par un périthèce à déhiscence longitudinale et marginale). Ces organes brisent, en s'accroissant, la couche de 2 ou 3 cellules tabulaires sur laquelle elles sont nées, et ne prennent tout leur développement qu'après s'être dépouillées de cette sorte de voile. — Spores au nombre de 8 dans chaque thèque.

Ce genre renferme un très-grand nombre d'espèces (25 environ) qui croissent sur les troncs et les branches d'arbres recouverts de leur écorce, ainsi que sur les rochers des climats tempérés et des régions tropicales. Les espèces Européennes sont toutes réprésentées en France.

887 O. **lyncea**, Bor. — Eur. occid. cortic.	898 **v. lutescens**, Nyl. — Sur les sanles. France occid.	909 **v. reticulata**, Nyl. — Id. Sycomores.
888 O **stictica**, DR. et M. — France méridion. cortic rare.		910 **v. lithyrga**, Ach. — Mortiers et murs.
	899 **v, diaphora**, Fr. — Corticole et lignic.	911 **v. steriza**, Ach. — Roches micacées.
889 O. **grumulosa**, Duf. — France mérid. et occid. Rochers.	900 *f.* **saxicola**, — Cosmopolite.	912 O. **rubella**, Moug. — (Vosges), corticole.
	901 O. **rimalis**, Ach. — Ormes, hêtres.	913 O. **involuta**, Korb. — Sapins, France occid. rare.
890 O. **lutulenta**, Nyl. — France mérid. saxic.	902 O. **rupestris**, Pers. — Rochers schisteux et calcaires.	
891 O **endoleuca**, Nyl — id. saxic.		914 O. **herpetica**, Ach. — Corticole fréquent.
892 O. **Monspeliensis**, Nyl. — id. parasite sur les *Lecanora*.	903 O. **saxatilis**, DC. — Pierres, mortiers. Pyr. Cévennes.	915 **v. fuscata**, Schœr. — Sur les hêtres.
		916 O. **albicans**, Nyl. — Peuplier d'Italie.
893 O. **anomea**, Nyl. — Mont-Dore, idem.	904 O. **atra**, Pers, — Vulgaire, sur les écorces.	917 **v. subocellata**, Leigh. — Châtaignier.
894 O. **opaca**, Nyl. — France mérid. saxic.	905 **v. parallela**, — Cort. cerisiers.	918 **v. divisa**, Leigh. — Id.
895 O. **varia**, Pers. — Europe, corticole	906 **v. hapalea**, Ach. — Cort. frên. Houx.	919 O. **lentiginosa**, Europe occidentale (hêtres, houx.).
896 **v. signata**, Fr. — id.	907 O. **vulgata**, Ach. — id. id Pins.	
8J7 **v. pulicaris**, Fr. — id.	908 **v. siderella**, Nyl. — Id. Hêt. chênes.	

Tab. cxliii. *Opegrapha saxatilis.* a Plante de grand. nat., exemplaire pris sur les rochers calcaires à Bagnères-de-Bigorre (Hautes-Pyrénées). a. Portion du thalle très-grossie, quelques points noirs serrés ça et là entre les apothécies représentent les spermogonies ; d' coupe verticale traversant une apothécie suivant son moindre diamètre et une spermogonie (h') qui est entièrement plongée dans le thalle ; e fragment tres-grossi de l'hymónium ; h". coupe verticale très-grossie d'une spermogonie de laquelle sortent les spermaties (*d'après M Tulasne*). Ces conceptacles sont dans le genre *opegrapha*, ordinairement uniloculaires, globuleux, profonds d'environ 13 centièmes de millimètres et larges de 9 environ. Ils sont indiqués à la surface du thalle par des points noirs aussi colorés que les apothécies elles-mêmes. g deux spores isolées gr. 1000 diam. — Tab. cxliv. *O. rimalis* Ach. a Plante de grand. nat. sur un pétiole du *Pteris aquilina* ; a' fragment du thalle très-grossi; g deux spores isolées gr 1000 diam. — Tab cxlv. *Sarcographa tristis* Fée. a Plante de gr. nat.; a' fragment du thalle grossi (*d'après M. Fée*) ; e thèque et paraphyses gross. 500 diam.; g une spore isolée gr. 1000 diam.

III. PLATIGRAPHA. Nyl.

Apothécies noires ou noirâtres, marginées ou presque marginées par le thalle; planes simples ou fort peu divisées. 8 spores fusiformes dans chaque thèque. Spermaties légèrement courbées ou droites. Genre essentiellement exotique.

920. P. **periclea**, Nyl. — Cort. Vosges, M.-Dor.   921 P. **rimata**, Flt. — Fr. occid. Tilleul.   922 P. **dirinella**, Nyl. Espagne.

Tab. cxlvi. *P. periclea.* a Plante de grand nat., a' fragment du thalle grossi (Les spermogonies du Lichen constituent le *Pyrenotheca stictica* Fr.); g 3 spores.

IV. STIGMADIUM. — Mey. Nyl.

Le nom générique le plus ancien est *Enterographa*, donné par M. Fée, en 1824, aux espèces circonscrites par Meyer. Fries lui avait substitué à son tour celui de *Sagedia*. M. Nylander a préféré à l'un et à l'autre celui de *Stigmadium*, comme précisant mieux les caractères de ce genre particulièrement exotique et qui sont pour les deux espèces françaises : Thalle blanc ou glauque, mince, limité par une ligne noirâtre, opaque, à sa superficie uniforme, légèrement fendillé. Apothécies noires, petites, punctiformes ou linéaires, entassées. Gélatine hyméniale colorée en bleu par l'iode.

923 S. **crassum**, Dub. — Troncs d'arbr. (chênes, 924 S. **Hutchinsiæ**, Leigt. — Anglet. Allemag. 926 S. **leucinum**, Nyl. — France occid. Rochers frênes houx.). France occid.   925 S. **venosum**, Sm. — Anglet. cortic. (hêtres)   des falaises (Cherbourg).

Tab. cxlvii. *Stigmatidium stellulatum* Fée: a Plante de gr. nat. a' fragment du thalle grossi (*d'après M. Fée*) ; g 3 spores isolées gr. 1000 diam. Tab. clviii *Stigmatidium crassum.* a Plante de gr. nat ; a la même vue à la loupe; d apothécies très-grossies; d' coupe verticale du thalle au travers de trois apothécies ; g deux spores gross. 1000 diam.

V. ARTHONIA. Ach. Nyl.

Thalle varié, distinct dans quelques espèces et le plus souvent mince, hypophlœode (chrysogonidies, dans les thallès blancs ou presque pulvérulents, *A. pruinosa*), ou presque annulé dans quelques autres. Apothécies généralement planes, simples, dans quelques espèces légèrement rameuses; divisées ou lobées ; thalamium ne renfermant jamais des paraphyses distinctes (thalamium et hypothécium confondus, sans limites tranchées) ; thèques pyriformes élargies, à sommet épais, plus épaissi encore avant leur complète maturité ; spores incolores ou brunes dans le plus petit nombre. Gélatine hyméniale colorée dans plusieurs espèces par l'iode, en bleu, en violet ou en rouge, vineux.

Ce genre a été qualifié de douteux par Montagne ; le célèbre cryptogamiste considérait l'apothécie comme ayant subi des anamorphoses plus ou moins profondes, il la voyait constituée par une simple tache, difforme, sans aucun rebord , ni propre; ni thallodique et dans laquelle l'excipulum et le nucleus étaient confondus en une masse pulvérulente. Pour lui toutes les espèces du genre d'Acharius résultaient de formes dégénérées de Lichens appartenant aux Graphidées et aux Verrucariées. Pour M. Nylander, le genre *Arthonia* est un des mieux caractérisés et l'un des plus faciles à reconnaître dans toutes ses formes. Il n'y a pas de groupe plus naturel, selon l'expression du lichénologue Suédois, dans toute la classe des Lichens. Cependant Fries l'avait éliminé de la *Lichenographie Européenne* en dispersant dans sept genres divers les sept espèces que son ouvrage mentionnne. Selon l'opinion de M. Nylander, Léon Dufour avait compris ce genre à peu près dans la même limite que lui avait assignée son fondateur. En attachant la plus grande importance à la présence ou à l'absence d'une marge saillante dans les apothécies des Graphidées, L. Dufour estime que le genre *Arthonia* est spécialement caractérisé par des « réceptacles planes, dépourvus de bord propre et enfoncés dans la croûte. » M. Nylander a réuni au genre *Arthonia*, dont il a publié une monographie en 1856 , un certain nombre d'espèces décrites comme des *Graphis* par M. Fée. Depuis la publication de ce dernier travail, les Arthoniées se sont accrues spécifiquement et on compte aujourd'hui près de 60 espèces, la plupart corticoles ; les espèces saxicoles ou lignicoles étant peu nombreuses.

Voici la répartition des 30 espèces Européennes d'après les deux divisions adoptées par M. Nylander :

A. Apothécies de différentes couleurs, mais point noires (esp. 927-940). — Thalle mince ou presque annulé (927-940).

B. Apothécies noires (bleuâtres ou blanche-pulvérulentes dans un petit nombre d'espèces (941-964). — Spores oblongues-ellipsoïdes, grandes, pluriloculaires. 7-11 septées ou murales (941-955) — spores ordinairement 3-5 septées (956-964) espèces corticoles (945-953); parasites sur d'autres lichens (954-055). — Spores ovoides à une seule cloison (956-964); espèces saxicoles 952, 963-964; corticoles (Tilleuls, frènes, peupliers, cerisiers, chênes), 959-962.

927 A. **cinnabarina**, Wallr. — France mérid. fréquent.	933 v. **helvola**, Nyl. — Vosges	942 A. **dispersa**, Duf. — Fr. mérid. Rare.
928 v. **rubra**, Id.	934 A. **spadicea**, Leigh. — France occidentale,	943 A. **spectabilis**, Flot. — Europe mérid.
929 v. **decolor**, Nyl. — France occidentale (Cherbourg).	935 A. **pruinosa**, Ach — Europe cent. vulg.	944 A **difformis**. Nyl. — Fr orient. Mulhouse.
930 v. **pruinata**, Del. — Avec le type.	936 v. **subfusca**, Nyl. — France.	945 A. **melanophthalma**, Duf. — Europe méridionale (Espagne).
931 A. **ochracea**, Duf France mérid. St-Sever, Vosges.	937 A. **medusula** Nyl — Id. (Paris).	946 A. **astroidea**, Ach. — Eur. Très-vulgaire.
932 A. **lurida**, Ach. — Europe cent. Fr. Rare.	938 A. **velata**, Flot. — France.	947 A. **Swartziana**, Ach. — Idem.
	939 A. **cinereopruinosa**, Schœr. — Suisse.	948 v. **epipasta**, Ach. — Idem
	940 v. **lobata**, Nyl. — id.	949 A. **gyrosa**, Ach. — Suisse.
	941 A. **phlyctiformis**, Nyl. — France mérid.	

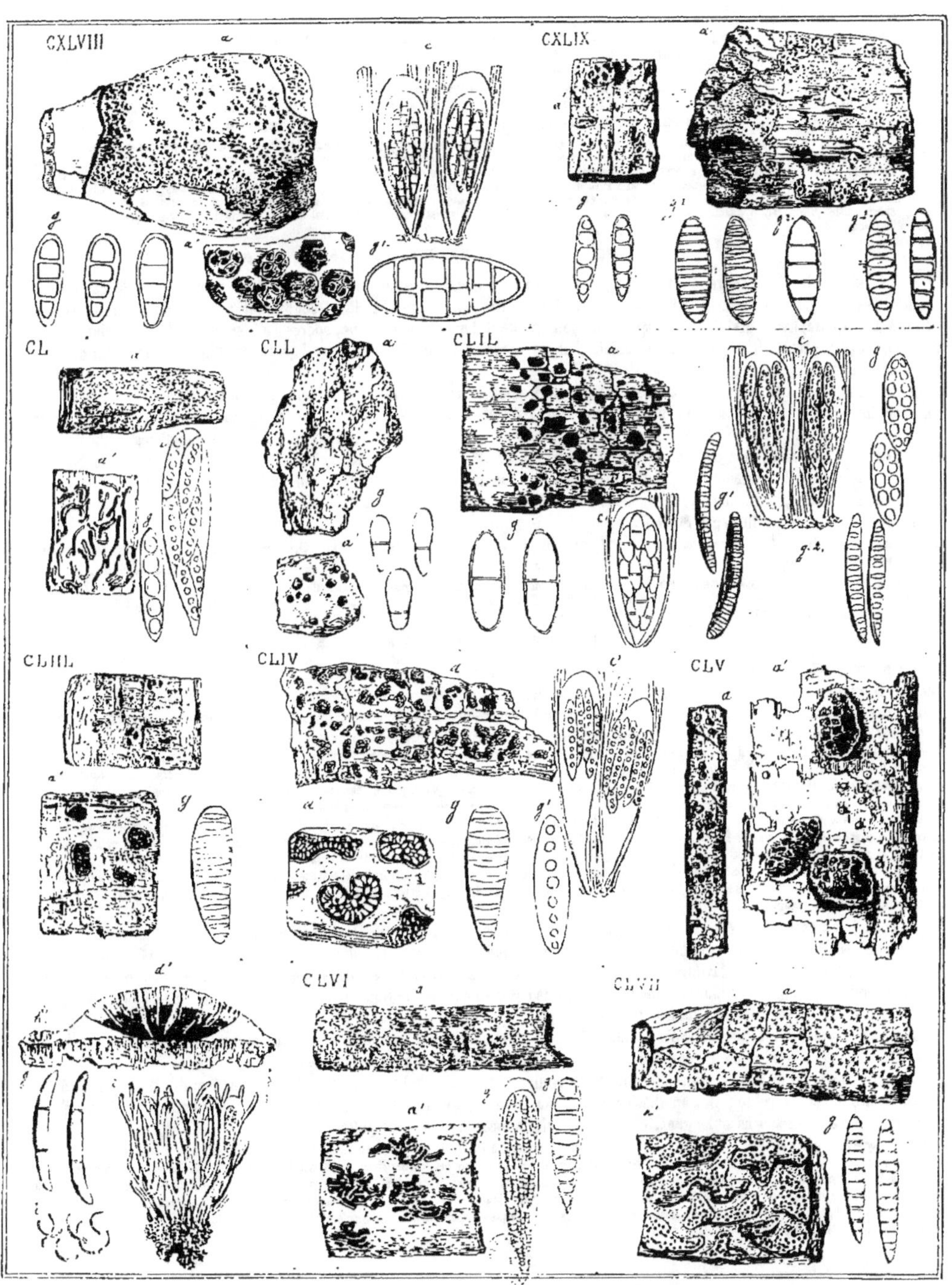

CXLVIII ARTHONIA CINNABARINA ... _ CXLIX A. GILVA ... _ CL A. LEUCOCHEILA ... _ CLI A. LURIDA ...
CLII MELASPILEA ESCHWEILERIANA ... _ CLIII GLYPHIS CICATRICOSA ... _ CLIV G. LEUCOGRAPHA ...
CLV OPEGRAPHA ... _ CLVI G. ARTHONIOIDES ... _ CLVII ... BETULINA ...

950 A. **glaucella**, Nyl. — Fribourg.
951 A. **stictoïdes**, Desm. — France occid. et mérid. Corse.
952 A. **trachylioïdes**, Nyl. — Saxe, Bohême.
953 A. **punctiformis**, Ach. — France, Italie.
954 A. **glaucomaria**, Nyl. — France (Paris).
955 A. **parasemoïdes**, Nyl. — Pyrénées, Puy-de-Dôme.
956 A. **minutula**, Nyl. — Pyrénées, Vosges.
957 A. **cœsiella**, Nyl. — France mérid. Montp.
958 A. **galactites**, Duf. — France méridionale.
959 A. **melaleucella**, Nyl. — Suède.
960 A. **marginella**, Duf. — Espagne.
961 A. **patellulata**, Nyl. — Italie, France, Laponie.
962 A. **convexella**, Nyl. — Mont-Dore.
963 A. **ruderalis**, Nyl. — Paris.
964 **calciola**, Nyl. — Fr. mérid. Montpellier.

TAB. CXLVIII. *Arthonia cinnabarina*, Wallr. *a* Plante de gr. nat. sur l'écorce du charme ; *a'* fragment du thalle apothécifère grossi ; *e* thèques et paraphyses gross. 500 diam ; *g* 3 spores traitées par l'iode gr. 1000 diam. ; *g'* une spore de l'*A. dispersa* gr. 1000 diam — TAB. CXLIX. *A. dilatata* Fée. *a* Plante gr. nat. *a'* fragment du thalle grossi ; *g* deux spores isolées gr. 600 diam. ; *g* 1 deux spores de l'*A. angulata* Fée ; *g* 2 deux spores de l'*A. stictica* Fée *sub nom Lecidea*) ; *g* 3 deux spores de l'*A. moniliformis* Nyl. *Con. caribœum* Fée). Ces spores, diversement divisées, sont vues à un grossissement de 1000 diamètres environ. — TAB. CL. *A. Leurocheila* Fée *a* Plante de gr. nat. *a'* fragment du thalle grossi (d'après M· Fée) ; *e* thèque ; *g* spore isolée gross. 1000 diam.. — TAB CLI. *A. Lurida*, *a* Plante de gross. nat. ; *a'* fragment du thalle grossi ; *g* trois spores isolées gross. 1000 diam.

VI. **MELASPILEA** Nyl. Prodr. p. 416.

M. Nylander place ce genre à côté du genre *Lecanactis* Eschw. (étranger à la Flore Européenne) et il le caractérise ainsi : Thalle mince ou lisse. Apothécies arthonioïdes, noires, mais superficielles, simples et souvent de forme convexe, contenant des paraphyses divisées et des spores au nombre de 8 dans chaque thèque, spores ovoïdes, uniseptées, incolores dans la plupart des espèces. Ni la gélatine hyméniale, ni les spores ne sont colorées par la solution d'iode. Spermaties droites, stérigmates simples.

Ce nouveau genre comprend six espèces. Trois Américaines et trois de notre continent. Ce sont : 1° deux espèces exotiques décrites pour la première fois ; 2° un *Melanotheca* de M. Fée (Tab. CLII) ; 3° une Opegraphe de Schœrer (*Op. varia v. deformis*) ; 4° une Lécidée de M. Fée (*L. arthonioïdes*, qu'il ne faut pas confondre avec le Melanotheca arthonioïdes, Nyl., dont M. Massalongo a fait son genre *Tomasellia*), et 5° l'*Hysterium dimorphum* Duf. vivant sur les branches du Genévrier des côtes de Provence, qui, de l'aveu même de l'auteur du nouveau genre, pourrait bien être un *Xylographa* (conséquemment un champignon), mais qui cependant lui a offert des spores brunes à une cloison et des paraphyses conformes à celles des autres espèces du genre *Melaspilea*.

965 M. **arthonioïdes**, Fée. — France, ormeaux Rare sur frênes. Algérie.
966 M. **deformis**, Sch. — Suisse, sur les noyers & les frênes.
967 M. **dimorpha**, Duf. — Iles d'Hyères, sur les branches dégarnies du *Jun. Phœn.*

TAB. CLII. *Melaspilea Esembekiana* Fée (*sub. nom. Melanotheca*). *a* Plante de grandeur naturelle (d'après M. Fée) ; *e* thèque gr. 400 diam. *g* deux spores gr. 1000 diam. ; *g'* deux spores du *Lecanactis divergens* Fée (*sub. nom. arthonia*) ; *g* 2 spores du *Lec. patellulata* Fée (*sub. nom. arthonia*), gross. 1000 diam.

VII. **CHIODECTON.** Ach.

Les genres de la tribu des Graphidées que nous venons d'énumérer renferment tous des espèces à *apothécies simples*. Ils représentent la première sous-tribu que M. Nylander désigne sous le nom d'*Hapographidés*). Les espèces à *apothécies composées* (genres *Chiodecton, Glyphis* et *Mycoporum*), représentent la 2e sous-tribu, les *Syngraphidés* du même auteur.

Fries comprit d'abord *Lichenog. Europ. ref*) le genre *Chiodecton* dans la tribu des Endocarpées de sa division des Lichens Angiocarpes (à apothécies enfoncées dans le tissu du thalle), et il le caractérisa ainsi : Thalle crustacé, cartilagineux, primitivement byssoïde. Verrues (apothécies) des auteurs, formées par la couche médullaire pulvérulente du thalle et dans lesquelles sont nichés les *nucleus*. Ceux-ci noirâtres et presqu'arrondis, ont une consistance intermédiaire entre celle de la cire et de la gélatine. D'abord séparés les uns des autres, ils se rapprochent peu à peu et confluent souvent par leur base, tandis que le sommet ou l'ostiole, arrondi ou carré, se montre au dehors sans faire de saillie, et tranche par sa couleur noire sur la blancheur des verrues.

Plus tard, Fries modifia son opinion et créa dans la division des Lichens *Gymnocarpes* (apothécies superficielles au thalle), immédiatement après les *Graphidées*, la tribu des Glyphidées, dans laquelle il comprit notamment les *Glyphis* et les *Chiodecton*. M. Fée, auteur d'une belle monographie de ce dernier genre, publiée en 1829, avant que la Lichénographie Européenne eût paru, avait entrevu ce changement nécessaire dans la place que le genre *Chiodecton* devait tenir dans la classification, puisqu'il écrivait à cette époque : « les *Chiodecton* sont avec le genre *Glyphis* les seuls genres du sous-groupe des Verrucariées *qui ne présente point de nucleus* (noyau hyménial entouré de l'Epithécium interne) ; ils diffèrent des *Glyphis* par des ostioles arrondis ou quadrangulaires, mais non linéaires, dont les thalamium sont rapprochés.

On connaît 14 espèces de *Chiodecton*, la plupart vivant sous les tropiques. Deux seulement croissent en Europe et sont représentés en France. Leurs apothécies sont lirellines, sphériques, sub-arrondies ou difformes-irrégulières, multiples et pulvinées. Thèques courtes, claviformes, spores fusiformes, cloisonnées. Gélatine hyméniale, colorée en bleu pâle, puis en rose par l'iode. Spermogonies (dans quelques espèces) peu proéminentes, indiquées par un point noir, sphériques, plongées dans la substance du thalle. Stérigmates linéaires, simples ; spermaties courbées.

Le genre *Glyphis* renferme une espèce Américaine que Montagne a fait connaître et 3 espèces tropicales décrites par Acharius. Dans ces dernières, il en est une qui appartient aussi à l'Europe, nous la figurons.

Le genre *Mycoporum* Flw. comprend pour M. Nylander 2 espèces exotiques et 2 espèces Européennes. Il est caractérisé par un thalle mince ou ruiné ; des apothécies brunes ou noires, petites, difformes, arrondies ou linéaires, agglomérées d'une manière confuse ; des spores oblongues, diversement cloisonnées (cloisons irrégulières).

L'espèce type du genre de Flotow (M. *elabens)*, parasite fort semblable à l'*Abrothallus microspermus* Tul., nous semble être d'une nature fungoïde ; quant à l'autre espèce Européenne, M. *miserrimum*, Nyl., qu'on trouve en France sur les écorces lisses et qui a été décrite par M. Nylander , elle a pour caractères : un thalle consistant en taches pâles ou presque invisibles ; en apothécies petites, difformes, noires à 2-6 modulosités (ces modulosités ou renflements imitant les conceptables de quelques Verrucaires, mais l'épithécium n'est point aplati), blanches en dedans et en dessous, excavées dans l'intervalle des modulosités ; en thèques presque sphéroïdes, contenant 8 spores incolores 3-5 septées ; paraphyses nulles ; thalamium incolore. Gélatine hyméniale non colorée par l'iode, mais seulement le protoplasma des thèques qui devient rouge vineux.

968   **Glyphis favulosa**, Ach. — Portugal et ter. tropicales

669   **Chiodecton petrœum**, Del. — Sax. (Cherbourg).

970 **C. myrticola**, Fée. — Iles d'Hyères, Corse.

971   **Mycoporum elabens**, Flot. — Allemagne, Suisse.

972 **M. miserrimum**, Nyl. — France. Rare.

TAB. CLIII. *Glyphis cicatricosa*, Ach. a Pl de gr. nat ; *a* portion du thalle grossi; *g* spore isolée gr. 1000 diam. environ. — TAB. CLIV. *Glyphis leucographa*, Fée. a Plante de gr. nat.; *a'* portion du thalle grossi ; *g* spore isolée gr. 1000 diam. ; *e'* thèques et paraphyses du *G. favulosa*. Ach. ; spore du même gross. 100'¹ diam — TAB. CLV. *Chiodecton myrticola*, Fée a Le Lichen de gr. nat. recouvrant une branche du *myrthus communis* recueillie aux Iles d'Hyères ; *a'* portion d'un thalle grossi offrant à la fois plusieurs apothécies et un grand nombre de spermogonies qui ont la forme de verrucaires; *d'* coupe verticale grandie d'une apothécie et d'une spermogonie; *e* fragment très-grandi de l'hyménium (les thèques atteignent en hauteur 8/100 de millim.); *g* deux spores grossies, leur longueur varie entre 0ᵐ ᵐ 035 et 00ᵐ ᵐ 042. 2 spermaties isolées. — TAB. CLVI. *C arthonioïdes*, Nyl. a Plante de gr. nat. de l'Amérique mérid. *a'* portion du thalle grossi ; *g* thèque gr. 350 diam ; *g'* spore gr. 1000 diam. — TAB CLVII. *C. effusum*, Fée. a Plante de gr. nat. (Amérique trop); *a* portion du thalle grossi ; *g* deux spores gr 1000 diam. — TAB. CLIX. *Mycoporum elabens*, Flw a Plante de gr. nat. sur une écorce de pin; *g* trois spores à différents degrés de développement, gross. 1000 diam.

Section VI. PYRÉNODÉS.

Thalle pelté, ou le plus souvent crustacé, quelquefois nul ou hypophléode. Apothécies pyrénocarpes, ou immergées dans le thalle, ou plus ou moins dénudées. Une seule tribu : Pyrénocarpées, ou Endocarpées (ἔνδου *dedans* ; καρπὸς *fruit*).

Trib. XVI. PYRÉNOCARPÉES.

Thalle varié de formes : pelté, squamuleux, aréolé, continu, souvent ruiné dans les formes supérieures ; hypophléode dans les formes inférieures (soit *hypolithé*, les gonidies étant mêlées entre les particules superficielles de la roche) ou rarement nul ou quelquefois indiqué par une simple tache sur le substratum). Apothécies consistant en un nucleus jaunâtre ou blanc à l'état sec, renfermé dans le thalle ou émergé et entouré d'un périthèce (hypothécium) ou de même couleur ou noirâtre ; paraphyses absentes dans quelques genres.

Dans son *Expositio Sinop. Pyrenocarpearum*, M. Nylander compose cette tribu de treize genres, dont quatre ne sont pas représentés en Europe (*Strigula, Sarcopyrenia, Trypethelium, Astrothelium*) et de cent cinquante-huit espèces. (Quatrevingt-sept exclusivement exotiques et principalement des régions chaudes et soixante-onze appartenant à l'Europe et répandues aussi sur divers autres points du globe). Les Pyrénocarpées sont corticoles, saxicoles, muscicoles et terrestres ; elles sont peu représentées dans les pays froids, le nord de l'Europe en possède trente seulement.

I. THELOCARPON. Nyl Prodr. p. 172.

Thalle crustacé, varié de formes. Apothécies endocarpées, renfermées dans les nodosités du thalle, périthèces (hypothécium) cachés, incolores, thèques contenant huit spores ou (dans le *T. Laureri*) polyspores; paraphyses grêles, filiformes. Trois espèces connues ; une seule Européenne, comprise par Flotow dans le genre *Sphæropsis*.

973 Th, **Laureri**. Flot. — Allemagne. Sur la terre. Rare.

II. NORMANDINA. Nyl. Classif. 2. p. 191.

M. Nylander a cru devoir modifier le nom de Lenormandina donné par Delise, attendu que ce nom était déjà usité dans l'Algologie. Ce genre est caractérisé par des folioles thallines plus ou moins isolées, squamiformes, arrondies, très minces, de couleur glauque ou verdâtre, très minces et d'une structure assez lâche ; des apothécies immergées à périthèces noirs, à thalamium privé de paraphyses ; des spores oblongues-cylindriques, septées. Gélatine hyméniale colorée par la solution d'iode en rouge vineux. On connaît deux espèces qui vivent en Europe et en Amérique. La première sur les mousses à touffes compactes, sur les jungermannes, quelquefois sur les écorces, rarement sur les rochers, et l'autre sur la terre humide dans les bois.

973 ' **N. Jungermannia**, Nyl. — Europe occident. Angleterre, France, Bavière.   973'' **N. viridis**. Nyl. — Angleterre. Rare. Toujours stérile.

TAB. CLX. N. *Jungermanniœ*. a a plante de grand. nat. sur une hypne et sur un fragment de bois de saule ; *a* squame thalline grossie ; *g* trois spores d'âge différent grossies.

III. ENDOCARPON. Hedw. Nyl.

Thalle pelté ou squamiforme. Apothécies à périthèce pâle (rarement noirâtre), paraphyses nulles et remplacées par une abondante gélatine hyméniale que la solution d'iode colore en rouge vineux. Spores au nombre de huit dans chaque thèque. Spermogonies pourvues de stérigmates.

La couche corticale occupe dans quelques espèces la face inférieure du thalle aussi bien que sa face supérieure (E. *miniatum*) ; cette dernière est formée de cellules globuleuses polyedriques très cohérentes, dont le diamètre décroit vers la surface du Lichen. La couche médullaire est représentée par un tissu cellulaire (médulle celluleuse), contenant des gonidies dans l'intérieur des cellules ou dans leurs interstices. Un tissu cellulaire semblable, mais incolore et à mailles plus élargies, forme la face inférieure. Quelques espèces (E. *hepaticum*) offrent un thalle dont la masse est encore plus homogène ou plus uniforme dans ses éléments et dont l'hypothalle coloré est formé de filaments entrelacés.

Il est facile de confondre l'apothécie avec la spermogonie pendant le premier développement de ce premier organe. L'un et l'autre sont accusés sur le thalle par un petit point noir. Au second degré de développement l'apothécie forme une bosselure cartilagineuse sur le thalle, grandit et la loupe permet de distinguer l'ostiole propre (l'ostiole est formée par la marge souvent peu saillante qui entoure l'épithécium). Le genre d'Hedwig fut adopté par Acharius et depuis par tous les lichénographes. Dans ces derniers temps M. Korber a essayé d'introduire le genre *Endopyrenium* Flot., pour les espèces squamiformes, et M. Massalongo le genre *Placidium* pour deux espèces de la même division ; mais ces créations n'ont pas été adoptées.

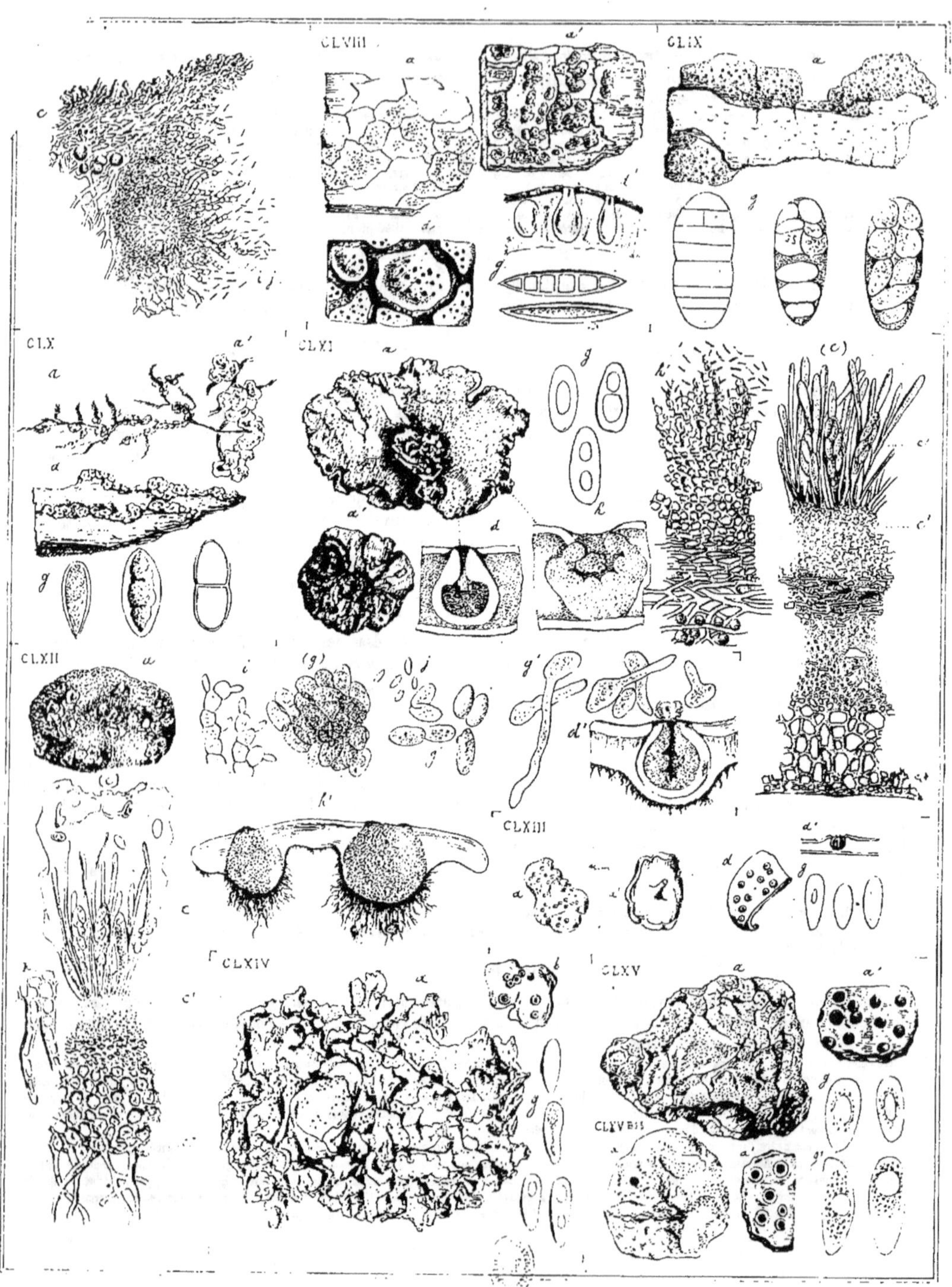

CLLVII. PHYSCIA CILIARIS, de _ CLVIII STICMATIDIUM CRASSUM, dub _ CLIX MYCOPORUM ELABENS, flw _ CLX. NORMANDINA JUNGERMANNIAE, del _ CLXI ENDOCARPON MINIATUM, del _ CLXII E. HEPATICUM, del _ CLXIII E. GUEPINI, del _ CLXIV E. FLUVIATILE,

On trouve les *Endocarpon* sur les rochers, dans les lieux elevés, aux bords des ruisseaux, sur les pierres couvertes par les eaux et aussi sur la terre nue. On en connait une vingtaine d'espèces qui habitent de préférence les régions tempérées ou alpines de l'hémisphère septentrional. L'Europe possède 10 espèces dont nous formons deux divisions. 1° thalle grand cartilagineux, pelté, à folioles simples ou presque simples, fixé seulement par le centre comme les ombilicaires (esp. 974 — 979); 2° thalle petit, squamiforme (composé d'écailles) appliqué au *substratum* par toute sa face inférieure (esp. 980 — 985).

974 E. **miniatum**, Ach. — rochers granitiques. Europe. France, lieux élevés.
975 **v. leptophyllum**, Fr. — roch. inon
976 **v. complicatum**, Ach. — roch humi.
977 E. **fluviatile**, DC. — lieux élevés Roch. de la rég sub-alpine.
978 E. **Moulinsii**, Mont. — roch. schisteux. Pyrénées, près Barèges.

979 E. **Guepini**, Moug. — roch. cal. Fr. mérid. Italie.
980 E. **rufescens**, Ach. — lieux arid. mousses. roch.
981 E. **hepaticum**, Ach. — rég. calcaires. terr. sablonneux
982 E. **imbricatum**, Nyl. —roch. calc. France méridionale.

983 E. **exiguum**, Nyl. — terre des murs.
984 E. **compactum**, Mass. — roc. cal. (Bavière)
985 E. **reticulatum**, Duf. — terre sab. rochers. Espagne (Sagonte).

Tab clxi. *Endocarpon miniatum* Ach, *a* plante de gr. nat. ; *a'* plante vue en dessous ; *d* coupe verticale grandie d'une apothécie ; *h* coupe semblable et pareillement grossie d'une spermogonie; ces organes occupent surtout la région marginale du thalle. (c) fragment très grand emprunté à la figure *d* ; il comprend une part de l'hyménium *c* et tous les tissus placés au dessous jusqu'à l'hypothalle (c 4) ; *h'* portion très grossie du tissu interne d'une spermogonie et spermaties fixées ou libres (d'après M. Tulasne) — Tab clxii *End Hepaticum* Ach. *a* plante de gr. naturelle ; *d* coupe verticale grossie d'une apothécie qui laisse échapper ses spores ; celles-ci forment une sorte de gelée ou pulpe faiblement rosée , *c* coupe très grossie pratiquée dans l'axe d'une apothécie au-dessus de l'hymenium *b*, on voit le mucilage hyménial dans lequel germent quelques spores *c'* ; *a 4* hypothalle ou rhizines (d'après M Tulasne) ; *k* rhizines (d'après M Nylander) ; (*g*) groupe de spores mûres, c'est un fragment grossi de la pulpe rosée représenté fig. *d'* comme sortant du sein de l'apothécie ; *g* autres spores libres ! *g'* spores germées et plus ou moins avancées dans leur végétation ; *h'* coupe transversale grossie d'un thalle portant deux spermogonies ; *l* stérigmates; *j* spermaties. — Tab. clxiii. E. *Guepini* Del. *a* thalle de gr. nat. ; vu en dessus ; *a'* le même vu en dessous ; *d'* coupe verticale du thalle à travers une apothécie gross. 25 diam. , *g* trois spores gr. 1,000 diam. ; — Tab. clxiv. End. *fluviatile* Web. *a* plante de grandeur naturelle ; *b* fragment du thalle portant des apothécies, vu à la loupe ; *g* quatre spores gross, 1,000 diam.

IV. **VERRUCARIA**. Pers. Emend. Defin. Nyl. classif. 2. p. 191.

Thallé tantôt squameux, aréolé, pulvérulent, hypophléode, presque nul ou enfin nul. Apothécies (plus ou moins superficielles, ou bien enfoncées dans la substance du thalle, mais de forme constamment globuleuse ou conique hémisphérique) à périthèce noir (du moins en dessus ou à l'*ostiole* improprement appelé *pore*. L'ostiole est la portion émergée de l'apothécie ou l'epithecium dans les espèces immergées), rarement de couleur entièrement pâle, plus rarement encore de couleur tirant sur le roux, dans la partie terminale. Spores variées de forme. Spermogonies abondantes sur le thalle et ne se distinguant guère des apothécies que par leur moindre volume ; stérigmates simples.

L'extrême ténuité du thalle avait fait croire à son absence, et quelques auteurs considérèrent longtemps les apothécies comme représentant des Sphéries. Sans un examen attentif on dirait en effet que les apothécies font corps avec la cuticule de l'écorce qui leur sert de matrice. L'organisation du thalle hypophléode ou d'apparence nulle est des plus simples. On découvre, dit M. Tulasne, « sous l'enveloppe mince et transparente qui voile les conceptacles, des filaments rameux irréguliers à cloisons rares et cavité centrale fort étroite sur lesquels sont épars ça et là de petits groupes de gonidies (gonidies thallines). Celles-ci sont des cellules sphériques, intérieurement tapissées ou même remplies de matière verte et qui n'adhèrent que faiblement soit les unes aux autres, soit aux filaments dont elles procèdent. » La gélatine hyméniale de quelques espèces dépourvues de paraphyses (V. *pallida*, V. *garrovaglii*, V. *umbrina*, V. *clopima*, V. *limenogonia*, signalées par M. Nylander) renferment des gonidies particulières (gonidies hyméniales).

Acharius divisa ce genre selon que l'apothécie lui paraissait saillante et dénudée ou bien enfoncée dans la substance du thalle et il créa le type *Pyrenula*. Quelques auteurs conservèrent ce dernier genre, mais ils le limitèrent uniquement aux apothécies dont les évolutions de la croissance ne leur paraissait pas établir un passage d'une section à l'autre. Pour quelques lichénologues de notre époque, la même plante est, suivant l'âge, une *Pyrenula* ou une *Verrucaria*. Fries conserva en partie le genre *Sagedia* d'Acharius qui comprenait des Verrucaires à thalle presque crustacé. M. Nylander a réuni dans le genre type *Verrucaria* les genres d'Acharius qui en découlaient et notamment les démembrements proposés depuis quelques années à titre de genres nouveaux, par les lichénologues Allemands et Italiens, sur des différences peu importantes que présentent la structure du thalle et la forme de l'excipulum et des spores. C'est ainsi que le genre *Verrucaria* comme le comprennent M. Nylander et tous les lichénologues qui se sont rangés à sa théorie simplificative, a fourni à MM. Korber et Massalongo l'occasion de faire revivre les anciens genres *Dermatocarpon* et *Sphæromphale* et de créer sans beaucoup d'utilité les genres (*Amphroridium*, M. *Arthopyrenia*, M. *Accrocordia*, K. *Blastodesmia*, M. *Bunodea*, M. *Campylacia*, M. *Catopyrenium*, K. *Leptorhaphis*, K. *Limbidium*, K. *Lithoicia*, M. *Mycrothelia*, K. *Porphyriospora*, M. *Polyblastia*, M. *Sporidictyon*. M. *Stigmatomma*, K. *Thelidium*, M. etc., etc., qui auront beaucoup de peine à être acceptés dans la littérature lichénologique, surtout par ceux qui comprennent qu'un genre doit être appuyé par des caractères constants et de premier ordre tirés de tous les organes à la fois et non des variations de forme et de nombre des spores ainsi que du nombre des cloisons dans chaque spore, caractères fort sujets à varier.

Le genre *Verrucaria* renferme près de cent espèces réparties par parts égales entre l'Europe et les pays exotiques. Sur les cinquante espèces Européennes, trente-huit vivent dans la région tempérée du centre, et on en trouve vingt-quatre seulement dans la région froide du Nord.

1° Thalles principalement saxicoles ou terrestres, espèces 986 — 1047.

Section A. Paraphyses nulles ; gélatine hyméniale colorée d'habitude en rouge vineux par l'iode, espèces. 986 — 1044.

a. Thalle squameux ou squameux crustacé (esp. 986. — 991), — Huit spores incolores, simples. (986 — 991) espèces comprenant en partie le genre *Sagedia* de Fries et rapportées par M. Korber au genre *Catopyrenium*. — Spores brunes ou de couleur foncée, murales. Esp. 992 — 994, rapp. par M. Korber au genre *Dermatocarpon*.

b. Thalles aréolés ou aréolés-fragmentés ou pulvérulents, ou imperceptibles. Esp. 995 — 1044 Deux spores, brunâtres ou incolores, murales. Esp. 995 — 997 rapp. par M. Korber aux genres *Sphæromphale* et *Stigmatomma* et par M. Krempelhuber au genre *Polyblastia*. — Huit spores incolores simples ou rarement 1-5 septées ou murales. Esp. 998 — 1043. rapp. par M. Massalongo aux genres *Amphoridium* et *Lithoicia* ; par M. Korber aux genres *Thelidium* et *Hymenelia*, par M. Krempelhuber au genre *Polyblastia*. Huit spores brunes ou noirâtres, grandes, murales. Esp. 1044. rapp. par M. Massalongo au genre *Sporodictyon*.

Section B. Paraphyses distinctes (séparées), capilliformes ; spores incolores, oblongues, simples ou murales. Gélatine hyméniale colorée en bleu par l'iode. Esp. 1045 — 1047 ; rapp. par M. Leighton au genre *Segestrella*.

Onze espèces principalement corticoles (un très petit nombre saxicoles à la fois). 1048 — 1079.

Section C. Spores incolores ; paraphyses grêles ; gélatine hyméniale non colorée par l'iode. Esp. 1048 — 1055.

a. Huit spores étroites, fusiformes septées (portion émergée de l'apothécie (périthécium) colorée en noir, en brun, en roux ou pâle ; portion submergée incolore. Esp. 1048 — 1053. Espèces exotiques appartenant à l'ancien genre *Porina* des auteurs ; espèces Européennes rapp. par MM. Korber et Massalongo au genre *Segestrella* et par M. Krempelhuber au genre *Sagedia*.

b. 2-8 spores larges, murales diversement divisées. Esp. 1054 — 1055.

Section D. Huit spores oblongues ou oblongues ellipsoïdes (quatre loculaires, brunes dans plusieurs espèces) ; paraphyses grêles, soudées entr'elles ; périthèce dans la plupart des cas entièrement noir. Gélatine hyméniale (n° 1060 colorée en rouge vineux) non colorée par l'iode. Esp. 1056 — 1061.

Section E. Huit spores incolores (brunes dans un petit nombre), oblongues ou ovoïdes 1 septées (dans quelques espèces trois ou pluri-septées), dans une seule espèce, V. *Oxyspora*, allongées-fusiformes (genre *Leptorhaphis* Korb). Gélatine hyméniale à part la *Lichénine*, non colorée par l'iode. Thalle de plusieurs espèces hypophléode ou presque annulé. Esp. 1062. — 1079, rapp. par M. Korber aux genres *Acrocordia*, *Limbidium* et *Microthelia*, par M. Massalongo au genre *Arthopyrenia*.

986 V. **tephroides**, Ach.— Eur. mont. et alp.
987 **v. cartilaginea**, Nyl. — Mont. Bav. Pyrénées.
988 V. **cinerascens**, Nyl. — France mérid. Beaucaire
989 V. **crenulata**. Nyl. — Id. Cannes.
990 V. **Schæreri**, Nyl. — Mont. alp. Pyr.
991 V. **psoromia**, Nyl. — Muscicol. Suisse.
992 V. **pallida**, Nyl. — Cosmop. vulg
993 V. **Gurovaglii**, Mont. — Sub-alp. Pyr.
994 **v. sorediata**, Bor. — Saxic. idem.
995 V. **umbrina**, Wahl. — Sax Pyr. Cév.
996 **v. clopima**, Wahl. — Alpine, id.
997 **v. calcarea**, Nyl. — Allemagne.
998 V. **gelatinosa**, Ach. — Muscicol. Suisse.
999 V. **fuscula**, Nyl. — Saxic Eur. mérid.
1000 V. **catalepta**, Ach — Allemagne.
1001 **v. subumbonata**, Nyl. — Bavière.
1002 V. **amphibola**, Nyl. — Sax. Fr mérid.
1003 V. **glebulosa**, Nyl. — Murs. Paris, Lyon.
1004 V. **nigrescens**, Pers. — Rég calc. fréq.
1005 **v. fuscella**, Nyl. — Id. peu fréq.
1006 **v. viridula**, Nyl — Id fréq.
1007 V. **macrostoma**, Duf. — Murs. France méridionale.
1008 V. **virens**, Nyl. — Saxic. Suède.
1009 V. **plumbea**, Ach. — Calc Italie.
1010 V. **minima**, Mass. — Saxic Bavière.
1011 V **margacea**, Wahlt. — Saxic. vulg. Eur.
1012 **v. æthiobola**, Wahl. — Sax. mont.
1013 **v. acrotella**, Le J. — Roch q. Fr.
1014 **v. hydrela**, Nyl — Sax mont.
1015 **v. cataleptoïdes**, Nyl. — Pyr. elp.
1016 *f* **ferruginosa**, Nyl. — Cév. (Aubrac).
1017 V **pyrenophora**, Ach. — Saxicole. Europe.

1018 **v. decipiens**, Nyl. — Franconie.
1019 **v. cataractarum**, Nyl. — Saxicole. Suisse.
1020 **v. Sprucei**, Nyl. — Mont. Fr. Suisse.
1021 **v. rugulosa**, Nyl. — Sax Suisse.
1022 V. **Ungeri**, Flot. — Calc. Allemagne.
1023 V. **mucosa**, Ach. — Schist. Cherbourg.
1024 V. **maura**, Whl. — Roch. maritimes.
1025 V. **microspora**, Nyl — France occid. Roch. maritimes.
1026 V. **Dufourii**, DC. — Europe mérid.
1027 *f.* **ochracea**, — Pyrén. Bagnères.
1028 **v. limitata**, — France mérid.
1029 V. **rupestris**. Schœr — Sax. Eur. fréq.
1030 **v. ruderum**, DC. — Murs Idem.
1031 **v. calciseda** — Roch. gr. id.
1032 **v. Hochstetteri**, — sub alp. Pyrén. Cazaril, près Luchon.
1033 **v. purpurascens**, Schœr. — Alpes. Pyrénées
1034 **v. integra**, Nyl. — id. id.
1035 V. **v. murina**, Lgt. — sax. Europ. fréq
1036 V. **muralis**, Ach — Europ. temp murs.
1037 **v. puteana**, Ach. — Fr. Suisse. Sué.
1038 V. **hymenogonia**, Nyl. — Calc. France.
1039 V. **amphiboloïdes**, Nyl — Allemagne.
1040 V. **Sendtneri**, Nyl. — muscic. Bavière.
1041 V. **intervedens**, Nyl. — sax. Pyr. Alp.
1042 V. **plicata**, Mas — roch dol. Bavière.
1043 V. **nigrata**, Nyl. — muscicole. Pyrénées. (Barèges).
1044 V. **verrucoso-areolata**, Schœr.—sax. Suisse.
1045 V. **epigæa**, Ach. — terrest. Eur. vulg.
1046 V. **sphinctrinoïdes**, Nyl. — muscicole. - Laponie.

1047 V. **thelostoma**, Harrim, — sax. Ecosse.
1048 V. **chlorotica**, Ach. — sub-alp. Pyrén.
1049 *f.* **persicina**, Nyl. — id.
1050 *f.* **illinita**, Nyl. — id. (Barèges).
1051 V. **Taylori**, Carr — cort. Irlande.
1052 V. **cinerea**, Pers — cort. Europ cent.
1053 V. **lectissima**, Nyl. — sax. Europ. mérid.
1054 V. **muscicola**, Ach. — musc. Suède.
1055 V. **Nægeli**, Nyl. — cort. Suisse.
1056 V. **nitida**, Schr. — cort. cosmop. vulg.
1057 **v. nitidella**, Fl. — cort. Angleterre.
1058 V. **glabrata**, Ach. — Fr Orient. Suisse.
1059 V. **coryli**, Nyl. — cort. id. rare.
1060 V. **farrea**, Ach. — cort. Europ. fréq.
1061 V. **circumfusa**, Nyl. — cort. Italie.
1062 V. **gemmata**, Ach. — Eur. temp. fréq.
1063 V. **conoidea**, Fr. — cal. id.
1064 *f.* **rubella**, Chanb. — Agenais.
1065 V. **triseptata**, Nyl. — roc. calc. Toulon.
1066 V. **Salweii**, Leigh. — pierres des murs. (Cherbourg). Angleterre.
1067 V. **biformis**, Bor. — cort France. fréq.
1068 V. **cæsia**, Nyl. — Fr. (Montpel.) Suisse.
1069 V. **pluriseptata**. Nyl. — cort. Sav. Suis.
1070 V. **epidermidis**, Ach — cort. Eur. fréq.
1071 **v. analepta**. Nyl — id. id.
1072 **v. fallax**, Nyl. — id. sur les bouleaux.
1073 **v. lactea**, Nyl. — Fr. merid Italie.
1074 **v. pyrenastrella**, Nyl. — boul. Lap.
1075 V. **rhyponta**, Ach. — cort. Europ fréq
1076 V. **cinerella**, Fl. — Europ. cort. id.
1077 V. **halodytes**, Nyl. — roch. mar. inond. près Cherbourg. (M. Le Jolis).
1078 V. **xylina**, Nyl. — bois sap. Mont-Dore.
1079 V. **oxyspora**, Nyl — Europ. c. bouleau.

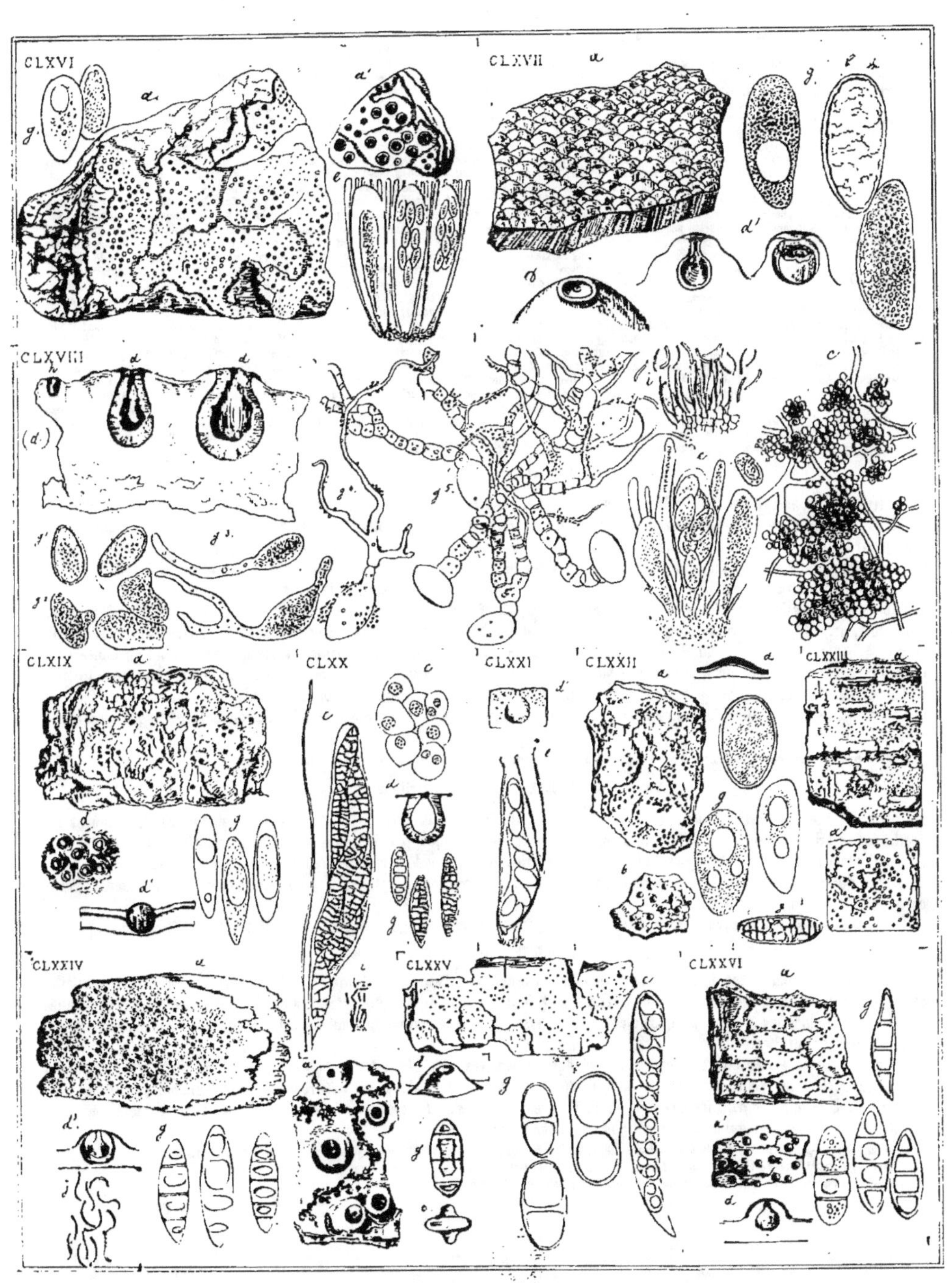

CLXVI. VERRUCARIA RUPESTRIS VAR. PURPURASCENS, schær. — CLXVII. V. RUP. VAR. HOCHTETTERI, fries — CLXVIII. V. MURALIS, ach.
CLXIX. V. RUGOSA, ach. — CLXX. V. SPHINCTRINOIDES, syl — CLXXI. V. THELOSTOMA, lær. — CLXXII. V. LECTISSIMA, fries — CLXXIII
V. ASPISTEA, fr. — CLXXIV. V. NITIDA, schær. — CLXXV. V. GEMMATA, ach. — CLXXVI. V. FARREA, ach.

Tab. clxv. *Verrucaria rupestris.* a plante de grandeur naturelle a' fragment du thalle vu à la loupe ; g deux spores gross. 1,000 diam. — Tab. clxv. bis. *Verrucaria immersa.* a plante de gr. nat. a' fragment du thalle vu à la loupe; g deux spores gross. 1,000 diam. — Tab. clxvi. *Verrucaria rupestris var. purpurascens* Schœr. a plante de gr. nat. ; a', fragment du même thalle vu à la loupe ; e thécium grossi ; g deux spores gr 1,000 diam. — Tab. clxvii. *Verruc. rup. var Hochstetteri* Fr. a plante de gr nat. (Prat de Mollo, Pyr. Orient). d sommet d'une apothécie vu à la loupe ; d' coupe verticale de deux apothécies, une est immergée dans le thalle, l'autre est brisée à son sommet (d'après C. Montagne) ; g trois spores à différents degrés de maturité gross. 1,000 diam. — Tab. clxviii. *Verrucaria muralis* Ach. (d) coupe verticale grandie d'un fragment du Lichen, laquelle traverse deux apothéries dd. et une spermogonie h ; l stérigmates et spermaties ; e thécium ; g' spores (très grossies), telles qu'elles sont projetées hors des thèques ; g'' autres qui commencent à germer ; g''' spores germées ; plus avancées dans leur végétation ; '''' spore végétant depuis plus longtemps , elle a conservé sa forme et son volume (environ 26 millièmes de millimètre en longueur et 12 en largeur) primitifs. mais elle s'est entièrement vidée de son protoplasma ; le filament germe qui en est sorti est très ramifié , mais ne présente encore de cloison que près de son origine. g''''' spores observées deux mois environ après avoir été semées sur une pierre calcaire polie; les filaments qu'elles ont produits se sont transformés en chapelets de cellules globuleuses; ils sont presque tous bifurqués très près de leur base ; la membrane des spores est devenue excessivement mince, mais elle n'est pas encore détruite. Les petites molécules qui sont éparses autour des spores ou sur les filaments leur sont étrangères et leur sont demeurées attachées lorsqu'on a enlevé ces jeunes plantes de dessus la pierre où elles s'étaient accrues, c portion grandie du thalle discontinu qui plus tard s'est développé sur les filaments représentés par la figure précédente après qu'ils eurent acquis de plus grandes dimensions et que leurs rameaux se furent multipliés Ce thalle est composé comme celui des lichens adultes et fructifiés, de groupes de cellules dont quelques-unes seulement plus grosses que les autres, contiennent de la chlorophylle et des filaments hypothalliens en question, sur lesquels ces cellules ont pris naissance (d'après M. Tulasne). — Tab. clxix *Verrucaria epigeœ* Ach. a plante de gr. nat. d apothécies vues à la loupe; d' coupe verticale grossie d'une apothécie; g spores gross. 1,000 diam. Tab. clxx *Verrucaria sphinctrinoïdes.* Nyl. c éléments anatomiques du thalle; d coupe mince et amplifiée d'une apothécie ; e une thèque avec une paraphyse (la première bleuie à son sommet par l'iode) ; g trois spores isolées ; l stérigmates et spermaties Ces figures, moins celle de l'apothécie, vues sous un grossissement de 275 diamètres (d'après M. Nylander). — Tab clxxi. *Verrucaria Thelostoma* Harr. d coupe verticale d'une apothécie grossie 26 fois ; e une thèque accompagnée de trois paraphyses. grossissement 275 fois (d'après M Nylander). - Tab clxxii, *Verrucaria lectissima* Fr. a plante de gr. nat ; b fragment du même thalle vu à la loupe ; coupe verticale grossie d'une apothécie ; g trois spores gross. 1,000 diam — Tab clxxiii *Verrucaria aspitea* Fée. a thalle de grandeur nat. ; a' fragment de la même figure grossi ; g spores gr. 600 diam. — Tab. clxxiv. *Verrucaria nitida* Sch. a plante de gr. nat. ; a' fragment du thalle (grandi) sur lequel on voit plusieurs apothécies mûres et une foule de spermogonies disposées le long des lignes obscures qui sillonnent la croûte du lichen et paraissent dues à la confluence de thalles appartenant à des individus différents (d'après M Tulasne) ; d apothécie vue à la loupe ; d' coupe verticale du même organe ; gg quatre spores d'âges différents ; o coupe du nucleus renfermé dans les cellules des spores ; j spermaties. — Tab. clxxv. *Verrucaria gemmata* Ach. a plante de gr. nat. ; e thèques gr. 250 diam. g trois spores gr. 1,000 diam. Tab. clxxvi. *Verrucaria farrea* Ach. a plante de gr. nat ; a' fragment du thalle vu à la loupe ; d coupe verticale d'une apothécie gross. 25 fois g quatre spores à différents degrés de développement — Tab clxxvii *Verrucaria epidermidis* a plante de gr, nat ; d coupe verticale de l'apothécie vue à la loupe ; e thèque gross. 500 diam. g cinq spores d'âges différents et provenant de lichens recueillis sur des écorces différentes, gross 1,000 diam.

V. LIMBORIA. Fr.

M. Nylander conserve ce genre qu'Acharius avait consacré à quelques Lichens corticoles des tropiques et le réduit, comme l'avait fait Fries, dans la *Lichénographie Européenne*, à une seule espèce que l'on trouve en Europe et fréquemment en France sur les pierres calcaires de formation récente. Cette espèce est caractérisée par un thalle presque nul, une apothécie immergée semblable à celle du genre *Verrucaria* et dont le périthèce, noir en dessus et convexe, est parfois fendu en 4 ou 5 rayons. Paraphyses nulles, gélatine hyméniale colorée par l'iode d'abord en bleu, puis en violet.

Dans ses *Etudes sur les Lichens de l'Algérie*, p. 342, M. Nylander avait fait de ce lichen la *Verrucaria gibbosa*. Dans le *Prodrome*, p. 438, il l'éleva au rang de genre, qu'il estima néanmoins douteux ; il croyait, comme l'avait dit Fries, qu'on pouvait à peine le distinguer du *V. rupestris* : dans l'*Exposit. Pyrenocarp.*, il maintient ses doutes, et tout en conservant le genre il exprime l'opinion que la forme singulière de l'apothécie peut n'être qu'accidentelle, et amenée par une circonstance atmosphérique, une humidité trop grande par exemple. Il est vrai qu'on a observé dans les jeunes apothécies de quelques Stictes une modification semblable. La marge thalline d'abord renfermée, se déchire souvent en rayons lorsqu'elle se développe.

1080 L. **sphinctrina**, Duf. — Trouvé pour la première fois en Espagne, par Léon Dufour, qui le communiqua à Fries.

VI. THELENELLA. Nyl. classif. 2. p. 195.

Thalle épiphléode, luisant, blanc ou cendré, couvert de fines protubérances à l'intérieur desquelles se développent les apothécies. Périthèce non coloré dans le haut; ostiole souvent indiqué par un point brun. 8 spores oblongues, à plusieurs compartiments (murales); paraphyses filiformes. Spermaties très-allongées, recourbées. M. Nylander a formé ce genre pour un lichen qui se montre assez fréquemment en France sur l'écorce des peupliers. Il pourrait rentrer dans le genre *Verrucaria* comme type d'une subdivision.

1081 T. **modesta**, Nyl. — Sur le peuplier, France méridionale.   1082 **v. grisella**, Nyl. — Sur le Robinier faux acacia (Paris).

VII. ENDOCOCCUS. Nyl.

Thalle nul, apothécies parasites (sur divers Lichens crustacés, *Lecanora*, *Squamaria*, *Lecidea*), immergées ou partiellement émergées, à périthèce noir ; thèques renfermant huit spores ou un plus grand nombre (polyspores), spores brunes ou noirâtres, oblongues à deux compartiments, paraphyses nulles. Gélatine hyméniale colorée en rouge vineux par l'iode. Spermaties fines, droites.

Ce genre parait devoir être à peine distingué des Verrucaires. M. Nylander a fait connaître trois espèces Européennes qui se rapportent au genre *Tichothecium* de Flotow et que M. Massalongo a fait revivre pour l'*Endoc. erraticus*, Nyl. qu'il a trouvé le premier dans les environs de Verone, sur le thalle du *Placodium chalybeum*. M. Korber a signalé une autre espèce de Tichothécium qui doit être le *Sphœria Lichenicola*. Rab.

1083 E **erraticus** Nyl. — Sur le *Lec. calcarea*, France. Sur le *Squam. concolor* (thalle et apothécies) Pyrénées, Bavière, Italie.
1084 E. **gemmiferus**, Nyl. — Sur le *Lecanora cinerea*, Angleterre et Irlande.
1085 E. **perpusillus**, Nyl. — Sur le *Lecidea tenebrosa*, Saxicole. Environs de Paris (Lardy), spermogonifère.

VIII. **THELOPSIS**. Nᴛʟ.

Thalle à peine distinct; apothécie rouge, pâle ou rousse, tuberculeuse-sphérique faisant peu de saillie, à périthèces incolores en dessous; spores illipsoïdes 3-septées, au nombre de 100 et davantage dans des thèques fusiformes; paraphyses filiformes; filaments ostiolaires distincts. Gélatine hyméniale colorée en rouge vineux par l'iode. On ne connaît qu'une seule espèce corticole. M. Korber l'a décrite sous le nom de *Sychnogonia Bayrhofferi*.

1086 T. **rubella**, Nyl. — Sur l'écorce du hêtre. France (Fontainebleau). Allemagne Heildelberg), rare.

    Tᴀʙ ᴄʟxxvɪɪɪ. *Limboria sphinctrina*. *a* Plante de gr. nat. *a'* fragment du thalle vu à la loupe; *d* coupe verticale d'une apothécie; *g* 3 spores d'âges différents, gr. 1000 diam. — Tᴀʙ ᴄʟxxɪx *Endococcus erraticus* Mass. *a* Plante de gr. nat.; *a* coupe verticale grossie d'une apothécie; *e* thèque gr. 500 diam; *g* 3 spores gross. 1000 diam.; *l* spermaties. — Tᴀʙ. ᴄʟxxx. *Thelopsis rubella*. *a* Apothécies vues à la loupe; *e* thécium gr. 400 diam.; *g* 5 spores d'âges différents.

IX. **MELANOTHECA**. Fᴇᴇ.

Thalle peu développé ou presque nul, consistant en une maculation de couleur pâle, limitée par une ligne de couleur plus foncée ou noire; apothécies semblables à celles du genre *Verrucaria*, non aussi simples, mais composées; périthèces noirs, nombreux, 3-10 ou un plus grand nombre; nucleus séparés (ce genre diffère du genre Verrucaria de la même manière que les *Glyphis* diffèrent des *Graphis*). Paraphyses allongées distinctes; spores à une cloison semblables à celles du genre *Arthonia*.

M. Fée a consacré ce genre à des Lichens corticoles de la zone tropicale. En le conservant dans sa Monographie des Pyrénocarpées, M. Nylander le limite à cinq espèces, parmi lesquelles il fait entrer l'*Arthonia gelatinosa* Chev. et le *Tomasellia arthonioïdes* Mass. qui appartiennent à l'Europe centr. et méridionale.

1087 M. **arthonioïdes**, Nyl. — Sur les écorces, Italie.   1088 M. **gelatinosa**, Nyl. — Sur les aulnes et le sorbier. Fr. (Paris)

Deux genres voisins et exclusivement tropicaux, les G. *Trypethelium* Ach. et *Astrothelium* Eschw. composés seulement de quelques espèces corticoles, clôturent la tribu des Pyrénocarpés qui est la dernière de la famille des Lichens, suivant la classification du docteur Nylander. Eschweiler donne pour caractères à ce dernier genre : thalle crustacé, périthèces plus ou moins nombreux, disposés en cercle et profondément immergés dans des verrues formées par un stroma coloré, ostioles allongés, convergents et s'ouvrant par un pore commun au sommet de la verrue. Ce sont ces ostioles allongés et convergents qui distinguent ce dernier genre du premier. Montagne aurait voulu leur réunion, car il existe dans les individus des deux groupes, une foule d'états transitoires qui doivent jeter une grande incertitude sur le genre auquel il faut rapporter l'individu que l'on observe.

    Tᴀʙ. ᴄʟxxxɪ. *Melanotheca Achariana* Fée. *a* plante de gr. nat.; *a'* fragment du thalle grossi; *e* thécium gr. 150 diam. (d'après M. Fée). — Tᴀʙ. ʟᴄxxxɪɪ. M *arthonioides* Mass.. *a* Plante fructifère de gr. nat.; *a* fragment grossi; *g* 5 spores d'âges différents, gross. 1000 diam. — Tᴀʙ. ᴄʟxxxɪɪɪ. *Trypethelium varium* Fée, de l'Isle d'Amboine. *a* Plante de gr. nat.; et thécium (d'après M Fée. *Tr. uberinum* Fée, de l'Amérique méridionale. *g* deux spores d'âges différents, dans l'une d'elles l'*endosporium* montre plusieurs couches d'épaississement; *g'* enveloppe extérieure ou *episporium* d'une spore divisée transversalement (coloré en lilas par l'iode); *g''* spore divisée transversalement dans son milieu et dépouillée de l'épispore, de sorte que l'endospore des deux locules se trouve mis à nu et se montre composé de deux couches distinctes; *g'''* spore du *Tr. melanophthalmum* Mont. aussi de l'Amérique méridionale; *g''''* deux franches transversales minces de la même, traversant une de ses loges. Ces coupes montrent que la coloration noirâtre de la spore est due à l'épispore seul (se présentant sous l'apparence d'un contour circulaire noir) et que celui-ci est beaucoup plus mince que l'endospore qui enveloppe le protoplasma de la spore (d'après M. Nylander).

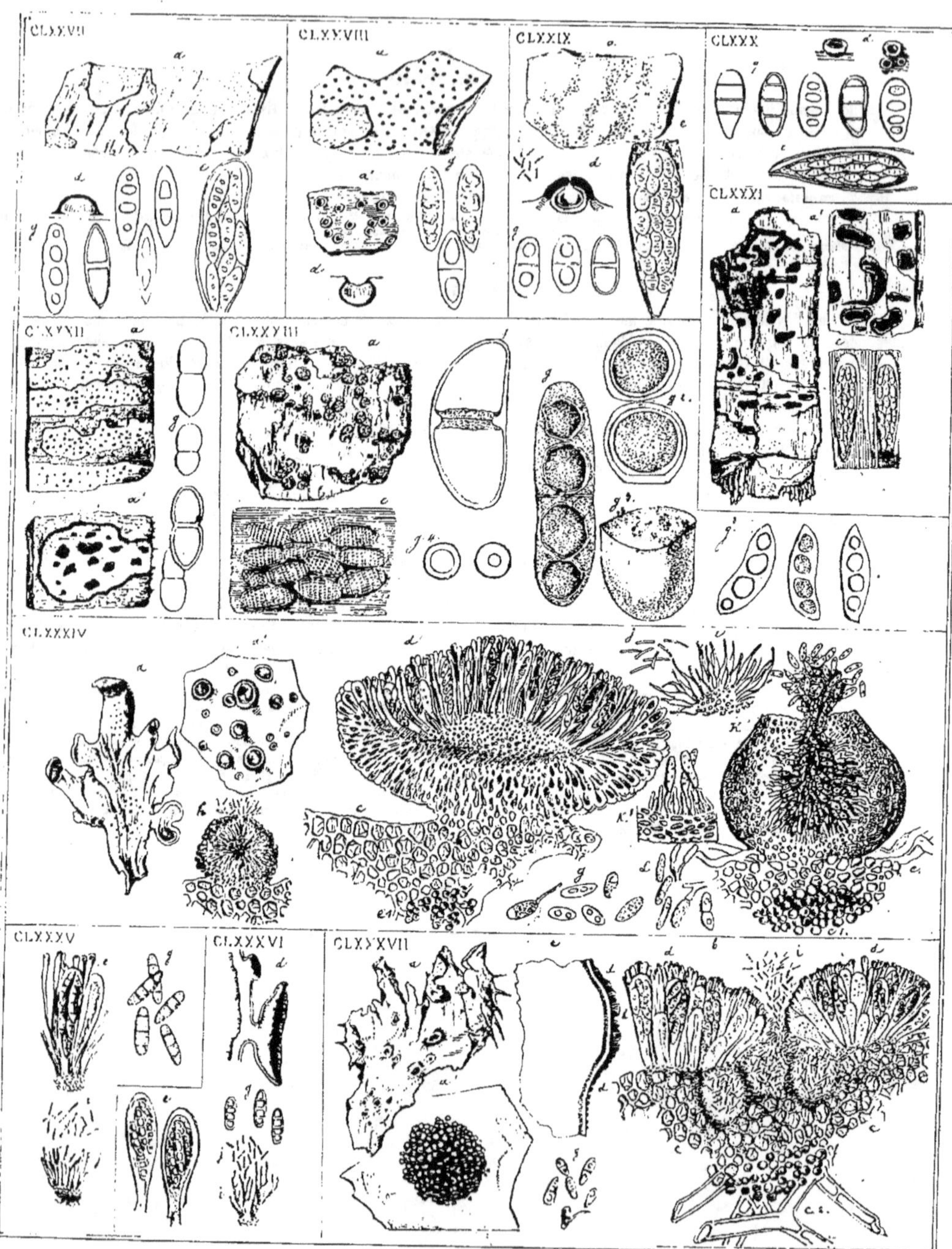

CLXXVII. VERRUCARIA EPIDERMIDIS, ach.   CLXXVIII. LIMBORIA SPHINCTRINA, ach.   CLXXIX. ENDOCOCCUS ERRATICUS, mass.
CLXXX. THELOPSIS RUBELLA, nyl.   CLXXXI. MELANOTHECA ACHARIANA, fée.   CLXXXII. PYRENOIDES, mass.   CLXXXIII
TRYPETHELIUM VARIUM, ach. TR. OBERINUM, fée.   CLXXXIV. SCUTULA WALLROTHII, tul.   CLXXXV. PHACOPSIS VARIA, tul.   CLXXXVI CELIDIUM
STICTARUM, tul.   CLXXXVII. C. FUSCO PURPUREUM, tul.

TABLE ALPHABÉTIQUE

Les chiffres indiquent les numéros que portent dans cette Étude les Espèces et les Variétés ; les noms adoptés sont imprimés en lettres italiques, et les synonymes en caractères romains.

Toulouse, imprimerie Troyes Ouvriers Réunis.

www.ingramcontent.com/pod-product-compliance
Lightning Source LLC
Chambersburg PA
CBHW061354060726

47597CB00003B/863